本书为国家社科基金青年项目"海洋文化与中斯佛教交流研究"（编号：17CZJ008）结项成果，结项等级为"优秀"

海洋文化与中斯方外交流研究

司聘 著

Research on Ocean Culture and Buddhist Exchange between China and Sri Lanka

中国社会科学出版社

图书在版编目（CIP）数据

海洋文化与中斯方外交流研究／司聃著. -- 北京：
中国社会科学出版社，2024.8. -- ISBN 978 - 7 - 5227
- 3913 - 7

Ⅰ. P7

中国国家版本馆 CIP 数据核字第 2024GX4295 号

出 版 人	赵剑英	
选题策划	宋燕鹏	
责任编辑	金　燕　宋燕鹏	
责任校对	李　硕	
责任印制	李寡寡	

出　　版	中国社会科学出版社	
社　　址	北京鼓楼西大街甲 158 号	
邮　　编	100720	
网　　址	http：//www.csspw.cn	
发 行 部	010 - 84083685	
门 市 部	010 - 84029450	
经　　销	新华书店及其他书店	

印　　刷	北京明恒达印务有限公司	
装　　订	廊坊市广阳区广增装订厂	
版　　次	2024 年 8 月第 1 版	
印　　次	2024 年 8 月第 1 次印刷	

开　　本	710×1000　1/16	
印　　张	20.75	
字　　数	305 千字	
定　　价	118.00 元	

凡购买中国社会科学出版社图书，如有质量问题请与本社营销中心联系调换
电话：010 - 84083683

目　　录

绪　　论

一　选题背景

2013 年 10 月，"21 世纪海上丝绸之路"的倡议正式被习近平总书记提出，"海上丝绸之路"这一古代历史符号得到当代焕发，以之来梳理与沿线国家的伙伴关系，中国与这些国家在政治、经济、文化上等多层面展开交流合作。① 此倡议提出后，斯里兰卡的重要性不言而喻——从地缘政治上来说，斯里兰卡是大南海区域内的重要支点国家，同时兼具沟通南亚与东南亚的重要纽带作用。而在"21 世纪海上丝绸之路"倡议正式提出的两年之前，时任美国总统奥巴马高调宣布，美国将重返亚太，以抗衡中国的全面崛起。因此，南海问题的重要性凸显，而斯里兰卡作为潜在战略支点，重要性与影响力都在不断提升。2014 年 9 月，习近平首次访问斯里兰卡，期间在该国报纸上署名发表《做同舟共济的逐梦伙伴》② ——这是过去三十年来，中国国家主席首次访问斯里兰卡，意义非同一般。

斯里兰卡对中国的重要性不言而喻。南亚次大陆的七个国家在历史中都曾受到印度文化的影响，至今，只有斯里兰卡与不丹两

① 司聘：《佛教外交对重建海上丝绸之路政策的影响——以中国与斯里兰卡为中心》，《丝绸之路》2015 年第 16 期。

② 习近平：《做同舟共济的逐梦伙伴》，［斯里兰卡］《每日新闻》2014 年 9 月 16 日。

国的主体民族信仰佛教（斯里兰卡主体民族僧伽罗人信仰南传上座部佛教，不丹国主体民族不丹人信仰藏传佛教），其他几国的主体信仰主要为印度教、伊斯兰教、锡克教等。斯里兰卡作为印度文化圈国家、南传上座部佛教的传播重镇，与中国有着深厚的历史渊源。

据史料所载，斯里兰卡首次派遣使者来华出访，便是派了一名僧侣，为昙摩抑。昙摩抑长老乘船从斯里兰卡本岛出发，历经十余年的海上艰险跋涉，最终于义熙二年（406）到达东晋都城建康（今江苏省南京市），长老来华时带来了斯里兰卡国王所赠的一尊玉石佛像，送给晋安帝。之后，晋代高僧法显大师西行求法，踏上了印度洋的"宝渚"——斯里兰卡的土地，法显大师在当时的首都阿努拉德普勒修学两载，潜心研究佛经，并将搜集到的所有"汉土所无"① 的佛教典籍带回中国，为佛教在汉地广泛流传起到了推动作用。在著作《佛国记》中，法显大师不仅记载了许多与佛事相关的活动与风俗，还不吝笔墨，对斯里兰卡的民情风貌加以细述。唐朝的著名西行求法僧玄奘法师在印度的多年求学生涯中，曾意欲前访斯里兰卡求法，虽然最终未能登陆，但依旧十分重视，通过斯里兰卡僧众的口述，听取了许多斯里兰卡的民情、风俗、地貌信息，悉数录入《大唐西域记》。唐朝另一高僧义净法师，在印度及南海诸国求法二十余年，在其著作《南海寄归内法传》《大唐西域求法高僧传》中，也对斯里兰卡的宗教历史、社会经济、文化生活等方面所述甚详。

两国的佛事交流远不止如此，中斯两国的佛教群体一直保持着频繁交流，斯里兰卡也对中国佛教有着较大的影响。令人惋惜的是，在相当长的一段时间内，这段特殊渊源的重要性一直被有关方面忽视与低估。直到近年来，中斯长达千年的友好佛教交流史才进入主流媒体的视域，也成为学界新兴的研究增长点。

---

① （东晋）沙门释法显撰，章巽校注：《法显传校释》，中华书局 2008 年版，第 159 页。

　　中斯佛教交流包含着极为深厚的海洋文化特征，无形中契合了近年来国际形势、国家战略点的南海转移。作为海上丝绸之路沿线上的重要支点国家，斯里兰卡与中国有着千余年的文化往来，在未来中国与南海诸国的国际关系构建中，中国可以中斯关系为蓝本，探索出一条契合路径，以文化往来加强国家间外交关系，良好的外交关系进一步推动文化互动，形成一种可持续的良性互动。

二　选题价值与意义

　　与印度研究相比，国内斯里兰卡研究的数量还有较大的上升空间。且现有的研究成果多数着眼于国别政治、文化经济，对中斯两国佛教、文学的交流与影响关注度有限。而斯里兰卡作为海上丝绸之路沿线的节点国家，本书可视为两国文化交流研究的有机组成部分，作为跨学科领域的研究成果，在对两国佛教做深入研究的基础上，提取核心文化要素，以期为两国友好交流提供可参考的文化互信点。试以三端阐发之。

　　其一，本书有重要的理论意义。在长达千年的历史交往中，中斯两国建立了较为深厚的外交关系，佛教是其中的核心要素。而贯穿其中的海洋性少有关注，尚有未挖掘全面之处，需要通过资料的搜集与补充，做到系统梳理，提炼、描述其发展轨迹及其中的规律性现象。本书以中斯两国文献为依托，以历代中斯佛教文化交流为主线，围绕两国佛教交流的总体趋势、两国官方佛教外交的传承与变迁，以及交流群体、圣迹交流等专题展开深入研究，挖掘其中深厚的海洋文化积淀与海洋文化特征，尽量提升理论高度，对两国之间的海洋文化做历史描述。

　　其二，本书具有重要的社会意义。海洋文化是当代文化的重要组成部分，在一定程度上，充当中国当代海洋探索的历史学及文化学阐释，因此，在未来相当长的一段时间，将持续作为研究前沿及增长点，受到学界的关注与重视。本研究可从学理层面，梳理中国古代对外佛教文化交流中的海洋人文因素,对其中彰显的海洋文化的性质、范围做界定与评价,对中国与斯里兰卡宗教渊源的多角度切入,在打开视域的同时,也体现出人文关怀。两国之间的佛教交流除了文学价值、宗教价值,还体现在海洋政治、海洋民俗、海洋文化交流方面,需要跨学科的综合性研究。

其三,本书具有一定的现实意义。在全球政治局势波涛汹涌的当今社会,两国外交中的佛教因素有值得关注和总结的经验教训。虽佛教外交已被学界提及,然而尚有未穷尽之处,需要进一步打开切入口,做多角度审视。本书以"海洋"为中心,力图为佛教外交拓展出新的空间。在当前"21世纪海上丝绸之路"倡议逐渐推进的大背景下,海洋问题作为未来的核心问题进入人们的视域。本书致力于对中斯佛教中的海洋元素做历时性综合考察,兼具历史内涵与时代精神,为中斯两国的佛教交流研究提供新的思路,有助于服务海上丝绸之路的倡议,同时也符合国家海洋战略发展需要。对提升中斯佛教的文化内涵以及在中斯文化交流史中的地位,具有一定的现实意义。

如今,"一带一路"合作虽已成为斯里兰卡社会的主流共识,但在具体的操作层面依旧会遇到种种不确定性,共同前进的道路上偶有反复。以中斯两国合作建设的科伦坡港口城项目为例,自2014年至今的短短六年间,既有合作共赢带来的收获与愉悦,也承受过因斯里兰卡内部政权更迭而造成项目停工的损失。值得一提的是,即使在2015年上半年,斯里兰卡西里塞纳政府暂停中国投资项目,① 中斯两国合作前景蒙上一层面纱的时段,由广东佛教协会会长明生法师率领的佛教友好交流团依旧赴斯里兰卡友好访问,并在5月21日受到总统西里塞纳的亲自接见。② 在全球政治局势波涛汹涌的当今社会,宗教有值得关注和总结的经验:中斯两

① 黄海敏:《斯里兰卡政府暂停中国投资项目》,新华网,2015年3月6日,网址:http://www.xinhuanet.com/world/2015-03/06/c_1114539327.htm。

② 广东佛协:《斯里兰卡总统接见明生副会长一行》,《法音》2015年第6期。

国悠久的历史往来中，佛教因素不可忽视，因此，交流史带有强烈的佛教因缘，中斯佛教交流研究因对当下有积极启发，无疑将成为跨学科领域的前沿热点问题。佛教的跨国界影响力是国家层面无法拥有的，即使中国已位居世界一流大国之林，并将在下一个十年实现综合国力的飞速提升，但依旧无法有效地在包括斯里兰卡在内的周边国家中聚集宗教式的团契力量——这是宗教所独有的特性。

因此，想在这一区域实现较为巨大的现实影响，便应当发掘佛教的巨大潜力，重视并使用其中的海洋文化特征，有助于我们在斯里兰卡完成社会动员，协调民众关系，增加国家与民族之间的沟通，结合中国自身综合国力的巨大优势，使中国的"海上丝绸之路"倡议成为斯里兰卡社会各界的共识，从而实现南海地区的国家安全。

三　近年斯里兰卡研究现状

相比对印度研究的重视，学界对斯里兰卡的关注度明显有所不及。以 2000 届之后的硕博士论文选题为例，据笔者统计，涉及印度选题的共 1882 项，涉及斯里兰卡选题的共 109 项，两者的研究比重为 17.27∶1。

表1　　以印度、斯里兰卡为选题的硕博士论文数（2014—2020）

以印度、斯里兰卡为选题的硕博士论文数（2014—2020）					
年度	国家	论文总数	类型数量	硕博论文比例	印斯研究比例（斯里兰卡∶印度）
2014	印度	106	硕士：98	12.25∶1	10.4%
			博士：8		
	斯里兰卡	11	硕士：7	1.75∶1	
			博士：4		

续表

以印度、斯里兰卡为选题的硕博士论文数（2014—2020）					
年度	国家	论文总数	类型数量	硕博论文比例	印斯研究比例（斯里兰卡：印度）
2015	印度	165	硕士：151 博士：12	12.58：1	4.8%
	斯里兰卡	8	硕士：4 博士：4	1：1	
2016	印度	147	硕士：138 博士：9	15.33：1	6.8%
	斯里兰卡	10	硕士：10 博士：0	10：0	
2017	印度	156	硕士：158 博士：7	22.57：1	14.1%
	斯里兰卡	22	硕士：19 博士：3	6.33：1	
2018	印度	179	硕士：171 博士：8	21.38：1	16.2%
	斯里兰卡	29	硕士：26 博士：3	8.67：1	
2019	印度	196	硕士：189 博士：7	27：1	10.2%
	斯里兰卡	20	硕士：18 博士：2	9：1	
2020	印度	84	硕士：82 博士：2	41：1	10.7
	斯里兰卡	9	硕士：7 博士：2	3.5：1	

在期刊论文方面，2014—2020 年关于斯里兰卡研究的中文论文共 557 篇，而有关印度的研究论文仅仅在 2020 年度，即已刊发 807 篇，两者差距较为明显。

若对国内的斯里兰卡研究做纵向比较，则可从数据中窥见研究的新发展：总体而言，从 2014—2020 年，无论是斯里兰卡研究领域的硕博士论文还是学术期刊论文，在数量上都在逐年缓步提升。以学术期刊论文为例，从 2014 年刊发 59 篇学术论文，到 2019 年刊发 112 篇学术论文，数量增加近一倍。

在数量增加的同时，也需指出国内斯里兰卡研究的总体面貌特征：

一、无论是专业学位论文，还是学术期刊论文，多以区域外交与国别经济为主要阐述点，涉及文学、宗教等文化领域的论文数量不多，且其中相当一部分以当代汉语教学为中心书写，侧重点在二语习得研究，作者多为斯里兰卡籍在华留学生。

二、绝大多数论文成果服务于"21 世纪海上丝绸之路"倡议，具有一定的启示意义，关注战略定位、机遇挑战、能源安全、区域外交，给出相应的对策建言，属应用性成果。

三、以中斯佛教为主题的研究，部分成果偏重于佛教建筑及艺术、民族地方志研究，部分成果在"21 世纪海上丝绸之路"倡议观照下论述两国佛教交流。斯里兰卡籍在华留学僧侣对中斯两国佛教交流研究有较大贡献。

（一）汉语文献中斯佛教交流研究学术史回顾

在中国与斯里兰卡持续了两千余年的外交史中，佛教交流贯穿始终，一直处于强势地位。无论是官方的外交使节还是渡海往来的民间人士，僧侣都在其中占据了较大比重；物质文化的交流也以佛教典籍及玉石造像、绘画等佛教器物为载体。两国佛教因缘为人称道。

中国学界对斯里兰卡佛教关注较早，出现了一批研究成果。早期的中国学者几乎没有受到西方思潮与理论的影响，完全从本民族历史文化本身来处理斯里兰卡佛教研究。随着时代的发展，国内的斯里兰卡佛教研究范式遭遇几度变迁，不仅关乎着学术视野转型，同时也受到宗教与政治格局变化的影响。本书拟考察国内汉语写作的斯里兰卡佛教研究成果，并将之归纳为两个向度：文化人类学语境之下及地缘政治语境之下。

1. 文化人类学语境下的斯里兰卡佛教研究

在文化人类学语境下，早期的斯里兰卡佛教研究与中西交通史研究密不可分。传统的交通史属历史研究范畴，而宗教在建构历史文化中的作用较为突出，因此交通史对之有所着墨。以迄今为止第一部完整的中西交通史著作——方豪的《中西交通史》为例，其将交通史内容分为"民族之迁徙与移植；血统、语言、习俗之混合；宗教之流布；神话、语言之流传；文字之借用；科学之交流；艺术之影响；著述之翻译；商货之贸易；生物之移植；海陆空之特殊旅行；和平之维系；和平之破坏"①。总之，囊括中外国别交流中的各种历史文化现象。之后出现的交通史著作内容也多沿袭此类定式，涉及大量宗教内容：其一，民族迁徙与移植带来信仰的流变，区域内整体文化继而受到影响；其二，语言与习俗与宗教之传布之间的关系互为表里；其三，民族神话寓言中有相当部分属于宗教叙事，而斯里兰卡尤为如此。

在此类交通史视域下，叙述主体无疑为中国。因此，传统交通史中对斯里兰卡佛教的研究记述，往往以时间为纲，顺着中国历史朝代纵向阐释，以佛教交流史料梳理为主，偶有断评式的论述，较为简略。这种研究范式与现代学术意义上包括佛教流派、教理教义、经典著述在内的佛教综合性研究并不相同，然而早期关于佛教史的内容多以此类方式呈现。值得一提的是，这种方式不光为早期中国学人采用②，部分域外学人亦如是，如藤田丰八作《中国南海古代交通丛考》③等等。此类型成果所考据古籍多为三类：其一，政书类，记述典章制度史，如《唐会要》《文献通考》《册府元龟》《宋会

---

① 方豪：《中西交通史》，岳麓书社1987年版，第2页。
② 如向达《中西交通史》，中华书局1934年版；冯承钧《中国南洋交通史》，商务印书馆1935年版；白寿彝《中国交通史》，商务印书馆1937年版；等等。
③ ［日］藤田丰八：《中国南海古代交通丛考》，山西人民出版社2015年版。

要》等；其二，民族地理志类，如《岭外代答》《诸蕃志》《萍洲可谈》等；其三，僧侣所撰写的佛教文献类，如《大唐西域记》《南海寄归内法传》《大唐西域求法高僧传》《佛祖统纪》等。在此类研究成果中，斯里兰卡往往被视为印度文化圈的国家之一，被一笔带过。

新中国成立以来，首先与中国建交的是广大的亚非拉国家。因此，一批以国别交通①为研究内容的学术文章应运而生，其中就包括斯里兰卡研究。然而，囿于斯里兰卡为中国传统观念中的小国（以地域人口而言），且宗教在 1949 年后相当长一段时间是较为敏感的话题，所以在这一阶段的中斯交流研究中，佛教因素未得到充分论述，且斯里兰卡多作为印度文化圈国家被笼统提及。即使在之后出版的内容较为全面的著作中也有这种倾向，无论是何芳川的《中外文化交流史》、北京大学南亚研究所《中国载籍中南亚史料汇编》，还是张星烺的《中西交通史料汇编》，虽然都将斯里兰卡佛教视为影响两国交流的重要因素，但也有明显地将之作为印度佛教补充的倾向。陈炎在《中国和锡兰的传统友谊》一文中，用约一半的篇幅简单梳理了两国的佛教交流，既提及法显西渡师子国求法，带回佛经；也提到义净及《大唐西域求法高僧传》对锡兰名僧的介绍，但对锡兰的定位依旧是"中、印两国互相传播佛教文化的媒介，它在促进中印两国文化交流和友好关系上有过不可磨灭的功绩"②。

这种现象在 20 世纪 90 年代中后期方才略有所好转：改革开放之后，中斯两国逐渐恢复了往来，既有以"五比丘"③为代表的中华留学僧赴斯里兰卡学习巴利语佛教，亦有多名斯里兰卡籍学子入华求学，将斯里兰卡佛教研究作为学位论文主要内容，继而取得硕博士学位。斯里兰卡为佛教为主的国家，故域外留学生多具有宗教身份，如山东大学博士索毕德为僧人，华中师范大学博士 D.

---

① 早期的"交流"亦作"交通"。
② 陈炎：《中国和锡兰的传统友谊》，《人民日报》1956 年 9 月 14 日第 6 版。
③ 拾文：《赵会长会见我赴斯留学载誉归来的五比丘》，《法音》1992 年第 4 期。

Sarananda 自述为"虔诚的宗教徒"① 等，他们对佛教仪轨、义理的见解较为深入、对佛教本体高度重视。虽然就篇幅、深度而言，这些研究与之前相比，有了较大进展，但研究模式依旧沿袭既往交流史，以朝代为纲，倾向于对中斯佛教作交流史研究。值得一提的是，师子国比丘尼入华传戒一事无论在中国还是在斯里兰卡学界，都为古代两国佛教史研究的一大重点。②

而扩大到整个文化人类学语境下审视中国的斯里兰卡佛教研究，则可发现其历经了数次的"叠加"与"凝固"③，在不同时段体现出相异特征。如上所述，第一层级研究基于传统的交通史角度，虽在早期大量出现，然而这种一朝一史略显"呆板而不活跃，有定制而无动情"④。除上述所提及的各项交通史成果外，许道勋、赵克尧、范邦瑾的《汉唐时期中国与师子国的关系》介绍两国在汉唐时期的交往状况，对其中的佛教因素多有关注。但在大文化史视角下，以两国佛教交流为中心的研究较少，且缺乏研究厚度。耿引曾在《以佛教为中心的中斯文化交流》一文，以时间为序，介绍了中斯古代交往的各个方面。⑤ 这一层级成果未提及近现代及当代两国佛教交流情况，缺乏对当下社会的热点关注与实践指导。

第二层级研究依旧以中国为主体，在交流基础上，重新叠加传播视角。斯里兰卡是南传上座部佛教的重要发源地，又途径缅甸、泰国等印度支那国家及地区，继而进入中国云南——傣族佛教追根溯源，属师子国铜鍱部。在"南传佛教文化圈"大文化体系下，此

---

① D. Sarananda：《中国与斯里兰卡佛教文化比较研究》序，博士学位论文，华中师范大学，2014 年。

② Gunawardana R. A. L. , *Subtitle Silks of Ferreous Firmness：Buddhist Nuns in Ancient and Early Medieval Sri Lanka and Their Role in the Propagation of Buddhism.*

③ "叠加""凝固"概念出自葛兆光《叠加与凝固——重思中国文化史的中心与主轴》，《文史哲》2014 年第 2 期。

④ 梁启超：《中国历史研究法（补编）》，中华书局 2015 年版，第 123 页。

⑤ 耿引曾：《以佛教为中心的中斯文化交流》，载周一良主编《中外文化交流史》，河南人民出版社 1987 年版。

范式研究分为两类：一类为南传佛学史著作类，如静海《南传佛教史》①、邓殿臣《南传佛教史简编》②、宋立道《神圣与世俗——南传国家的宗教与政治》③等等。郑筱筠《中国南传佛教研究》中有《中国南传上座部佛教派别》一章，作者在文献和田野调查的基础上，从历史源流角度梳理斯里兰卡佛教，将其佛教分为早期与鼎盛时期两段，前者以大寺派、无畏山寺派、祇多林派为代表，后者则有林居派、村居派等，通过分析论证，实证林居派在傣族佛教中占主导地位。④ 总而言之，这些成果就南传佛教文化圈做横向梳理，涉及斯里兰卡佛教史、佛教现状及对云南少数民族地区的传入与影响。另一类为区域佛教史著作，林林总总的云南佛教史中⑤，在阐述上座部佛教在云南缘起变革的同时，就斯里兰卡传播脉络及润派传入西双版纳的路径皆做了较为详细的分类研究。如王海涛在《云南佛教史》中介绍了南传上座部佛教的传入，在《上座部佛教在斯里兰卡的传播》一节，简要介绍了斯里兰卡在古代与中国的友好往来，细述了润派佛教从斯里兰卡传入泰国清迈，经缅甸再传入西双版纳的路径，及对润派佛教四个支系摆孙、摆坝、摆润及摆顺的传播情况进行分门阐述。⑥ 邓殿臣在《斯里兰卡佛教林居派及其向泰掸老傣地区的传布》一文，从傣文、巴利、三藏及傣语文献入手，回溯斯里兰卡佛教的传播源流。认为斯里兰卡林居派传入这一地区后，对这一地区的文化、风俗及民族性产生了深远的影响。⑦ 通过佛教交流，

---

① 净海：《南传佛教史》，宗教文化出版社 2002 年版。
② 邓殿臣：《南传佛教史简编》，中国佛教协会 1991 年版。
③ 宋立道：《神圣与世俗——南传国家的宗教与政治》，宗教文化出版社 2000 年版。
④ 郑筱筠：《中国南传佛教研究》，中国社会科学出版社 2012 年版。
⑤ 王海涛：《云南佛教史》，云南美术出版社 2001 年版；张公瑾、杨民康、戴红亮：《中华佛教史·云南上座部佛教史卷》，山西教育出版社 2014 年版；肖耀辉、梁晓芬、王碧陶：《云南佛教史》，云南大学出版社 2016 年版。
⑥ 王海涛：《云南佛教史》，云南美术出版社 2001 年版。
⑦ 邓殿臣：《斯里兰卡佛教林居派及其向泰掸老傣地区的传布》，《南亚研究》1992 年第 2 期。

汉语在古代斯里兰卡的传播也逐渐被语言学界关注。①

　　第三层级则就佛教内容的一类作学科交叉研究论述，不仅涉及与传统文史哲学科如历史、文学及文艺理论的交叉，兼有人类学、美学、建筑学等相对较为疏离的学科。长期以来，学科研究与基本逻辑规则的分离导致单一学术领域界限较为清晰，虽然佛教本身体系庞杂、口径较宽，与多学科交叉牵连，但传统佛学研究往往只注重运用哲学方法研究佛教义理，其他学科方法使用较弱，无法有效带来跨文化的学术思维。全面梳理斯里兰卡佛教研究，则可发现有革故鼎新的趋势，出现一批以佛教建筑、造像、音乐、绘画为代表的佛教艺术研究，② 结合田野考古、口述史与风格图像学研究路径，深入新的研究范畴。包括文化地理学在内的分支学科也应用到斯里兰卡佛教研究之中，在圣城、寺院等神圣空间之上，佛教带来的圣权与俗世之王权交织，根植于斯里兰卡社会结构，从而形成三元结构。③ 除去信仰、思想方面的激荡之外，佛教还在物质文化层面影响了中国，④ 斯里兰卡的康提佛牙与北京法献佛牙相呼应，也是学界的关注所在。总言之，相比前两个层级，第三层级的研究涉及面较广，有较为新颖的启发意义。

　　2. 地缘政治语境中的斯里兰卡佛教研究

　　地缘政治属近年来使用较为频繁的理念，其根据某区域的地理要素、文化经济与政治格局，来分析研判战略形势。众所周知，文明对重建世界秩序起到至关重要的作用，⑤ 宗教作为文明中重要的一

　　① 杨刚、朱珠：《汉语在古代斯里兰卡的传播》，《云南师范大学学报（对外汉语教学与研究版）》2016年第5期。

　　② 如浦昕怡《斯里兰卡阿鲁拉德普拉的佛教艺术研究》，硕士论文，华东师范大学，2019年；霍巍《斯里兰卡"佛足迹图"的考察与初步研究——以阿努罗陀补罗（Anuradhapura）为中心》，《故宫博物院院刊》2020年第3期；等等。

　　③ 如余媛媛《圣—凡—俗：斯里兰卡康提"寺—城—乡"的民族志》，《湖北民族大学学报》2020年第3期；余媛媛《遗产的累叠与生长——（斯里兰卡）圣城康提的民族志》，博士论文，厦门大学，2017年；等等。

　　④ ［美］柯嘉豪：《佛教对中国物质文化的影响》，赵慈等译，中西书局2015年版。

　　⑤ ［美］塞缪尔·亨廷顿：《文明的冲突》，周琪译，新华出版社2017年版。

部分，成为政治另一种形式的延续。① 实际上，在既往的传统研究中，已有学者敏锐地认识到宗教的重要作用，严耕望先生作《唐代交通图考》，认为交通在"与夫文化宗教之传播，民族感情之融合，国际关系之和睦"② 方面起到较大的影响作用，可见在 20 世纪 80 年代的交通史研究中，已将宗教传播、民族情感、国际关系作递进联系。然而，在之后较长一段时间，斯里兰卡佛教研究与政治外交及国际关系领域糅合度较低。斯里兰卡作为较为典型的佛教国家，当代中国在宗教价值观方面与之较为隔阂，原因不外乎几个方面：其一，佛教自两汉之交进入中国，虽传布较广、流派、信徒较多，然而几乎从未生成出能制衡皇权的能量；其二，国人"实践理性"或"实用理性"③ 的生存态度滋生了务实求验的国民性，儒释道三位一体的实用主义宗教观从古至今在中华大地一以贯之，少有"唯一信仰"的宗教体验；其三，1949 年之后，中国佛教经历了必要的改造，在现代化、人间化及具体实践方面做了相应的修整，与宗教国家化体系相距甚远；其四，长时间以来，南传佛教在中国相对边缘，"一带一路"倡议出台之前，斯里兰卡的战略性不算重要。因此，由宗教价值及认同差异导致的隔阂与疏离，使中国相关领域对宗教的外交功用关注较为迟缓，且鲜少上升到国家战略高度。

南亚地区是中国"一带一路"倡议推进的关键性区域。近年来，中国在保持与印度关系平稳发展的基础上，力图深化与印度洋周边国家的关系，以期实现边境和平稳定，重构多边关系。斯里兰卡在南亚次大陆的最南端，位于马六甲海峡与波斯湾之间，与印度大陆隔着保克海峡临水相望，其地缘重要性不言而喻。早在唐代，国人已在文献中对这座岛国做过全景描摹，唐人与其他的异域航海者们

---

① Conn Hallinan, "Religion and Foreign Policy：Politics by Other Means", *The Berkeley Dailey Planet*, 2007. 11. 09.

② 严耕望：《唐代交通图考》，上海古籍出版社 2007 年版，序言。

③ 李泽厚：《中国古代思想史论》，生活·读书·新知三联书店 2017 年版，第 22 页。

一样，发现此国西北海岸有珍珠海滩，岛屿南部盛产红宝石，因其"居西南海中""多奇宝"①，故也称之为"宝渚"②。此"宝渚"之称得名于其物产丰富，"地产红石头""贸易之货，用八丹布、斗锡、酒、蔷薇水、苏木、金、银之属"③，意义表述较为单一。而在当代地缘政治语境中，"宝渚"的指向发生变化——作为"一带一路"沿线的节点国家，印度洋岛国斯里兰卡是综合战略意义上的"宝渚"，而非单一经济贸易指向。

如何与这个已往来千年的朋友建立新关系，以及如何在印度洋区域建立新秩序，成为摆在当下的并列问题。除经济、政治往来，"深化文明交流互鉴"观念亦被广泛提出。因此，"聚焦人文基础的'最大公约数'，深挖人文基础的'公约数'"④便显得尤为必要。佛教文化伴随着历代中斯交往，已形成一种集体记忆，在实现民心相通方面意义深远。须知，佛教本身便与斯里兰卡近代民族运动息息相关。自1505年葡萄牙殖民者到达斯里兰卡开始，至1948年英国殖民者离开南亚，斯里兰卡经受了近五个世纪的殖民史。异域来的殖民者们通过在以僧伽罗族为首的本地人群中散播天主教、新教等，削弱本土传统宗教势力，攫取皇族王权。待殖民统治趋于衰落之际，僧伽罗佛教势力则重新抬头，通过与基督教学者论战等方式⑤，重新获得锡兰（斯里兰卡）佛教徒的自信与认同，并以此为信仰根基，从精神文化方面对抗异族的殖民统治。斯里兰卡独立之后，半个多世纪以来，僧伽罗佛教民众已将国家化的佛教视为一种国家意识形态，因此，其文化也带有较为强烈的宗教价值诉求。

---

① （宋）欧阳修、宋祁：《新唐书》，中华书局1975年版，第6257页。
② （清）魏源：《海国图志》，岳麓书社2004年版，第737页。
③ （元）汪大渊著，苏继庼校释：《岛夷志略校释》，中华书局1981年版，第270页。
④ 郑筱筠：《夯实人文基础"最大公约数"深化亚洲文明交流互鉴》，《中国民族报》2019年6月28日。
⑤ 黄原竟：《1830—1880年：英国卫斯理会传教士与锡兰佛教复兴》，《世界宗教文化》2019年第2期。

　　宗教与政治格局逐渐发生变化，出现博弈与非均衡性发展，① 且当今全球性非世俗化趋势加剧，佛教又重新获得斯里兰卡问题乃至南亚问题研究者的关注。在一定程度上，斯里兰卡的佛教政治化已打破了佛教在中斯两国关系中的传统定位。此外，就国际社会而言，斯里兰卡不仅有印度的干预，② 还面对持印太战略的国家如日本、美国等国的干预，③ 对中国在南亚地区的影响力起制衡作用，而中国以佛教为文化交往互信的基础，在民意基础方面可起到撬杆式的作用。就外交实践层面而言，佛教功能单位既是斯里兰卡政治的体验者与参与者，也是斯里兰卡政治的影响者，宗教国家化区域内僧侣话语权重值得重视，因"佛教僧侣在宗教之外的国家文化、公共舆论、教育和政治生活等多领域中都有相当的影响力"④。因此，中斯之间若希冀在共识基础上建立互信关系，则亟需佛教外交的促进，⑤ 有利于获得良性互动与资源整合。

　　地缘政治语境中的斯里兰卡佛教研究具有一个维度的新指向：海洋性。无论是佛陀的本生故事还是早期佛教经典，其中都蕴含丰富的海洋知识。《大唐西域记》中对僧伽罗国（斯里兰卡）有"罗刹国"⑥ 创世神话的记载，其为本生故事与斯里兰卡古史的勾连，带有明显的海洋叙事特征，从而影响了系列海客小说。⑦ 同时，古代中

　　① 郑筱筠：《均衡与博弈：经济全球化进程中东南亚国家的政治与宗教》，《中央社会主义学院学报》2018 年第 6 期。
　　② 程晓勇：《论印度对外干预——以印度介入斯里兰卡民族冲突为例》，《南亚研究》2018 年第 2 期。
　　③ 梁怀新：《日本强化与斯里兰卡关系：路径、动因及应对策略》，《印度洋经济体研究》2019 年第 6 期。
　　④ 佟加蒙：《海上丝绸之路视域下中国与斯里兰卡的文化交流》，《中国高校社会科学》2015 年第 4 期。
　　⑤ 司聘：《佛教外交对重建海上丝绸之路政策的影响——以中国与斯里兰卡为中心》，《丝绸之路》2015 年第 16 期。
　　⑥ （唐）玄奘、辩机原著，季羡林等校注：《大唐西域记校注》，中华书局 2000 年版，第 875 页。
　　⑦ 司聘：《释典中"罗刹国"对僧伽罗创世神话的影响》，《青海社会科学》2015 年第 6 期。

斯佛教交流便有较为浓厚的海洋人文因素，高度依赖南海通道的成熟与完善、造船技术的提升，以及信奉佛教的海商群体。这种一以贯之的海洋文化特征与"21世纪海上丝绸之路"的宏观政策相契合：中国与包括斯里兰卡在内的印度文化圈国家往来，则必然以印度洋为中心，斯里兰卡为印度洋中的宝渚——早在唐朝，斯里兰卡便是"广州通海夷道"①中不可或缺的一环，是为中阿通航的中转站，更毋庸论如今斯里兰卡数个港口对印度洋的意义。由此可知，以佛教为端口之一，借此推动、深化中国与斯里兰卡的各项合作，是两国关系发展的必由之路。一方面，拓展我国外部发展空间，在海权领域有更大获得；②一方面，"经由海上丝路发展的佛教文化交流在大众层面认知度极高"③，斯里兰卡国内也乐于见到佛教推广及交流活动。

在全球保守势力逐渐抬头的当下，在世界新秩序出现的前期，文化间的相似性和差异性将在国际行为和国际互动中起到突出作用。④因此，利用好斯里兰卡佛教的"合法性功能"⑤，有利于促进斯里兰卡参与共建海丝之路项目，符合中斯两国长远的战略利益。而我国地缘宗教实力及软实力长期处于沉寂、待开发状态的现实，也是使此类探讨斯里兰卡佛教作为对外交流实践具体内容的研究增多的原因。

3. 当下斯里兰卡佛教研究趋势

斯里兰卡佛教研究已逐渐脱离早期述评、概述式的研究范式，

---

① 张星烺编注：《中西交通史料汇编》，中华书局2003年版，第1916页。

② 侯道琪：《"21世纪海上丝绸之路"视角下的中国斯里兰卡关系研究》，博士论文，国防科技大学，2019年。

③ 佟加蒙：《海上丝绸之路视域下中国与斯里兰卡的文化交流》，《中国高校社会科学》2015年第4期。

④ ［意］F. 佩蒂多、［英］P. 哈兹波罗：《国际关系中的宗教》，张新樟、奚颖瑞、吴斌译，浙江大学出版社2009年版，第151页。

⑤ 分阶级功能、民族功能、文化功能；世俗功能与非世俗功能。见胡祥云《宗教的社会功用及其对国际关系的影响初探》，《国际关系学院学报》1998年第3期；章远《宗教功能单位与地区暴力冲突》，上海人民出版社2014年版。

转而向精与深方向发展。借用"发生学"原理的"溯源法"、宏观与专题相结合的研究方法，为当下斯里兰卡佛教研究的一大特点。对南传上座部佛教教义本身研究有所增长，即使关注点为其学术史及禅修领域，也偏重实地调研，拥有第一手田野数据，及联系当下及域外。① 而在传统的中斯佛教交流研究领域，比丘尼戒依旧是一个重点：二部僧戒的传授曾是古代两国佛教关系的实践重点，20 世纪末，中国佛教将二部僧戒回传至斯里兰卡，对比丘尼戒律恢复做出重要贡献。②

总体而言，当下斯里兰卡佛教研究出现几个趋势：

首先，从综合文化史研究趋于向佛教通史研究发展。早期的斯里兰卡佛教史研究与其说是佛教史研究，毋宁说是综合文化史研究，综述斯国文化社会的各个层面。③ 诚然，这种范式沿袭自早期域外斯里兰卡综合史料研究翻译。④ 而当下专门佛教通史类研究出现，将斯里兰卡佛教从文化大背景中逐渐抽离，更为深入。结合斯里兰卡地理环境、政治背景与文化积淀，对斯里兰卡佛教作全景式描述，带有宗教地理学意识。⑤ 有对佛教共相的阐述，兼有对国别佛教史的重视，关注佛教存在的民族差异性与独特性。同时，中国境内涉及斯里兰卡佛教的小语种文献翻译，亦为上座部佛教研究贡献第一手资料。⑥

其次，关于斯里兰卡佛教现代性研究增多。佛教作为古老的意

---

① 惟善：《历史语境下的"学"与"修"关系初探——以斯里兰卡佛教为例》，《世界宗教文化》2016 年第 1 期。

② 常红星：《从斯里兰卡到中国：佛教二部僧戒的传入、发展与回传》，《世界宗教文化》2019 年第 1 期。

③ 王兰：《斯里兰卡的民族宗教与文化》，昆仑出版社 2005 年版。

④ 如［锡兰］尼古拉斯·帕拉纳维达纳《锡兰简明史》，商务印书馆 1972 年版；［美］帕特里克·皮布尔斯《斯里兰卡史》，王琛译，东方出版中心 2013 年版；等等。

⑤ 如郑筱筠《世界佛教通史·斯里兰卡与东南亚佛教》，中国社会科学出版社 2015 年版。

⑥ 增宝当周：《根教群培的斯里兰卡之旅及其记述》，《四川民族学院学报》2018 年第 4 期。

识形态，在现代经历了数次调试。从国家层面而言，在斯里兰卡文化与民族复兴进程中，佛教理念守成开新，成为思考现代社会转型的思想资源。① 随着国家的发展，佛教意识形态也在随之不断调试。西里塞纳自当选总统以来，以"慈悲善治"② 为理念，推动民族政策转型，继而实现民族和解与国家整合。从个人价值层面而言，南传佛教体系中一直存在着佛教世俗化的这个遗留难题，现代性为僧侣带来多元化价值选择，"戒""定"二学与"慧"学分离成为隐忧。③

最后，宗教风险研究为当下斯里兰卡佛教研究的热点，也是当代斯里兰卡佛教研究的增长点。多种宗教的交织并存、传播嬗变以及由此带来的风险因素是"一带一路"沿线国家地区亟须解决的棘手问题，宗教风险（或宗教冲突）本身经历萌芽、前兆、激发、升级、衰退、消亡等一系列过程，而由此引发的宗教冲突则具有突发性、破坏性、复杂性及公共性等特征，在区域、国家内带来较大影响，将影响到中国"一带一路"倡议。与南亚地区的其他国家类同，斯里兰卡民族问题始终与宗教、语言、历史传统及领土纠纷等裹挟在一起，同时，亦遭到周边外来势力的渗透，使得国内纷争进一步恶化。19 世纪末开始的佛教复兴运动使僧伽罗民族主义者致力于佛教国家化，经过半个多世纪的浸染，僧伽罗佛教主义意识形态已逐渐成形，导致族群冲突与内战升级。④ 由佛教信仰凝聚的僧伽罗民族社会组织与其国内穆斯林群体发生"新民族—宗教"⑤ 冲突，佛教

① 张柏鞾：《对话、复兴与改革——近代斯里兰卡佛教的调适与国际互动（1750—1930）》，《宗教与美国社会》2019 年第 1 期。

② 裴圣愚、余扬：《慈悲善治：斯里兰卡民族政策的转型》，《国别和区域研究》2019 年第 4 期。

③ 庞亚辉：《学修相长，何以可能？——南传佛教国家现代佛教教育的问题和启示》，《普陀学刊》第二辑，上海古籍出版社 2015 年版。

④ 张敦伟：《族群政治中的宗教对抗：斯里兰卡的佛教国家化与国家意识形态》，《南亚研究季刊》2016 年第 1 期。

⑤ 杜敏、马志霞：《斯里兰卡"新民族—宗教"冲突动因论析》，《世界民族》2020 年第 4 期。

对僧伽罗民族意识的提升起到巨大推动作用，后在世界性民族主义浪潮中，与国内跨境民族泰米尔人的民族矛盾加剧。[①] 值得一提的是，在佛教主导的斯里兰卡社会，种族性宗教暴力并不被格外谴责，而是被加以正当化叙述及鼓励。[②] 宗教风险加剧了斯里兰卡社会与政局的不稳定性，从宗教风险领域入手，对其国际形势作研判以变更对其外交政策，以确保投资环境的稳定性与有效性，为当下斯里兰卡佛教研究的一大重要趋势。

（二）域外中斯佛教交流研究学术史回顾

放眼域外研究的相关著作，研究中斯关系的学者亦多数着眼于两国文化往来，按出版时间来分类，则 20 世纪 20 年代，斯里兰卡学界只对中国做概述类介绍：如 J. M. Seneviratne 的 *Some Notes on the Chinese References*（1915）。随后两国皆陷入频繁的战事中，后中国又历经一系列政治运动，与外界交流机会骤减，直至 20 世纪 70 年代，斯里兰卡学者与外国学者才将对南亚的研究视域北扩至中国，这一期间，法国学者 M. Werak 从斯里兰卡国际交往层面审视本国历史，陆续刊发 *A New Date for the Beginning of Sino-Sri Lanka Relations*（1978）；*A New Date for the Beginning of Sino-Sri Lanka Relations during the Anuradha Pura Period*（1984）；*Sino-Sri Lanka Relations during the Pre-Colonial Times*（1990）等多部论著，其中提到斯里兰卡在部分历史时期与中国的交往，多从政治层面分析，以地缘政治为着眼点，较少提到两国佛事交流。同时期，东南亚、南亚问题研究专家——日本学者 Sakurai Yumio 与斯里兰卡学者 R. A. L. H. Gunawardane 合著 *Sri Lanka Ships in China*（1981）一书，从海上丝绸之路等历史渊源方面讲述两国关系，多偏重经济文化层面，未提中斯两国宗教往

---

① 刘艺：《跨境民族问题与国际问题——以斯里兰卡泰米尔跨境民族问题与印斯关系为例》，博士学位论文，暨南大学，2006 年。

② David Smith and Mieke Wansem, *Strengthening EIA capacity in Asia: environmental impact assessment in The Philippines, Indonesia, and Sri Lanka*, World Resources Institute, 1995.

来；后者十年后著 *Subtile Silks of Ferreous Firmness*：*Buddhist Nuns in Ancient and Early Medieval Sri Lanka and Their Role in the Propagation of Buddhism*（1990）一书，讲述斯里兰卡的僧侣在传播佛法中的重要作用，部分章节涉及与中国佛教的交流，但内容较少，属于概述性质。S. G. M. Weerasinghe 的 *A History of the Cultural Relations between Sri Lanka and China*（1995）一书，则是从两国的经济交往与文化交流谈起，佛教交流只作为书中文化交流下的一个小章节，一笔带过。此外，斯里兰卡籍博士 Sobhitha 著有《古代中国与斯里兰卡的文化交流研究》，此文以两国交流为中心，讲述两国古代佛教、经济、文化、政治等方面的交流；斯里兰卡籍博士 D. Sarananda 著有《中国与斯里兰卡佛教文化比较研究》，以斯里兰卡所盛行的小乘佛教与中国的汉传佛教相比较，从传播、典籍、建筑、辐射影响等方面进行比对，缺乏对中斯两国佛教交流的系统梳理与研究。

除中、斯两国文化学者外，国际上的亚洲问题研究专家也就中国与斯里兰卡关系做过专门论著，如法国学者 Silvain levi 的 *Chino-Sinhalese Relations in the Early and the Middle Ages*（1915），讲述古中国与"狮子国"的交往。W. Pachow 的 *Ancient Cultural Ralations between Ceylon and China*（1954），关注"锡兰"与中国的古代文化往来。J. Carswell 的 *Sri Lanka and China*（1985），更只从政治、经济、文化等多边角度讲述两国往来历史。因此，涉及两国当代佛教文化交流的研究与学术著作显得比较稀缺。

在国际宗教格局愈加复杂化的今天，从中斯佛教文化交流史中寻找经验模式，对当今社会有举一反三之用。深度思考佛教交流在两国社会、政治、经济和文化变迁中的作用，以期为我国"21世纪海上丝绸之路"倡议提供重要的参考和建议，对我们能更好地处理与海上丝绸之路沿线国家的关系无疑具有极其重要的理论意义和现实意义。

四　研究方法与创新

本书是文化、文学、宗教三位一体的综合研究，在研究中斯两国佛教交流时切入海洋文化背景，阐释海洋与中斯佛教交流、与中国文学的关联，厘清海洋文化对两国文学宗教交流乃至政治外交交流的深远影响，发展变迁。同时深入探讨当代海洋文化对中斯佛教文化交流的启发与推动。

本书的突出特色与创新之处大致如下：

1. 学界对中斯佛教交流缺乏系统研究，尤其对近四十年间的交流嬗变及范式更改大多缺乏全面的系统分析。中斯佛教交流不仅仅是一部宗教交流革新史，其发展历程始终围绕着海上丝绸之路的建立与兴衰，海禁的严与弛，海洋开放意识与孤立主义的兴替，本书同时讨论在 21 世纪海上丝绸之路的大文化背景下中斯佛教文化的进一步交流。

2. 在以往研究中，往往重视中斯古代佛教文化交流研究，但却忽视了其中的海洋文化因素，亦忽视现当代两国佛教界的密切联系。印度洋区域所蕴藏的丰厚资源，是古代中国人参与、构建海洋活动的必要支撑，海洋人文在此多元交汇。本书以海洋文化做切入点，致力于对中斯佛教中的海洋元素做历时性综合考察，兼具历史内涵与时代精神，为中斯两国的佛教交流研究提供新的思路，有助于服务海上丝绸之路的战略方针，同时也符合国家海洋战略发展需要。

本书所使用的研究方法主要有以下几种：

1. 比较分析法。比较中国与斯里兰卡在古代漫长分期、不同时段中佛教交流表现及风貌的差异，以及与之相应的海洋丝路、海禁政策等。探析不同历史阶段两国佛教交流的概况及形成现状的历史背景，厘清其中脉络。

2. 文献分析法。通过阅读大量历史文献资料，以期尽量罗列收录所有关于中斯佛教交流的文献记载，并将之做有效梳理。

3. 知人论世法。分析中斯佛教交流相关的僧侣或居士时，结合个人游学背景、经历等，通过对其生平的爬梳，做纵向及横向对比，呈现最终结论。

4. 多学科相结合的阐释法。打破宗教学项目的惯常写作方式，在论述中融入文学、史学等多学科研究方法及内容，做综合阐释。

第 一 章

海洋与方外视角中的古代
中斯交流分期研究

近年来,斯里兰卡作为"一带一路"沿线的重要支点国家之一,逐渐进入周遭区域大国的视域范围内,成为其力量角逐的中心点,重要性与日俱增,战略意义不言而喻。

中国与斯里兰卡在历史中长期保持友好往来的关系,其中佛教起到了为两国搭建纽带的作用。在既往研究成果中,亦有对中斯佛教交流的爬梳整理,而本章以海洋视角为切入点,尽量厘清两国佛教交流中的海洋因素及背景。从西汉到近代,中国与斯里兰卡的佛教交流在不同时段展现出相异的风貌特征,与海洋发展史息息相关,带有较为明显的海洋性,值得学界进一步探究。本章以古代中斯两国佛教交流为中心,以朝代为序,将之分为五段时期:第一段时期为番僧初入华的两汉发轫期,在这一时期,斯里兰卡僧人或乘船由海路入华。第二段时期为以佛教为中心建立文化纽带的魏晋南北朝发展期,这一时期,海上航线已较为成熟,成为南海诸国商贾、僧侣入华的重要选择途径,斯里兰卡海商群体更是为佛教在中土传播起到了推动作用。第三段时期为唐宋鼎盛期,这一时期,"广州通海夷道"已成熟,佛教通过"海上丝绸之路"迅速传播。第四段时期为两国佛教交流已显出衰弱之相的元明时期,在此期间,官方交流与私人航行并存。而相较前朝,此期内两国佛教交流不仅未有突破,且两国又走回制式化的朝贡关系中,僧侣往来、互动已不似之前频

繁。最后一段时期为清代，因清政府严苛的海禁政策及西方国家在
斯里兰卡的殖民压力，两国延续了千余年的佛教交流暂时中断，是
为式微期。通过对古代中斯佛教交流史做分期研究，有助于我们
对两国佛教交流中的海洋背景及相关海洋因素有一个总体把握。

第一节　发轫期：两汉时期——番僧初入华

中国古籍提及今斯里兰卡地区的时间较早，早在西汉时，王莽
便遣使节出使黄支国（今印度境内 kanchipura），使者后辗转至斯里
兰卡地区，《汉书·地理志》记载：

　　自日南障塞（郡比景，今越南顺化灵江口）、徐闻（今广东
徐闻县）、合浦（今广西合浦县）船行可五月，有都元国（苏
门答腊）；又船行可四月，有邑卢没国（今缅甸勃固附近）；又
船行可二十余日，有谌离国（今缅甸伊洛瓦底江沿岸）；步行可
十余日，有夫甘都卢国（今缅甸伊洛瓦底江中游卑谬附近）；自
夫甘都卢国船行可二月余，有黄支国（今印度马德拉斯附近），
民俗略与朱崖相类。其洲广大，户口多；多异物。自武帝以来
皆献见。有译长，属黄门，与应募者俱入海，市明珠、璧琉璃、
奇石奇物，赍黄金杂缯而往所至。国皆禀食为耦，蛮夷贾船，
转送致之。亦利交易，剽杀人。又苦逢风波溺死，不者数年来
还。大珠至围二寸以下。平帝元始，王莽辅政，欲耀威德，厚
遗黄支王，令遣使献生犀牛。自黄支船行可八月，到皮宗（今
马来半岛克拉地峡的帕克强河口）；船行可二月，到日南（今越
南中部）、象林（今越南广南潍川南）界云。黄支之南有已程不
国（今斯里兰卡），汉之译使，自此还矣。①

──────────

① （汉）班固撰，（唐）颜师古注：《汉书》，中华书局 1962 年版，第 1671 页。

"已程不国"在中国古籍中仅此一见，虽学界对已程不国所属何处的争论一直存在，但认为已程不国便是斯里兰卡的观念占据主流，就王莽所求海外生犀及珍宝的目的，则锡兰应为其奉访之地。如翦伯赞便认为已程不国位于锡兰岛，盖因锡兰岛是古代中西海上交通和贸易的最佳中转站。[①] 另，古文字学者认为"已程不国"，已字当读作巳，程字当读作秩，不字当读作丕，已程不国"实可视为锡兰巴利文 Sihadipa 一名之对音而省去其第二字音者"[②]。韩振华也从对音及地理方位角度提出意见，认为锡兰岛是"已程不国"的最切合地点。[③] 除此之外，朱杰勤的《汉代中国与东南亚和南亚海上交通线初探》[④] 一文及沈福伟的《两汉三国时期的印度洋航业》[⑤] 一文中，均把"已程不国"认定为锡兰岛。因此，学界一般认为已程不国是为斯里兰卡古称之一，继而将此次外交行动视为我国与斯里兰卡第一次有史记载的官方交流。

在大量中国古籍中，斯里兰卡的名称变化颇多，除了已程不国之外，还有如师子国、师子洲、私诃叠国、私诃絜国、斯条国、斯调洲、私诃条国、斯调国、僧加喇、楞加、僧伽罗、狮子国、僧诃罗国、私诃罗国、新合纳的音、信合纳帖音、星哈剌的威、楞伽岛、棱伽山、细兰、细轮叠、悉兰池、西兰山、西仑、西岭、宝渚、宝洲、兰卡、锡兰、锡兰山等等[⑥]，约有三十三种不同名称。早期的异域航海者们已发现斯里兰卡西北海岸有珍珠海滩，岛屿南部盛产红宝石，故而命名时常突出此处的富矿属性，如希腊人称斯里兰卡为

---

① 翦伯赞：《中国史纲（第二卷）》，大孚出版公司1947年版。

② 苏继顾：《汉书地理志已程不国即锡兰说》，《南洋学报（新加坡）》1948年第5卷第2期，第3页。

③ 韩振华：《公元前二世纪至公元一世纪间中国与印度东南亚的海上交通——汉书地理志粤地条末段考释》，《厦门大学学报》1957年第2期。

④ 朱杰勤：《汉代中国与东南亚和南亚海上交通线初探》，《海交史研究》1983年第3期。

⑤ 沈福伟：《两汉三国时期的印度洋航业》，《文史》第26辑，中华书局1986年版。

⑥ 参见耿引曾《以佛教为中心的中斯文化交流》，载周一良主编《中外文化交流史》，河南人民出版社1987年版，第474—486页。

"红宝石的国土",阿拉伯人称之为"第二个人间天堂",印度人称之为"印度的珍珠"等。[①] 虽然我国也早已在交流中发现斯里兰卡矿石丰富,"多奇宝"[②],但为其命名时与其他国人多有不同,更偏重于借鉴其古史传说或直接使用音译。

　　斯里兰卡的中文国名大多数以其民族神话"执狮子"[③] 而得名,此则传说玄奘在《大唐西域记》中已做翔实记载,公主与狮子产下一子名僧伽罗,后成为斯里兰卡人的祖先,因此中文国名如僧加喇、楞加、僧伽罗、僧诃罗国、私诃罗国等为僧伽罗的音译,即 Sinhala 的对音;而新合纳的音、信合纳帖音、星哈剌的威、细兰、细轮叠、悉兰池、西仑、西岭、锡兰、锡兰山等,皆为 Sinhala 或 Sinhaladvipa 的别译,其中锡兰为近代常用称呼。师子国、师子洲、狮子国等中文国名为对"执狮子"传说——即 Sihala 的意译。值得一提的是,"执狮子"传说在中土流布中发生变化,据中国古籍记载,"诸国人闻其土乐,因此竞至,或有停住者,遂成大国"[④],"能驯养神师子,遂以为名"[⑤],此处所记载内容源于僧加罗族神话故事叙事,故事中,当地公主被狮子夺走,强行婚配后生下僧伽罗,僧伽罗长大杀死狮子,成为僧伽罗国王,亦为僧伽罗民族的祖先。此传说在中土流布中逐渐变形,汉文古籍中讹误为此国人善驯养狮子。部分中文国名以其国的山形地貌而得名,因斯里兰卡为印度洋中一岛屿,且多矿宝,于是有宝渚、宝洲之名;又因斯里兰卡有楞伽山(古称 Langka,今之 Adamspeak),也取此山的经文音译,楞伽岛、棱伽山之类的中文国名是之音译。总之,斯里兰卡在早期古籍中常见的名称当属师子国[⑥],后期则以锡兰为常见称呼。

---

①　《锡兰岛风土概况》,《戏剧报》1942 年 4 月 14 日。
②　(宋)欧阳修、宋祁:《新唐书》,中华书局 1975 年版,第 6257 页。
③　"执狮子"的民族传说出自玄奘《大唐西域记》,在本书第四章具体阐述,此处暂不赘述。
④　(唐)姚思廉:《梁书》,中华书局 1973 年版,第 800 页。
⑤　(唐)杜佑:《通典》,中华书局 1988 年版,第 5263 页。
⑥　朱延洋:《古师子国释名》,《史学年报》1934 年第 2 期,第 147 页。

西汉使者在已程不国的行程、经历与见闻在《汉书》中难寻端倪，史官的语焉不详既是基于传统言约义丰的史学观念，也与汉人彼时的天下观不无关联：汉人自视为中央帝国，对异域异族关注度有限，此时域外志方兴，纵然将之记于史书，也不过匆匆几笔。而与早期中国文献不同，斯里兰卡古籍《师子国杂史》（*Si hal avattuppakarana*）也记录了中斯两国的一次非官方交流：据载，大约在公元前 100 年左右，十余名僧伽罗僧乘舟至印度南部，继而一路向北，与部分印度僧一道乘舟来中国。以年表推算，则公元前 1 世纪早于西汉平帝元始元年（公元 1 年），如果此则斯国古史记载为真，则最早期的中斯佛教交流便是通过海路而非陆路。斯里兰卡为海岛国家，僧人乘船至印度，然后北上中国。可惜斯里兰卡早期先民在史料中没有记录他们在中国的交通路线。然而此则史料并未引起学术界过多的关注，原因主要有以下几方面：

其一，早期佛教传播通道包括陆路与海路已基本为学界的共识。须知，学界对佛教传入中国的时间尚未统一，主流观点认为佛家于公元前后，沿着西域、滇缅等陆路及南亚海路传入汉地。[①] 而民国之后，梁启超探讨佛教初传入时，提出"佛教之来，非由陆而由海，其最初之根据地，不在京洛而在江淮"[②] 的观点，认同佛教初次通过海路入华说。汤用彤否认此观点，坚持陆路仍是佛教初传的主要交通途径，但也并不否认佛教传播海上之路的存在："交趾之牟子，著论为佛道辩护，而佛法由海上输入，当亦有其事。"[③] 由此可知，海上传法之途径在佛教初入华时期已为僧侣所用。

其二，早期由海路入华的域外僧侣，学界目前未有确切结论。论及最早通过海上之路进入中土的域外僧侣，有学者认为康僧会、支疆梁接等僧人为最早的一批，因二者最初都在毗邻南海一带的交

---

① 西域、滇缅及海上丝绸之路都系佛教入华传播之路。
② 梁启超：《梁启超佛学研究十八篇》，上海古籍出版社 2001 年版，第 32 页。
③ 汤用彤：《汉魏两晋南北朝佛教史》，北京大学出版社 1997 年版，第 58 页。

趾郡行传法之事。① 而学界也有不同声音，认为二者父辈的遭遇或许与安世高、支越的父辈类似，因汉末中原大乱，不得已向南迁徙，所取道路仍是陆路。② 因此，对这一议题，学界目前未有确切结论。

其三，斯里兰卡作为印度文化圈国家，没有中华文化观念中对史料、时间的重视，对现实世界的客观时间不甚敏感，在记载时间方面多有讹误——此为印度叙事常见的问题之一，也正因如此，无法完成对佛经原典的年代梳理。这种特征在斯里兰卡其他的文献史料中也颇为常见，以其国重要的编年史《大史》为例，虽从公元前6世纪开始记载，但内文不仅记述雅利安人的殖民历史，还对佛陀访问斯里兰卡及本民族的英雄事迹展开描述，以现代观点审视，内容颇多荒诞谬误。印度文化圈的作者对神话传说与历史真实的概念含混不清，在他们的文化观念中，历史往往意味着无知（Avidya）与幻（Maya），而神话则代表着知识与价值，其中蕴含着无限的"真"——须知，印度文化圈对"真"概念的认定倾向于真理（truth）而非事实（fact）。因此，《师子国杂史》对时间的记载可能有较大偏差，且为孤证，不可将之作为中国人定义中的信史来看待。

综上，《师子国杂史》中关于斯里兰卡僧人经由海路入华的记载多项叙事要素不清，难以认定其为可靠史料。然而即便此则史料无法查证，两汉时期中斯两国往来交流已是不争的事实：古罗马盖乌斯·普林尼·塞孔都斯在《自然史》中提及早期中斯两国的交流，他称僧伽罗人早于海上之路成熟之前便已通过陆路来到了中国——他的信息源自当时僧伽罗国王 Bathikabhaya 派驻罗马的大使，③ 此时的罗马皇帝是克劳迪亚斯。此说被斯里兰卡学界广泛采信，在国史中也记录了派驻奥古斯都朝廷的僧伽罗族使节提起早于公元之前，

---

① 参见石云涛《六朝时经海路往来的僧人及其佛经译介》，《许昌学院学报》2012 年第 6 期。

② 刘林魁：《魏晋南北朝时期的海路佛教传播》，《宝鸡文理学院学报》2016 年第 4 期。

③ Gaius Plinius Secundus, *Natural History*, chap. 24.

斯里兰卡与中国便有商业贸易之事。① 在公元 100 年前后，斯里兰卡泰米尔国王 Dravida 派遣使团来华，带来了象牙、水牛等贡品，使团中有僧侣。②

中国古典文献中曾记录顺帝永建六年（131）之事，初见于《东观汉记》，曰："（永建）六年，叶调国王遣师使师会诣阙贡献，以师会为汉归义叶调邑君，赐其君紫绶。"③ 此书为东汉明帝至桓帝间所修，《后汉书》所记与之相差无几："顺帝永建六年，日南徼外叶调王便遣使贡献，帝赐调便金印紫绶。"④ 叶调国与叶调王在近代以来一直是研究的热点，汉学家伯希和认为叶调是南亚的爪哇国，并以梵语对音做解读。⑤ 近世日本学者藤田丰八不认同伯希和的论证，提出"叶（yè）"因做古音异读为 shè，叶调实为"斯调"。⑥ 这一观点得到较多支持。斯调在古籍中并不鲜见，《南州异物志》记："斯调国有火州，在南海中"⑦，为南海中一岛国。目前无论是中国学术界⑧，还是斯里兰卡学术界，都倾向于叶调为斯里兰卡说。《洛阳伽蓝记》曾记"斯调国出火浣布，以树皮为之，其树入火不燃"⑨。Mahinda Werake 通过论证这种树为斯里兰卡南部的 Kahata 树，为斯调是斯里兰卡再添物质实证支持。⑩

顺帝永建六年为公元 131 年，此时的斯里兰卡国力较为强盛，

---

① ［锡兰］尼古拉斯·帕拉纳维达纳：《锡兰简明史》，李荣熙译，商务印书馆 1964 年版，第 22 页。

② John M. Senavirathna, M. Sylvain Lévi, "Chino-Sinhalese Relations in the Early and Middle Ages", *Journal of the Ceylon Branch of the Royal Asiatic Society of Great Britain & Ireland*, Vol. 24, No. 68, Part Ⅰ. (1915 – 16), p. 105.

③ （汉）刘珍等撰，吴树平校注：《东观汉记校注》，中华书局 2008 年版，第 112 页。

④ 曹金华：《后汉书稽疑》，中华书局 2014 年版，第 1194 页。

⑤ ［法］伯希和：《叶调斯调私诃条黎轩大秦》，冯承钧编译：《西域南海史地考证译丛九编》，中华书局 1958 年版，第 120 页。

⑥ ［日］藤田丰八：《东西交涉史之研究》，星文馆 1932 年版，第 694 页。

⑦ （晋）葛洪：《抱朴子外篇校笺》，中华书局 1991 年版，第 43 页。

⑧ 程爱勤：《"叶调"名源考》，《河南师范大学》1993 年第 5 期。

⑨ （魏）杨衒之撰，周祖谟校释：《洛阳伽蓝记校释》，中华书局 2010 年版，第 160 页。

⑩ MahindaWerake, "A New Date for the Beginning of Sino-SriLankan Relations", *The SriLanka Journalof the Humanities*, Vol. iv, nos. 1 – 2, 1978.

国王伽阇巴忽一世（Gajabahu）卓有政建，热衷于与周边国家发展友好关系。须知，早期斯里兰卡与包括印度在内的周边国家的历史往来模式大多属于"政治目的下的佛教联系"①，因此，宗教交往——特指佛教交往是伴随着当时商业贸易的文化附属，僧侣作为官方使节之一类，以特殊的神职身份，行使外交事宜。无论《师子国杂史》对具体时间的把握是否准确，作为佛教文化圈的国家，斯里兰卡僧侣在两汉时期转道印度进入中国可被视为历史真实。两汉时期是中国与斯里兰卡佛教交流的发轫期：在这一时期，中国官方使者与斯里兰卡有了初步接触，斯里兰卡与印度僧侣历经长途跋涉，进入华夏大地，使国人接触到了之后影响中华文明两千年的佛教，开启了佛教交流的新篇章。

第二节　发展期：魏晋南北朝——以方外文化为纽带

纵观整个中斯交流史，其兴衰发展与佛教在世界范围内的兴衰发展基本一致。佛教作为一种域外宗教信仰，于两汉间进入中土，初期不得不依附道教与儒学来传法。至魏晋，名士喜好空谈，崇尚自然，在哲学思维层面与佛教的出世观颇有相通之处。以道安、慧远为代表的大德将佛教的般若空观与流行于世的玄理相结合，佛教在中土迅速传播开来。此外，魏晋南北朝时期，封建大一统国家已不复存在，取而代之的是不停更迭的王朝。帝王们多拥护佛教，佛教得以快速发展，进入一个全新的历史时期。

一　官方层面的佛教文化往来

在这一时期，中国与斯里兰卡的双边关系以佛教为文化纽带而建立，佛教在两国官方往来中占据重要地位。

---

① *The History of Ceylon*, by University of Ceylon, 1964, Vol. I, Part I, p. 159.

　　论及在中国古籍中有史可据的对中斯佛教交流的正式记载，则始于东晋义熙初年。彼时的师子国（斯里兰卡）国王婆优婆帝沙一世（Upatissa Ⅰ）闻说东晋皇帝尊崇佛法，便以沙门昙摩抑为使前来中国，昙摩抑长老经海路十年辗转跋涉，终于义熙二年（406）到达东晋都城建康（南京），向晋安帝赠献一尊白玉佛像。《梁书·诸夷列传》有记师子国事："晋义熙初，始遣使献玉像，经十载乃至。像高四尺二寸，玉色洁润，形制殊特，殆非人工。"① 师子国所献白玉佛像精美异常，长期存于瓦官寺，被世人称为绝世珍宝，直至齐东昏侯损毁佛像，以白玉为宠妃潘玉奴作钗钏。在中国，佛教造像始终与佛教密切相关，这些带着经书与佛像从南海而来的使节标志了中国佛教的开端。② 白玉佛像作为佛教艺术品，将中国与斯里兰卡联结起来，成为两国佛教文化交流的信物。

　　又，南朝宋元嘉五年（428），师子国兰巴建纳王朝的国王刹利摩诃南（Rajah Mahanama）遣使来宋，并修书奉表以示归属之诚："方国诸王，莫不遣信奉献，以表归德之诚，或泛海三年，陆行千日，畏威怀德，无远不至。"③ 信中明示归服之意，也阐述了因师子国与南朝宋路途遥远，海上航行或陆上行走都需三年——可见随着航海技术的进步，海路在速度、效率方面都有了很大提升，南海国家入华航程耗时与陆路相同；且并列表述时，将"泛海"置于"陆行"前，可见在此时的中斯交通中，海上之路已成为僧侣们的优先之择。在元嘉五年的进贡中，师子国也献上了贡品："托四道人遣二白衣送牙台像以为信誓，信还，愿垂音告。"④ "牙台像"意指供奉佛牙的台座模型，斯里兰卡的佛牙为公元 4 世纪初从印度传入，自此之后，历代国王都在王宫旁边建造佛牙殿，以便供养佛牙。《法显

---

① （唐）姚思廉：《梁书》，中华书局 1973 年版，第 800 页。
② ［美］柯嘉豪：《佛教对中国物质文化的影响》，赵慈等译，中西书局 2015 年版，第 52 页。
③ （梁）沈约：《宋书》，中华书局 1974 年版，第 2384 页。
④ （梁）沈约：《宋书》，中华书局 1974 年版，第 2384 页。

传》对佛牙亦有详细记载，其曰："城中又起佛齿精舍，皆七宝作。王净修梵行，城内人信敬之情亦笃。"① 由此可见，佛牙极为宝贵，某种程度上甚至成为王权的象征，是当时斯里兰卡国王赠送外国的最珍贵的礼品②，足见对中国的重视程度。

七年后的元嘉十二年（435），师子国国王刹利摩诃南再次遣使来华，献上贡品。宋文帝在诏书中提出对小乘经的需求："此小乘经甚少。彼国所有，皆可写送。"③ 足见南朝已清晰察觉本国缺少小乘经典，且有意识地向师子国提及对佛教文化的需求，希望小乘经典可通过两国官方往来向中国引入，以供学习。刹利摩诃南国王与中国的两次通使中，佛教文化成为双方沟通交流的重要元素，无论是佛教信物牙台像，还是小乘经典，佛教在中斯官方交流中扮演着相当重要的角色。

至梁大通元年（572），师子国国王伽叶伽罗诃梨邪（Silakala）亦奉表归附，除了"方国诸王，莫不遣信奉献，以表归德之诚，或泛海三年，陆行千日，畏威怀德，无远不至"④ 等与前国王刹利摩诃南相同的制式表述，伽叶伽罗诃梨邪国王在诏表中还提出共同弘扬佛教的愿景："奉事正法道天下，欣人为善，庆若己身，欲与大梁共弘三宝，以度难化。"⑤ 可见在两国的官方往来中，师子国始终将佛教传播视为与华交往的一大要事。

二　民间僧侣往来

这一时期，除了两国官方外交层面的往来，民间僧侣也互访频繁，在民众层面推动了两国佛教文化交流。两国往来僧侣中，以东晋法显最为著名。

① （东晋）沙门释法显撰，章巽校注：《法显传校注》，中华书局 2008 年版，第 130 页。
② ［斯里兰卡］索毕德：《晋代至唐代中国与斯里兰卡的佛教文化交流》，《安徽大学学报（哲学社会科学版）》2009 年第 4 期，第 26 页。
③ （清）严可均：《全上古三代秦汉三国六朝文》，中华书局 1958 年版，第 4904 页。
④ （梁）沈约：《宋书》，中华书局 1974 年版，第 2384 页。
⑤ （唐）姚思廉：《梁书》，中华书局 1973 年版，第 800 页。

东晋僧人法显是第一个踏足斯里兰卡的中国僧人，在其不朽名著《佛国记》中，对当时的斯里兰卡所记颇多：

> 于是载商人大舶，泛海西南行，得冬初信风，昼夜十四日，到师子国。彼国人云，相去可七百由延。
>
> 其国本在洲上，东西五十由延，南北三十由延。左右小洲乃有百数，其间相去或十里、二十里，或二百里，皆统属大洲。①

与在后世大名鼎鼎的唐朝玄奘法师相比，东晋法显法师西渡取经的经历在中国并不脍炙人口。玄奘法师取经事迹经《西游记》系列故事渲染与演绎，已成为国民传说，而法显以高龄西渡取经的历史真实在中国虽受众较少，而在斯里兰卡却无人不知，无人不晓。

东晋隆安三年（399），年逾六十②的老僧法显因想改变汉地戒律残缺的现状，与慧景、道整、慧应、慧嵬等僧人一同从长安出发，前往天竺求法。求法之初衷，是因为感慨汉地"律藏残缺"③，后于东晋义熙五年（409）自天竺搭乘商船至斯里兰卡，居住两载。法显在斯里兰卡居住的两年中，前往岛上最著名的无畏山寺（Abhaya-girivihara）、支提山寺（Cetiyagirivihara）、摩诃毗诃罗（Mahavihara）等处参学，求得《弥沙塞律》（*MahisasakaVinaya*）、《长阿含》（*Dirgagama*）、《杂阿含》（*Samyuktagama*）、《杂藏》（*Samyuktasanchaya*）等梵本佛经——"法显住此国二年，更求得弥沙塞律藏本，得长阿含、杂阿含，复得一部杂藏。此悉汉土所无者"④。此可视为首批自斯里兰卡传入汉地的经书，后来这批经书悉数翻译成中文，对中国佛教意义重大。义熙七年（411），法显自师子国乘商船经海

---

① （东晋）沙门释法显撰，章巽校注：《法显传校注》，中华书局2008年版，第125页。
② 法显生年不详，一说此时法显61岁，一说此时法显65岁。
③ （东晋）沙门释法显撰，章巽校注：《法显传校注》，中华书局2008年版，第2页。
④ （东晋）沙门释法显撰，章巽校注：《法显传校注》，中华书局2008年版，第140页。

路东归，一路颠沛辗转，历经艰难险阻，后于义熙八年（412）七月达到青州长广郡。法显西渡，不仅为中国带来了宝贵的经书，也留下许多动人故事。

与汉地求法僧同时，亦有相当比例的师子国比丘僧、比丘尼造访汉地，来华弘法。义熙八年（412），师子国法师僧伽跋弥在庐山般若台东精舍会同僧众白余人译出《弥沙塞律抄》一卷。① 姚秦弘始年间（409—413），鸠摩罗什在关中一带弘扬佛法，师子国有一名婆罗门教徒来到长安，曾与鸠摩罗什门下的僧人释道融比赛辩才：

> 俄而师子国有一婆罗门，聪辩多学，西土俗书，罕不披诵，为彼国外道之宗。闻什在关，大行佛法，乃谓其徒曰："宁可使释氏之风独传震旦，而吾等正化不洽东国？"遂乘驼负书来入长安。姚兴见其口眼便僻，颇亦惑之。婆罗门乃启兴曰："至道无方，各尊其事，今请与秦僧捔其辩力，随有优者，即传其化。"兴即许焉。时关中僧众，相视缺然，莫敢当者。什谓融曰："此外道聪明殊人，捔言必胜，使无上大道，在吾徒而屈，良可悲矣。若使外道得志，则法轮摧轴，岂可然乎。如吾所睹，在君一人。"融自顾才力不减，而外道经书未尽披读，乃密令人写婆罗门所读经目，一披即诵。后尅日论义。姚兴自出。公卿皆会阙下，关中僧众四远必集。融与婆罗门拟相训抗，锋辩飞玄，彼所不及。婆罗门自知理曲，犹以广读为夸，融乃列其所读书目，并秦地经史名目卷部，三倍多之。②

从记载可知，当时佛教已在中华大地推行开来，师子国的婆罗门教徒也有意来东土传法。

至南朝刘宋时，师子国海商竺难提携比丘尼铁萨罗等十一人来

---

① （唐）圆照：《贞元新定释教目录》卷八，《大正新修大藏经》，中华书局1974年版。
② （梁）慧皎撰，汤用彤校注，汤一玄整理：《高僧传》，中华书局1992年版，第241—242页。

华，中国始有比丘尼戒法。据《比丘尼传》记载："元嘉六年，有外国舶主难提，从师子国载比丘尼来至宋都，住景福寺"①，"到（元嘉）十年，舶主难提复将师子国铁萨罗等十一尼至。先达诸尼，已通宋语，请僧伽跋摩于南林寺坛界，次第重受三百余人"②。元嘉六年（429），海商竺难提首次携师子国比丘尼八人来宋都建康（南京），此时汉地尚无域外比丘尼，竺难提一行与景福寺惠果就汉地诸尼受戒一事交流，认为戒本从僧而发，但因首次来华比丘尼人数不足十人，无法传戒。竺难提因而返回师子国，后于元嘉十年（433）携比丘尼十一人再度来华，请僧伽跋摩主持传戒，此次约三百尼僧受戒。其中多人成为一代名尼，如惠果、净音、德乐等。近代的中斯两国学者对此次比丘尼受戒一事亦有详细研究，学者认为，法显返回汉地十余年后，海商竺难提即携比丘尼至建康，这大约与法显宣扬师子国佛教不无关联。③元嘉十二年（435），印度僧人求那跋陀罗自师子国出发，随海船来到中国——长期以来，国人视师子国为中天竺，盖因其与印度毗邻皆文化较为相似。

与南朝诸国对佛教的尊崇相似，佛教在北魏也曾兴盛一时，北魏曾用二十五万斤黄金铸造五尊释迦牟尼立像，每尊高一丈六尺，奢华程度令人咋舌。此时期，斯里兰卡处于摩诃那摩王时代，多名僧侣前来北魏传法交流，姓名有史可据者即有邪奢遗多、浮陀难提等五人。《魏书》记，"太安初，有师子国胡沙门邪奢遗多、浮陀难提等五人，奉佛像三，到京都"④，师子国僧人们将国内临摹的佛像带至中国，因所携佛像造型精美而被时人交口称赞："皆云，备历西域诸国，见佛影迹及肉髻，外国诸王相承，咸遣工匠，摹写其容，莫能及难提所造者去十余步，视之炳然，转近转微。"⑤ 据斯里兰卡

① （梁）释宝唱著，王孺童校注：《比丘尼传校注》，中华书局2006年版，第88页。

② （梁）释宝唱著，王孺童校注：《比丘尼传校注》，中华书局2006年版，第88页。

③ W. Pachow, "Ancient Cultural Relations Between Ceylon and China", *University of Ceylon Review*, 1954, 12（3）：182–191.

④ （北齐）魏收：《魏书》，中华书局1974年版，第3036页。

⑤ （北齐）魏收：《魏书》，中华书局1974年版，第3036页。

文献记载，师子国僧侣们所带去的一尊青石精雕的佛像，是依照供养在阿耨罗陀布罗市摩诃精舍里面的石像复制成的，吸引了中国及中亚细亚和西亚全境艺术界的注意。① 邪奢遗多、浮陀难提等人所携带来华的佛像为云冈石窟的开凿设计提供了蓝本，当时的北魏京都平城作为丝绸之路东段的大都会，集聚了来自各国的胡沙门，他们与中土画师、工匠一起，共同构建了云冈石窟。

这一时段的斯里兰卡作为佛教重镇，吸引了诸国僧侣来此观风弘教；且岛上数个港口为海路通道上的重要支点，又成为南海航线上重要的中转站，不独师子国本地僧侣，兼有他国僧人自此前往中土。高僧觉音长期在师子国注经，南朝齐永明六年（488），三藏法师本准备带着觉音所注优波离集的律藏《善见律毗婆沙》梵本经由海路来到广州，临上船时又折返，将律藏托付给弟子僧伽跋陀罗。僧伽跋陀罗携梵本来广州后，与沙门僧猗在竹林寺将之翻译为汉语。② 除此之外，还有较多异国僧侣自斯里兰卡赴中国：罽宾国名僧求那跋摩自师子国航海至阇婆，宋元嘉元年（424）再度泛海至广州，元嘉八年（432）赴建康，受到宋文帝的礼遇。求那跋陀罗亦于宋元嘉十二年（435）从师子国泛海至广州，住云峰山云峰寺。

近代的中斯关系研究者已探究到佛教对两国文化交流的意义，"到达印度洋海岸和 Lankadvipa 的古代旅行者们并不是由于珠宝或财富的诱惑，而是在宗教献身思想的推动下寻求达摩的真正旨意。把中国与锡兰紧密联系在一起的，正是佛教。通过佛学交流，两国间热烈的友谊持续了一千五百多年"③。若说两汉时期斯里兰卡僧侣作为使团成员访华，成为两国佛教交流之滥觞，则魏晋南北朝时期，两国僧人就佛教传播而互访已成为一种常态。

---

① ［锡兰］G. P. Malalasekera 著，男青译：《一个佛教徒的世界同盟》，《觉有情》1946年第 173—174 期。

② （隋）费长房：《历代三宝纪》卷一一，《大正藏》第 51 册，台北：新文丰出版公司1986 年版，第 153 页。

③ W. Pachow, "Ancient Cultural Relations Between Ceylon and China", *University of Ceylon Review*, 1954, p. 182.

这一时期，海上航线已较为成熟，成为南海诸国商贾、僧侣入华的重要选择途径。上述诸多名僧，除法显西去天竺时经由陆路之外，其余人等多从海上往返。海上航线的成熟有利于中斯两国的佛教交流，师子国佛教经典传入中国，大大丰富了华夏佛教文化的内容，并对之产生较大影响。两国以佛教文化为中心建立交流纽带，往来日益频繁，为盛唐时期文化交流的鼎盛做了积淀。

第三节　鼎盛期：唐宋——"海上丝绸之路" 与文化传播

隋唐时期的中斯佛教交流达到鼎盛，这与海上丝绸之路的成熟有直接的关系。魏晋时期，海上通道已成为南海与华夏交通一条重要通道，供时人往返；至隋唐，此条通道已臻于完善，成为勾连印度洋、太平洋沿线多个国家的交通要道。

唐人贾耽，好地理学，凡四夷来使，及使四夷而回者，必询问其山川土地，其所记"广州通海夷道"，内文最详：

> 广州东南海行，二百里至屯门山（大屿山及香港二岛之北，海岸及琵琶洲之间），乃帆风西行，二日至九州岛石（今海南东北海城七洲列岛）。又南二日至象石（今海南东北海城独珠石，Tinhosa）。又西南三日行，至占不劳山（今越南岣崂占，Culao Cham），山在环王国（即昔之林邑，越南占婆，Champa）东二百里海中。又南二日行，至陵山（今越南燕子岬，Sa-hoi）。又一日行，至门毒国（今越南归仁）。又一日行，至古笪国（今越南芽庄，Kauthara）。又半日行，至奔陀浪洲（今越南藩朗）。又两日行，到军突弄山（今越南昆仑山，Pulo Condore）。又五日，行至海硖①，蕃人谓之质，南北百里。北岸，则罗越国（今

---

① 伯希和认为是马六甲海峡，夏德认为是新加坡海峡。

马来半岛南端），南岸则佛逝国（即室利佛逝国简称，过度在苏门答腊之巴林冯，Palembang，后称旧港）。佛逝国，东水行四五日，至诃陵国（今印度尼西亚爪哇），南中洲之最大者。又西出峡，三日至葛葛僧祇国（印度尼西亚苏门答腊东北岸伯劳威斯），在佛逝西北隅之别岛。国人多钞暴，乘舶者畏惮之。其北岸则个罗国。① 个罗西则哥谷罗国。又从葛葛僧祇四五日行，至胜邓洲（今印度尼西亚苏门答腊日里附近）。又西五日行，至婆露国（今印度尼西亚苏门答腊北部西海岸大鹿洞附近）。又六日行，至婆国伽蓝洲（今印度尼科巴群岛）。又北四日行，至师子国（今斯里兰卡），其北海岸，距南天竺大岸百里。又西四日行，经没来国（Malabar 沿岸一带，特指 Quilon），南天竺之最南端。又西北经十余小国，至婆罗门西境。②

由此可知，唐朝从广州航至印度，途经斯里兰卡，单程历时一个半月左右。魏晋时期，中国远洋贸易最远多数只抵达印度与斯里兰卡（天竺与师子国），而到了唐代，斯里兰卡的许多港口成为沟通东西方海洋贸易的中转环节，中国同罗马帝国、波斯帝国及阿拉伯帝国的许多远洋贸易经由斯里兰卡中转。这就使得斯里兰卡在东西方交流中，长期扮演着一个交流驿站的角色，是海上丝绸之路必经之地，在远洋航运的地位不容小觑。

海上丝绸之路的成熟使得中斯佛教交流达到鼎盛期，加之唐朝经济社会繁荣发达，思想包容开放，译经事业持续进行，僧侣交流日益频繁。

贞观元年（627），玄奘法师自东土长安出发，向西域求法，在其不朽名作《大唐西域记》中，细致描述了西行路上 139 个国家之所见所闻。贞观十二年（638），玄奘在抵达印度次大陆南端（斯里

---

① 9 世纪大食人所称 Kadah 之对音，在马来半岛西岸。
② （宋）欧阳修、宋祁：《新唐书》，中华书局 1957 年版，第 1153 页。

兰卡对岸的南印度达罗毗荼国）后，本欲乘船前往僧伽罗国（斯里兰卡），临登岸时遇到僧伽罗僧人，告知国内处于饥荒，且已无名僧，玄奘因此并未亲往。但因为僧伽罗自古佛教兴盛，且自魏晋南北朝时期便一直与中国往来频繁，故不吝笔墨，在书中详细记述了执师子、僧伽罗、俯首佛像等宗教神话传说，并详细记述了僧伽罗国的现实佛教情况。① 虽是口传记录，但可作信史看待。

到唐麟德年间，据《古清凉传》记载，师子国僧人释迦蜜多罗来到中国。当时他年事已高，为 95 岁。乾符二年（667）六月，他又到达山西五台山清凉寺，用"西方供养之法"礼拜文殊大圣。中宗朝，斯里兰卡僧人目加三藏来中国荆州南泉，拜谒中国僧人兰若，称"印度闻仁者名，以为古人，不知在世"②。

至唐玄宗开元年间，三名外国僧侣入华创立密宗，为善无畏、金刚智及不空。这三位高僧将印度密教传入中国，史称"开元三大士"。三大士中，金刚智（梵名释跋日罗菩提）为南印度摩来耶国人，其弟子不空为师子国人。公元 717 年，金刚智从印度来中国，途经师子国时，曾受到国王室哩室罗（Silamegha）的礼遇。③ 金刚智弟子不空法师（Amoghavjra）在中国地位极高，为唐玄宗、唐肃宗、唐代宗三代帝师，且为中国佛教密宗的祖师。据《贞元释教录》卷一五记载，不空是狮子国人，生于唐神龙元年（705），幼年出家。开元六年（718）他 14 岁时，在阇婆国见金刚智便拜以为师，并随师来中国洛阳。据《宋高僧传》记载，不空幼年随叔父来唐，后随师父金刚智翻译佛经，所谓"年十五，师事师金刚智三藏"④。金刚智圆寂之后，不空奉唐朝敕令于开元二十九年（741）和弟子含光、慧誓等 37 人从广州乘船还狮子国，重学密教。因不空唐朝来使的特

① （唐）玄奘、辩机原著，季羡林等校注：《大唐西域记校注》，中华书局 1985 年版，第 866—887 页。

② （清）董诰等编：《全唐文》，中华书局 1983 年版，第 3237 页。

③ （唐）圆照：《贞元新定释教目录》，《大正藏》第 55 册，台北：新文丰出版公司 1986 年版，第 876 页。

④ （宋）赞宁撰，范详雍点校：《宋高僧传》，中华书局 1987 年版，第 7 页。

殊身份，狮子国国王以至高无上的礼节对待，将他们安置进皇宫，进行"七日供养"，"既达师子国，王遣使迎之。将入城，步骑羽卫，骈罗衢路。王见空，礼足请住宫中，七日供养。日以黄金斛满盛香水，王为空躬自洗浴；次太子、后妃、辅佐，如王之礼焉"①。不空后于天宝五载（746）返回长安，"至天宝五载还京，进师子国王尸罗迷伽表及金宝璎珞、《般若》梵夹、杂珠白氎等"②。而不空的弟子含光法师随师游历斯里兰卡返唐后，听从师命在五台山金阁寺创建密宗灌顶道场，并翻译毗那夜迦的秘密仪轨两部。

同时在玄宗年间，斯里兰卡国王尸逻迷伽（Aggabodhi VI）分别于天宝元年（742）、天宝五载（746）两度派遣大使来到中国，斯里兰卡僧人使者第二次入唐时，送来方物及佛经等。《册府元龟》卷九七一载："（天宝）五载正月，师子国王尸逻迷伽遣婆罗门僧灌顶三藏，阿目伽跋折罗来朝，献钿金、宝璎珞及贝叶梵写《大般若经》一部，细白氎四十张。"③ 向唐朝赠送佛教圣物。此阶段与之前的魏晋时期，斯里兰卡向中原王朝所贡之物大致类似，主要分为两类：一则为珍宝类，如在玄宗天宝元年所供奉的珍珠、金饰品、宝石、象牙，及天宝五载的钿金等；二则为佛教造像、信物及典籍，如宝璎珞、贝叶梵写《大般若经》等。虽细究之，就历史脉络而言，斯里兰卡与中国一样，诸多王朝兴灭更迭，且在相当长的一段历史时期，斯里兰卡岛上多个王国并存，并非全部信仰佛教，但他们所贡奉的珍宝、佛经等物使该国形象在中国人观念中基本形成，且在漫长的历史生成中没有发生太大变化，"师子，居西南海中，延袤二千余里，有棱伽山，多奇宝"④，盛产奇珍异宝，且国人笃信佛教，是为佛国。

---

① （宋）赞宁撰，范详雍点校：《宋高僧传》，中华书局1987年版，第8页。
② （宋）赞宁撰，范详雍点校：《宋高僧传》，中华书局1987年版，第8页。
③ （宋）王钦若等编纂，周勋初等校订：《册府元龟》，凤凰出版社2006年版，第11243页。
④ （宋）欧阳修、宋祁：《新唐书》，中华书局1975年版，第6257页。

终唐一朝，佛教走向鼎盛。其间虽有唐武宗主导的灭佛运动"会昌法难"，毁坏大量寺院、强迫僧尼还俗二十六万余，但不久后继位的唐宣宗没有沿袭此项宗教政策，而是重新尊崇佛教；至晚唐，懿宗更是不顾大臣反对，耗费巨资敕迎佛骨。唐灭之后的五代十国时期，战火不断，统治者们多广建寺院、礼僧拜佛，百姓居于乱世之中，更沉溺宗教中以求得现世安稳、来生享乐。

至后周，因佛教信仰兴盛，寺院、僧侣众多，为国家财政带来极大的负担，便有了周世宗柴荣的抑佛事件。后周制定严格的政策，禁止私自出家，废毁未受敕额的寺院，大量的佛教造像及诸多法器被重新熔铸成钱币或铜具，整个北方地区的佛教受到了较大破坏。宋廷继嗣后周，但在宗教政策上并未沿袭：早在建国之初，宋太祖便决意重振佛、道二教，作为太平兴国的政策之一。在这种思路的影响下，宋廷花费大量精力搜集散佚的佛教典籍，先普度童行八千人，继而又于乾德四年（966）派遣沙门行勤等一百五十七人去西域求法，请回诸多胡僧与佛教典籍，"（乾德）四年，僧行勤等一百五十七人诣阙上言，愿至西域求佛书，许之。以其所历甘、沙、伊、肃等州，焉耆、龟兹、于阗、割禄等国，又历布路沙、加湿弥罗等国令人引导之"①。之后，天竺一带僧侣持梵夹来献者络绎不绝。

太宗太平兴国七年（982）六月，宋廷"置译经院"②，开创宋代国家译经工程，恢复了从唐元和六年（811）以来中断已久的佛典翻译。"太平兴国中，始置译经院于太平兴国寺，延梵学僧翻译新经"③，宋代译经院是对唐代玄奘译场的恢复和发展，在唐人译经的基础上有的放矢，翻译宋前中土所不存的佛教经文。彼时师子国和天竺来华献经者络绎不绝，出现了如法天、天息灾、施护等一批译经僧，从宋初到景祐初年，在译经事业持续期间，有姓名可考的天竺、西域僧人有近百人，内廷存新旧梵本达数百册。

---

① （元）脱脱等：《宋史》，中华书局1985年版，第14104页。
② （元）脱脱等：《宋史》，中华书局1985年版，第68页。
③ （宋）宋敏求：《春明退朝录》，中华书局1980年版，第10页。

这一期间，亦有不少斯里兰卡僧人来宋献经、译经：

淳化四年（993），觉喜来宋；

咸平元年（998），佛护及徒众五人来宋"进梵经"，"赐紫衣"①；

大中祥符九年（1016）二月，"南天竺师子国沙门妙德"② 来宋，献舍利、梵文佛经经，宋真宗赐予紫衣、金币。

值得注意的是，在有些文献中，师子国被认为是南天竺，即天竺的一部分，因此从某种程度上来说，与天竺的地理概念重叠。由此推之，《大中祥符法宝录》及《佛祖统纪》中所记录的师子国僧侣人数可能并不完全，实际人数大约超出两者的记录。

中国北部的辽国兴佛，师子国同样注重与辽的关系，向辽派出使节来贡。辽圣宗统和七年（989）二月，斯里兰卡国王摩晒陀五世（Mahinda V）派大使出访辽国，《辽史》有记："回鹘、于阗、师子等国来贡。"③ 而据当代斯里兰卡学者考证，师子国所派使者自海上航行至南部中国，登岸之处正处于北宋的统治之下。④

总体而言，唐宋时期是中斯两国佛教文化交流达到鼎盛的时期。在这一时期，中华僧侣前去师子国求法者众多，如义净游学海上，作《大唐西域求法高僧传》，记录游历西域、南海的中华僧侣；又如净土宗高僧慧日，见义净得知其西行见闻，心下羡慕，立志远游西域。后于泛船渡海，在师子洲（斯里兰卡）、天竺一带访学十三年，"中宗朝得度，及登具足，后遇义净三藏，造一乘之极，躬诣竺乾，心恒羡慕。日遂誓游西域。始者泛舶渡海，自经三载，东南海中诸国，昆仑、佛誓、师子洲等，经过略遍，乃达天竺，礼谒圣迹。寻

---

① 张星烺编注：《中西交通史料汇编》，中华书局 2003 年版，第 2040 页。

② （宋）志磐：《佛祖统纪》，《大正新修大藏经》，大正一切经刊行会 1924 年版，第 49 册，第 44 页。

③ （元）脱脱等：《辽史》，中华书局 1974 年版，第 133 页。

④ ［斯里兰卡］索毕德：《中国古代与斯里兰卡的关系》，硕士学位论文，安徽大学，2004 年。

求梵本，访善知识，一十三年"①。义净与慧日可视为此阶段中华求法僧的代表。

唐宋时期是中国与斯里兰卡佛教文化交流的鼎盛时期，由于海上丝绸之路的成熟，斯里兰卡不仅是中国与其他国家商贸往来航行中的中转站，还是重要的贸易伙伴；在中国与斯里兰卡两国外交往来中，佛教文化交流起到十分重要的作用。因此，唐宋时期，佛教通过海上丝绸之路迅速传播，中斯两国佛教交流之频繁、人数之众多、交流规格之高，都远远超越魏晋南北朝时期，并在中斯佛教交流史上达到巅峰。

第四节　蕴含衰落的平稳期：元明时期——官方交流与私人航行并存

元明时期，中国与斯里兰卡的佛教交流已渐露衰微之态，不复唐宋时期的鼎盛。但这一时期，随着海洋贸易的发展与海上航线的成熟，私人航行逐渐显露头角，中斯佛教交流也因之出现新范式。

元朝官方文献中，斯里兰卡的国名多取音译，如"遣左吉奉使新合剌的音"②"信合纳帖音国遣使入觐"③"复命使海外僧迦剌国"④"西南小国星哈剌的威二十余种来朝"⑤"行三月，抵僧伽耶山"⑥等；而元之前频繁使用的师子国、师子洲、狮子国，在文献中亦可见端倪，如"遣使持金十万两，市药师子国"⑦"命诸王阿不合市药狮子国"⑧等。世祖一朝，斯里兰卡的名称即有师子国、狮子

① （宋）赞宁撰，范详雍点校：《宋高僧传》，中华书局1987年版，第722页。
② （明）宋濂：《元史》，中华书局1976年版，第352页。
③ （明）宋濂：《元史》，中华书局1976年版，第367页。
④ （明）宋濂：《元史》，中华书局1976年版，第3199页。
⑤ （明）宋濂：《元史》，中华书局1976年版，第3260页。
⑥ （明）宋濂：《元史》，中华书局1976年版，第4669页。
⑦ （明）宋濂：《元史》，中华书局1976年版，第75页。
⑧ （明）宋濂：《元史》，中华书局1976年版，第148页。

国、新合剌的音、信合纳帖音、僧迦剌、星哈剌的威之多，官方文献中未统一，较为繁杂。而在元代其他文献中，斯里兰卡亦作僧加剌，"地产红石头，与僧加剌同"①。

元朝疆域广大，其对东南亚、南亚诸国的外交政策沿袭南宋，积极发展海外贸易。自元朝开始，中斯两国政治交往逐渐增多，元明两朝都介入斯里兰卡的政治军事行动中，与之前相比，两国的佛教交流成为政治的附属品。有元一朝，执政时间不过百年，其间却曾四度派遣专使访问斯里兰卡，分别为至元十年（1273）、至元二十一年（1284）、至元二十八年（1291）及至元三十年（1293）。

元以少数民族入主中原，中国境内多民族混居，通晓多国语言者众。在这一阶段，畏吾儿人亦黑迷失因通晓多国文字且善航海，被元世祖委以重任。至元二十一年（1284），元世祖将亦黑迷失自占城召回，"赐以玉带、衣服、鞍辔"②，令其出使海外僧迦剌国（斯里兰卡），观佛钵舍利、学习佛法。亦黑迷失在僧迦剌国逗留时间较短，于同年自海上返回元朝，因出使有功，再度擢升，"以参知政事管领镇南王府事"，同时元世祖再度赐予其玉带。

至元二十九年（1292）十月，"甲辰，信合纳帖音国遣使入觐"③，此为斯里兰卡国王波罗伽罗摩巴忽三世（Parakramabahu III）所派遣的使臣。据《元史》记载，如畏吾儿人迦鲁纳答思，便通佛教及诸国语，"以畏吾字译西天、西番经纶"④，面对斯里兰卡使者来朝，迦鲁纳答思以僧伽罗文字奏表章，诸国震服。一百五十余年之后，斯里兰卡作家 Sri Rahula Himi 创作 *Kavya-Sekharaya*（《诗的冠冕》⑤），其主要内容虽是建议未出嫁的姑娘们如何生活，但内文却涉及至元二十九年出访元朝的部分事件，据文章所载，当年使臣从

---

① （元）汪大渊著，苏继廎校释：《岛夷志略校释》，中华书局1981年版，第270页。

② （明）宋濂：《元史》，中华书局1976年版，第3199页。

③ （明）宋濂：《元史》，中华书局1976年版，第367页。

④ （明）宋濂：《元史》，中华书局1976年版，第3260页。

⑤ 书籍 *Kavya-Sekharaya* 英文译作 *Diadem of Poetry*。

元朝带回佩剑及乐器，且斯里兰卡的军队中，也有中国军人参加。

由此可知，有元一朝，中斯佛教交流带有浓郁的政治及官方色彩。在亦黑迷失之后，元朝另一著名航海家汪大渊亦曾前往苏门答腊、印度洋一带，游历斯里兰卡，并撰写自己的游历见闻，是为《岛夷志略》。在僧加刺章节，汪大渊记载了斯里兰卡的佛殿、民风民俗，认为此地居民善良健壮有佛缘，"聿然佛家种子"①。

至明朝，洪武三年（1370）六月，明太祖朱元璋曾派僧人慧昙与宗泐率使团出访西域各国，亦到达斯里兰卡，而僧慧昙更是于洪武四年（1371）九月在"省合刺国去世"②，即圆寂于斯里兰卡。洪武、永乐年间便在边疆地区（尤其非主体民族地区）设立羁縻卫所，中央政府在东南亚部分港口实施羁縻管理，如旧港宣慰司（驻地为今苏门答腊），对南海贸易直接管辖。这一阶段，包括斯里兰卡在内的南海诸国与中原王朝的关系较之元朝更为紧密，在明朝的官方文献中，斯里兰卡的国名主要为锡兰山，遣使入华觐见达六次，分别为永乐十四年（1416）、永乐十九年（1421）、永乐二十一年（1423）、宣德八年（1433）、正统九年（1445）及天顺三年（1459）。

这六次觐见，成祖朝的前两次及宣宗朝、英宗朝的觐见形式基本类似，为制式进贡，锡兰山与环苏门答腊、印度洋国家及西域诸国同批入贡："是年（永乐十四年），占城、古里、爪哇、满刺加、苏门答刺、南巫里、浡泥、彭亨、锡兰山、溜山、南渤利、阿丹、麻林、忽鲁谟斯、柯枝入贡。琉球中山入贡者再。"③ "是年（永乐十九年），瓦刺贤义王太平、安乐王把秃孛罗来朝。忽鲁谟斯、阿丹、祖法儿、刺撒、不刺哇、木骨都束、古里、柯枝、加异勒、锡兰山、溜山、南渤利、苏门答刺、阿鲁、满刺加、甘巴里、苏禄、

---

① （元）汪大渊著，苏继顾校释：《岛夷志略校释》，中华书局1981年版，第244页。
② （明）俞本撰，李新峰笺证：《纪事录笺证》，中华书局2015年版，第419页。
③ （清）张廷玉：《明史》，中华书局1974年版，第96页。

榜葛剌、浡泥、古麻剌朗王入贡。暹罗入贡者再。"① "是年（宣德
八年），暹罗、占城、琉球、安南、满剌加、天方、苏门答剌、古
里、柯枝、阿丹、锡兰山、佐法儿、甘巴里、加异勒、忽鲁谟斯、
哈密、瓦剌、撒马儿罕、亦力把里入贡。"② "是年（正统十年），琉
球中山、哈密、亦力把里、安南、占城、满剌加、锡兰山、撒马儿
罕、乌斯藏入贡。"③ "是年（天顺三年），哈密、琉球中山、锡兰
山、满剌加入贡。"④

而永乐二十一年（1423）的锡兰山觐见则不同寻常，"是年，锡
兰山王来朝，又遣使入贡。占城、古里、忽鲁谟斯、阿丹、祖法儿、
剌撒、不剌哇、木骨都束、柯枝、加异勒、溜山、南渤利、苏门答
剌、阿鲁、满剌加、失剌思、榜葛剌、琉球中山入贡"⑤。此时的斯
里兰卡王子随郑和的远洋航队来华，亲见永乐帝。

一　私人远航笔记中对斯里兰卡佛教的记载

元代航海技术在沿袭宋代的基础上亦有显著提升，近海航行只
为等闲，远洋航海亦属常见，无论是传统的出行线路南洋，还是更
遥远一些的印度洋区域，都不乏中国航海者的身影。即使在遥远的
鲜有人烟之地，依旧可通过远洋航线所至，"虽天际穷发不毛之地，
无不可通之理"⑥。

除僧侣群体之外，远航者亦为中斯佛教交流中的一大群体。相
对而言，由国家组织的远航船队因规模巨大、历时长久、人员众多，
故能留下较为丰富的文献、文物资料，以供后世研究。同时，在元
明时期，出现民间航海家汪大渊，其以个人身份两下西洋，期间数
次路过斯里兰卡，留下相关文献资料，为后世呈现出非官方意识形

---

① （清）张廷玉：《明史》，中华书局 1974 年版，第 101 页。
② （清）张廷玉：《明史》，中华书局 1974 年版，第 124 页。
③ （清）张廷玉：《明史》，中华书局 1974 年版，第 136 页。
④ （清）张廷玉：《明史》，中华书局 1974 年版，第 156 页。
⑤ （清）张廷玉：《明史》，中华书局 1974 年版，第 103 页。
⑥ （元）汪大渊著，苏继顾校释：《岛夷志略校释》，中华书局 1981 年版，第 5 页。

态、出自个人视角的斯里兰卡佛教记录。

汪大渊在其著作《岛夷志略》中详细介绍了其时斯里兰卡的情状，对斯里兰卡佛教情况的记载主要分为三个层面：一是历史遗迹，如僧加剌山中有佛殿，供奉释迦摩尼佛肉身；二是民众信仰，当地人"手足温润而壮健，宛然佛家种子，寿多至百有余岁者"①，深受佛教文化浸染；三是佛教器物，"（其佛前有）一钵盂，非玉、非铜、非铁，色紫而润，敲之有玻璃声"②，描写较为具体。汪大渊以私人身份前往南海诸国，相比官方使节，他有着更多可自由裁定的时间及与当地人往来的尺度。汪大渊在《岛夷志略》中对斯里兰卡风土人情的记录以佛教贯穿始终，他对当地居民"梵相""风俗敦厚"的描述，很大程度上影响了之后的笔记作者们。

二　"锡兰山之战"的史实与佛教本事流传

中国与斯里兰卡的佛教文化交流屡见于官方正史，但除此之外，时人的笔记小说、旅行记录乃至学术论集里都有所体现，可视为"补正史之阙"。这些记录虽或许不似正史严谨完整，甚至偶尔有不确之弊，但可从另一方面补充正史在记录两国佛教文化交流方面所缺少、遗漏、语焉不详或未作记录之事。

以"锡兰山之战"为例，此可谓明代中斯交流的一桩大事件，此事涉及两国朝政与军事外交。而后世对此政治事件的追述，呈现出两种不同向度的记录：其一为以《明实录》《明史》为代表的官史记载，"锡兰山之战"纯粹为军事外交事件，属锡兰山国王对大明王朝郑和一行的不信任而造成的矛盾升级；其二为与佛教相关的典籍，据史实本身，为"锡兰山之战"添加许多佛教元素，后者以明嘉兴藏本《大唐西域记》卷十一《僧伽罗国》条下所记为代表。可以说，"锡兰山之战"的历史真实在传播中流变，因汉文文献中斯里

---

① （元）汪大渊著，苏继庼校释：《岛夷志略校释》，中华书局1981年版，第244页。
② （元）汪大渊著，苏继庼校释：《岛夷志略校释》，中华书局1981年版，第244页。

兰卡所呈现出的佛国特色与基调，而浸染上佛教色彩。

（一）郑和布施锡兰山佛寺碑内容考辨及郑和宗教信仰

郑和曾率使团在明成祖永乐年间七下西洋，自永乐三年（1405）至宣德八年（1433）的二十八时间年中，郑和使团一行曾多次途经锡兰山（斯里兰卡）。关于郑和在斯里兰卡的经历，多见于时人笔记。明代费信《星槎胜览》前集《锡兰山国》有记："永乐七年，皇上命正使太监郑和等赍捧诏敕、金银供器、彩粧、织金宝幡，布施于寺，及建石碑，以崇皇图之治，赏赐国王头目"①，并作诗纪念立碑一事："地广锡兰国，营商亚爪哇。高峰生宝石，大雨杂泥沙。净水宜眸子，神光卧释迦。池深珠灿烂，枝茂树交加。出物奇偏贵，遗风富且奢。立碑当圣代，传诵乐无涯。"② 阐明郑和所立石碑，且在寺前献贡品之事，但未明确指出石碑所立何处，且并未抄录碑文。费信曾随郑和下西洋，记载可信度极高，而关于郑和在斯里兰卡立石碑一事并不见于官方正史，亦不见于别处典籍，属孤证。因此，清代学者们虽偶在诗文中记录，却均是根据费信《星槎胜览》中所记，敷衍其事而成。

直至 1911 年，英国工程师托马林（H. F. Tomalin）在斯里兰卡南部港口城市加勒（Galle）的克里普斯（Cripps）路转弯口发现了郑和所立石碑，石碑高 144.88 厘米，宽 76.20 厘米，厚 12.70 厘米，③ 因一直被当成下水道井盖而遭受雨水侵蚀，部分碑身文字被损坏。石碑甫一发现，立刻引起斯里兰卡国内外学者的关注。1914年，"皇家亚洲学会锡兰分会"会长 Ponnambalam Arunachalam 爵士作了正式的学术报告；消息传入中国后，经中国学者研究命名，将此碑称为"郑和布施锡兰山佛寺碑"④。

虽郑和曾经访问过锡兰，但学界对其访问锡兰的具体时间有所

① （明）费信著，冯承钧校注：《星槎胜览校注》，中华书局1954年版，第29页。
② （明）费信著，冯承钧校注：《星槎胜览校注》，中华书局1954年版，序言。
③ 郑鹤声、郑一钧编：《郑和下西洋资料汇编》，海洋出版社2005年版，第385—468页。
④ 龙村倪：《郑和布施锡兰山佛寺碑汉文通解》，《中华科技史学会会刊》2006年第10期。

争议。如朱偰认为，郑和第六次下西洋并未访问锡兰；[①] 郑鹤声、郑一钧认为，郑和第一次、第五次、第六次下西洋时都并没有访问过锡兰。[②]《明实录》《明史》中均未记郑和出访斯里兰卡的具体时间，而近现代斯里兰卡考古所现"布施碑"的碑文较为清晰——此为中斯两国佛教交流史上的重要历史见证，亦为郑和一行访问锡兰的时间提供了文物支持。

"布施碑"刻有汉文、泰米尔文及波斯文，落款时间为永乐七年（1409）二月甲戌朔日，此可视为立碑时间。因长期受到雨水浸泡、海水侵蚀，所以碑身的泰米尔文与波斯文已残缺不可辨，唯汉文较为清晰、完整。碑身上的汉字经由英国学者拜克豪斯[③]；日本学者山本达郎[④]；中国学者向达[⑤]、袁坚[⑥]、刘迎胜[⑦]、李玉昆[⑧]、龙村倪[⑨]；德国学者伊娃·纳格尔[⑩]；斯国学者查迪玛等先后解读，内容已大致清晰。其中以斯里兰卡学者查迪玛与南京大学刘迎胜的解读文本最为详尽可靠，此处综合相关已有研究成果，得碑文文字如下（按原碑文十一行分段）：

（第一行）大明

---

① 朱偰：《郑和》，生活·读书·新知三联书店 1956 年版，第 39 页。

② 郑鹤声、郑一钧编：《郑和下西洋资料汇编》，海洋出版社 2005 年版，第 929 页。

③ S. Paranavitana, "The Tamil Inscription on the Galle Trilingual Slab", Epigraphia Zeylanica, London, 1928–1933, Vol III, pp. 331–340.

④ ［日］山本达郎：《郑和西征考》，《文哲季刊》1935 年第 4 卷第 2 期，第 398—399 页。

⑤ （明）巩珍著，向达校注：《西洋番国志》，中华书局 1961 年版，第 50 页。

⑥ 袁坚：《斯里兰卡的郑和布施碑》，《南亚研究》1981 年第 1 期，第 138—140 页。

⑦ 刘迎胜：《"锡兰山碑"的史源研究》，《郑和研究》2008 年第 4 期。

⑧ 李玉昆、李秀梅：《中斯友好与泉州的锡兰王裔》，《海交史研究》1999 年第 2 期。

⑨ 龙村倪：《郑和布施锡兰山佛寺碑汉文通解》，《中华科技史学会会刊》2006 年第 10 期，第 1—6 页。

⑩ H. J. Weisshaar, H. Roth and W. Wijeya Pala, "Ancient Ruhuna: Sri Lankan German Archaeological Project in the Southern Province", Eva Negas ed., The Chinese Inscription on the Trilingual Slabstone from Galle Reconsidered: A Study Case in Early Ming-Chinese Diplomatics, Vol. VI, Mainz, pp. 385–467.

（第二行）皇帝遣太監鄭和、王貴通等昭告于

（第三行）佛世尊，曰：仰惟慈尊，圓明廣大。道臻玄妙，法濟群倫。歷劫河沙，悉歸弘化，能仁慧力，妙應無方。惟錫蘭山介乎海南，客言梵

（第四行）刹，靈感翕遵彰。比者遣使詔諭諸番，海道之開，深賴慈祐，人舟安利，來往無虞，永惟大德，禮用報施。謹以金銀織金紵絲寶幡、

（第五行）香爐、花瓶、紵絲表裏、燈燭等物，布施佛寺，以充供養。惟

（第六行）世尊鑒之。

（第七行）總計布施錫蘭山立佛等寺供養：

（第八行）金壹阡錢，銀伍阡錢，各色紵絲伍拾疋，各色絹伍拾疋，織金紵絲寶幡肆對，納紅貳對、黃壹對、青壹對。

（第九行）古銅香爐伍箇，餙金座全；古銅花瓶伍對，餙金座全；黃銅燭臺伍對，餙金座全；黃銅燈盞伍箇，餙金座全。

（第十行）硃紅漆餙金香盒伍箇，金蓮花陸對，香油貳阡伍伯觔，蠟燭壹拾對，檀香壹拾炷。

（第十一行）皆永樂柒年歲次已丑二月甲戌朔日謹施。

据汉文碑文所记可知，郑和在斯里兰卡奉献佛祖黄金一千钱、白银五千钱、丝绸一百匹、香油两千五百斤以及各种镀金和涂漆铜质佛寺装饰品。除此之外，通过对碑身残缺波斯文及泰米尔文字的解读，大致可知泰米尔碑文与波斯碑文的内容与中文碑文相同，但所歌咏的宗教神灵并非释迦牟尼佛，而是分别颂扬泰米尔族信奉的保护神毗湿奴与伊斯兰教的真主阿拉。① 从碑身汉字的落款时间推测，大致是郑和第二次下西洋时访问过锡兰。而据斯里兰卡历史学家、考古学家帕拉纳维达纳推测，碑中的泰米尔文有多处不合语法，

---

① ［斯里兰卡］查迪玛、武元磊：《郑和锡兰碑新考》，《东南文化》2011 年第 1 期。

兼有用词生疏之嫌，"除了今、古泰米尔文的差别外，很可能碑中泰米尔文是由不太精通泰米尔文的中国人撰写的"①，由此可知，碑文为当时郑和使团所刻，因此所录时间具有可信度。

但亦有学者提出疑问，因"郑和布施锡兰山佛寺碑"碑身厚重、碑体较大，碑额前后两面都刻有二龙戏珠的浮雕，两角呈圆拱形；背身无字，平整光滑。如此生动的浮雕与边饰，不可能是在旅行中临时铸刻的，而应该是事先铸刻好，从中国带至斯里兰卡。由此可推测，郑和第一次下西洋活动中即访问过锡兰，并得知此处有佛寺，准备好祭器与贡品前去祭拜。

无论郑和在斯里兰卡寺院祭拜、布施一事发生在第一次下西洋期间，抑或是第二次下西洋时期，都能看出郑和一行与佛教较有因缘。明朝所立的"郑和布施锡兰山佛寺碑"可称得上是中国与斯里兰卡佛教文化交流史中最重要的历史事件之一，关于此事的记录散见于部分典籍。据明人增定本《大唐西域记》在卷十一中所载，永乐七年（1409）郑和第二次下西洋期间，曾在锡兰山（斯里兰卡）佛寺内布施财物，并携回该寺所珍藏的佛家至宝佛牙，为表示对佛牙舍利的尊崇及重视，永乐皇帝于"皇城内宛严栴檀金刚宝座贮之，式修供养，利益有情，祈福民庶，作无量功德"。按此文说法，郑和在斯里兰卡铸碑乃与佛牙舍利相关，而学界对此说的真实度存疑。中斯两国官方史料中，都不曾记录郑和曾将斯里兰卡佛牙带回一事，足见明版《大唐西域记》中所记之事为演绎，系据锡兰佛牙的敷衍。

学界据此深入研究，认为此碑可知郑和一行的佛教背景。部分学者认为，郑和本人即是一位虔诚的佛教徒，"是修持'菩萨戒'的佛门弟子"②，亦有部分考古成果证实郑和与佛教渊源颇深：如郑和曾于永乐元年（1403）捐资刻印《佛说摩利支天菩萨经》，刻本《佛说摩利支天经》上姚广孝的题跋中有"今菩萨戒弟子郑和，法

---

①　周绍泉、文实：《郑和与锡兰》，《南亚研究》1986 年第 2 期。

②　朱育友：《郑和是修持"菩萨戒"的佛门弟子》，《东南亚研究》1990 年第 4 期。

名福善"① 句，可知郑和已受菩萨戒，方可被称为"菩萨弟子戒"，令有法名曰"福善"。同年，刊刻《优婆塞戒经》，郑和题记曰："大明国奉佛信官内官监太监郑和，法名速南咤释，即福吉祥。"② 所谓优婆塞，指皈依佛门的在家居士。据李希泌先生于《郑和印施〈大藏经〉题记——郑和皈依佛门的佐证》一文，推测郑和皈依佛门的时间，"当在永乐七年（1409）与印施《大藏经》题记的年代——永乐十八年（1420）之间"③。

在明初刻本《优婆塞戒经》卷七中，载有郑和的题记，阐明自己刊印经书与下西洋之间的关联：

> 累蒙圣恩，前往西洋等处公干，率领官军宝船，经由海洋，托赖佛天护持，往回有庆，经置无虞。常怀报答之心，于是施财，陆续印造大藏尊经，舍入名山，流通诵读。④

认为自己一行几下西洋，历经海洋凶险，却来回无虞，盖因有佛陀庇佑，因此向多家寺院施财印造《大藏尊经》，以求旅程平安顺遂，报答佛陀庇佑。郑和发愿刊印经书交由寺院流通供养贯穿整个下西洋期间，下西洋自永乐三年（1405）起，至宣德八年（1433）止，而刊印经书时间分别为永乐五年（1407）、永乐八年（1410）、永乐九年（1411）、永乐十三年（1415）、永乐十八年（1420）、永乐二十二年（1424）、宣德四年（1429）、宣德五年（1430）及宣德五年（1430）。可以说，在船队海上远洋期间，郑和从始至终都刊印经书至寺院供养，以报海上远航平安顺遂。

这一系列频繁的佛教活动，使郑和看似与佛教有相当深厚的渊

① （明）马欢著，冯承钧校注：《瀛涯胜览校注》，1955年版，第8页。

② 明初刻本《优婆塞戒经》由国家图书馆藏。胡丹：《明代宦官史料长编》，凤凰出版社2014年版，第183页。

③ 李希泌：《郑和印施〈大藏经〉题记——郑和皈依佛门的佐证》，《文献》1985年第3期。

④ 胡丹：《明代宦官史料长编》，凤凰出版社2014年版，第183页。

源，但以知人论世的角度来看，并不能推导出郑和是佛教徒这一结论。首先，就时政因素而言，明朝开国皇帝朱元璋少年时曾为僧，有佛教因缘，而燕王朱棣亦信佛教。上行下效，郑和亲近佛教有政治上的考量。其次，就家庭因素而言，郑和本人为回族，原姓马，"郑和，云南人，世所谓三保太监者也。初事燕王于藩邸，从起兵有功，累擢太监"①。其曾大规模兴建维修伊斯兰清真寺，如南京三山净觉寺、西安羊市大清真寺等，足以证明郑和亦认同伊斯兰教。当然，当下学界部分研究者所持的"郑和主要的或根本的宗教信仰是伊斯兰教"② 观点也值得再商榷，这种立论往往过分考量了纯宗教语境下伊斯兰教作为亚伯拉罕系宗教的排他性特征，而忽略了古代中国宗教文化及社会文化的复杂性。因为现存史料中，还有许多文献资料可以证明郑和除了有信奉伊斯兰教与佛教的行为外，还曾兴建天妃庙宇等、多次参加道教活动等，总体表现出对多种宗教的尊重。再次，就信仰动机而言，郑和皈依佛教的主要表现，除兴建寺院外，便是发愿刊印、抄写佛经，其根本原因已在经书题记中自述："常怀报答之心"，"凡奉命于四方，经涉海洋，常叨恩于三宝"③，如是种种。由此可知，郑和将自己的多次航海且平安归来，归因于佛天护持，菩萨庇佑。对佛教的信仰可归类为功利性信仰，"行路难中护我"④"远离诸难"⑤，与"若有善男信女能敬奉经咒，不计日辰，或敬心讽诵，或僧道转行持法事或转一遍三遍至七遍，即有祛除灾难，殄灭邪魔，疾病自痊，官灾永息，行兵破镇凶恶自离，……坐贾行商，海途平善"的旨趣，相去不远。因此，郑和将佛教众神祇作为保佑海上航线顺利无虞的保护神来崇拜，具有功利性色彩，非传统佛教徒。郑和一行的宗教多样性从"布施碑"亦可窥见大概，上文

---

①　（清）张廷玉等：《明史》，中华书局 1974 年版，第 7766 页。

②　林松：《论郑和的伊斯兰教信仰》，《郑和下西洋论文集（第二集）》，南京大学出版社 1985 年版，第 127 页。

③　胡丹：《明代宦官史料长编》，凤凰出版社 2014 年版，第 184 页。

④　（唐）不空：《佛说摩利支天经》，大正藏第 21 册，No. 1255b。

⑤　（唐）不空：《佛说摩利支天经》，大正藏第 21 册，No. 1255b。

已提到碑身文字分别用中文、泰米尔文与波斯文三种文字写就，而泰米尔文与波斯文中所涉及的神灵分别是泰米尔族信奉的保护神毗湿奴与伊斯兰教的真主安拉，"一方面，它反映了郑和及明朝统治者对各国人民的尊重与宗教上的宽容性；另一方面，它也反映出郑和一行希望他们所从事的经济、文化交流活动不至于受到宗教对立的影响"①，整体上显示出郑和一行的包容性宗教意识。

总言之，郑和及其航海团队体现出多种宗教信仰并存的现象，基于祈求航海平安、稳定航队人员的军心等目的，郑和团队对佛教、印度教、伊斯兰教等亦十分尊重，在郑和身上，体现出了多元宗教信仰的特征。

中斯交往史不仅是佛教发展历史，同样也是文明相亲的历程。"郑和布施锡兰山佛寺碑"的出土对中斯两国文化交流具有重大意义，2014 年 9 月，习近平总书记出访斯里兰卡时，斯里兰卡时任总统拉贾帕克萨向其赠送一份珍贵礼物——即"郑和布施锡兰山佛寺碑"的拓片，② 以示斯里兰卡对昔年郑和自海丝之路来斯的正面态度，以及两国的悠久交往史。

（二）亚烈苦奈尔事件中的佛教因素

然而在郑和第二次下西洋期间，因锡兰山国国王亚烈苦奈尔（Alagakkonara）在返途设障，意欲打劫郑和使团，反被郑和羁押，将国王及整个王室押解回明朝。此桩事件经过较为复杂，中国与斯里兰卡的记录差异较大，中国相关记载可见于《明史》《明实录》《宪章录》等诸多史料，以《皇明通纪》所载最详：

> 时苦奈尔贪暴，不辑睦邻国，数邀劫其往来使臣，诸番皆苦之。和等奉使归，经其国，苦奈尔遂诱和至国中，令其子纳颜索金银宝物，不与。潜发番兵数万，劫和舟，而伐木拒险，

---

① 刘咏秋等：《解开郑和在斯里兰卡的历史谜团》，《参考消息特刊》2005 年 7 月 7 日。
② 杜尚泽：《一带一路，千年的时空穿越——记习近平主席访问塔吉克斯坦、马尔代夫、斯里兰卡、印度》，《人民日报》2014 年 9 月 24 日。

绝和归路，使不得相援。和觉之，即拥众回船，路已阻绝。和语其下曰："贼大众既出，国中必虚。谓我客军孤怯，不能有为。出其不意攻之，可以得志。"率所领兵二千余人间道急攻王城，破之，生擒苦奈尔家属、头目。番兵复围城。和与战，大败之，遂以归。①

《皇明通纪》所记事迹与《明史》《明实录》等较为相似，讲述了郑和擒亚烈苦奈尔一事的来龙去脉，可视为史实。而同样描述锡兰山之战，汉文文献中却有将之与佛教关联的记载，以明嘉兴藏本《大唐西域记》卷十一《僧伽罗国》条下所记最为详尽：

> 今之锡兰山，即古之僧伽罗国也。王宫侧有佛牙精舍，饰以众宝，晖光赫奕，累世相承，敬礼不衰。今国王阿烈苦奈儿，锁里人也。崇祀外道，不敬佛法，暴虐凶悖，縻恤国人，亵慢佛牙。大明永乐三年，皇帝遣中使太监郑和奉香花往诣彼国供养。郑和劝国王阿烈苦奈儿敬崇佛法，远离外道。王怒，即欲加害。郑和知其谋，遂去。后复遣郑和往赐诸番，并赐锡兰山国王，益慢不恭，欲图害使者。用兵五万人，刊木塞道，分兵以劫海舟。会其下预泄其机，郑和等觉。亟回舟，路已阻绝。潜遣人出舟师拒之。和以兵三千，夜由间道攻入王城，守之。其劫海舟番兵，四面来攻，合围数重，攻占六日。和等执其王，凌晨开门，伐木取道，且战且行，凡二十余里，抵暮始达舟。……永乐九年七月初九日至京师。②

依明嘉兴藏本《大唐西域记》所记，锡兰山大战的根由是因为彼时的锡兰国王阿烈苦奈儿不信佛教，崇信外道。在后世的一些交

---

① （明）陈建：《皇明通纪》，中华书局 2008 年版，第 456 页。

② （唐）玄奘、辩机原著，季羡林等校注：《大唐西域记校注》，中华书局 1985 年版，第 800—801 页。

通史中，也基本沿用此说。如张星烺《中西交通史料汇编》的第八章"明代中国与印度之交通"，这一章节在介绍锡兰山条有注："明成祖永乐三年，即公元一四〇五年。时有中国香客一对，至锡兰岛供献香钱于佛牙坛，为国王维阇耶巴忽六世（Wijayabahu VI）虐待。维阇耶者琐里（Soli）人，即位于一三九八年（明洪武三十一年），仇视佛教。"[①] 基本可视为对明朝嘉兴善本内容的复述。阿烈苦奈儿系锁里人，据陈高华、刘迎胜考订得知，锁里即为汉文文献中的南印度的西洋锁里，元、明文献又称注辇、锁里、马八儿，锁里是印度当地土著的自称，而马八儿则是回回商团的称号，意为"渡口"[②]。锁里的宗教社会结构较为清晰：其上层社会由笃信伊斯兰教的商人集团控制；土著或社会底层大多信仰佛教及印度教。阿烈苦奈儿来自锁里的伊斯兰商团，因此，文中所谓的"崇祀外道，不敬佛法"意指信奉伊斯兰教。[③]

明嘉兴藏本《大唐西域记》所记显然是出于佛教徒角度的文化认知，放大了其中的佛教因素。后世诸学者对"锡兰山之战"的判断皆与佛教有关，显然受到明代中期之前崇佛氛围的影响，及对斯里兰卡佛教历史和郑和一行佛教徒身份的认知。诸多因素为"锡兰山之战"一事在后世的流传增加了佛教角度叙事，而斯里兰卡所记载的此事经历则亦与佛教相关，但具体缘由又与汉文文献有部分差异：

十五世纪初期，中国香客结队至岛拜佛牙。但途中备受侮辱虐待，遂去岛他避，中国皇室闻之大怒，乃遣郑和西来招抚，命贡天朝，锡兰王毗支耶婆侯（Vijiyabahu）六世遣兵顽抗。中

---

① 张星烺（编注）：《中西交通史料汇编》第六册，中华书局 1979 年版，第 412—413 页。

② 陈高华：《印度马八儿王子孛哈里来华新考》，《南开学报》1980 年第 4 期。

③ 刘迎胜：《从〈不阿里神道碑铭〉看南印度与元朝及波斯湾的交通》，载氏著《海路与陆路：中古时代东西交流研究》，北京大学出版社 2011 年版，第 20—31 页。

国大将俘锡兰王及其妃，并其子女，佛之圣牙亦于是役为中国所获。中国官虽坚持必斩锡兰王，但帝恕之免其死，许送返国。锡兰于是继续臣事中朝，且贡方物，迄至一四九五年为止。[①]

所谓香客拜佛牙被侮辱虐待一事更不见中国正史记载，显然是斯里兰卡方将元嘉五年时师子国向中国进贡佛牙一事混淆，"托四道人遣二白衣送牙台像以为信誓，信还，愿垂音告"[②]。同时，也弄错了彼时的锡兰山名字，整体叙述有些张冠李戴，因此，笔者对此则文本的真实性高度存疑。

亚烈苦奈尔及家眷被押解至明后，群臣要求诛杀其族，而明成祖朱棣以边鄙之人愚昧为由，将苦奈尔一行遣返回国。因苦奈尔被大明使团带至中国，锡兰山国内无王，朱棣命在苦奈儿亲属中择取贤能者接替皇位，因而其族人邪巴乃那被立为新国王，王号为不剌葛麻巴思剌查，即位时间为永乐八年（1410）。永乐十年（1412），明"诏谕其国王不剌葛麻巴思剌查"[③]，此为斯里兰卡古代历史上最后一位成就卓著的君王。

三　明代的海禁限制与两国佛教交流的衰弱

由此可知，元明二朝，两国的佛教交流以官方为导向，且与政治紧密结合。相较魏晋唐宋时期，元明时期中国与斯里兰卡之间的文化交流往来中，佛教色彩逐渐暗淡，成为政治外交的一个注脚。几次觐见，斯里兰卡所献贡品多为世俗传统意义上的珍品，如珍珠、珊瑚、宝石、水晶、金戒指、西洋布、乳香、木香、树香、檀香、没药、硫黄、藤竭、芦荟、乌木、碗石、驯象之属，囊括宝石、药材、与珍奇动植物，有关佛教文化的交流品已难觅踪影。

---

① ［锡兰］S. Durai Raja Singam 著，刘强译：《中国锡兰交通史》，《南洋杂志（新加坡）》1947 年第 1 卷第 10 期，第 201 页。

② （梁）沈约：《宋书》，中华书局 1974 年版，第 2384 页。

③ （明）黄省曾：《西洋朝贡点录校注》，中华书局 2000 年版，第 84 页。

　　郑和六下西洋是古代中国人探索海洋史上的最后一抹余晖，此虽为永乐年间乃至有明一朝的盛大壮举，但难掩明代诸多海禁政策为中外交流带来的种种限制。因东部、南部沿海屡有倭寇之乱，洪武四年（1371）十二月，朝廷在浙江温州、台州、海盐一带设兵戍守，宣布"禁沿海民私出海"①；洪武十四年（1381）十月，"禁濒海民私通海外诸国"②；洪武二十七年（1394）正月将海禁令扩大到禁止民间用番香、番货，所谓"甲寅，禁民间用番香番货。先是，上以海外诸夷多诈，绝其往来，唯琉球、真腊、暹罗许入贡。而缘海之人，往往私下诸番，贸易香货，因诱蛮夷为盗。命礼部严禁绝之，敢有私下诸番互市者，必置之重法。凡番香番货皆不许贩鬻"③。洪武三十年（1397）四月又重申禁止民众私下出海行贸易之事，"申禁人民，无得擅自出海与外国互市"④。

　　与此同时，明廷开始撤罢与废除部分市舶司。洪武三年（1370），"罢太仓、黄渡市舶司"⑤；洪武七年（1374）九月，"罢福建之泉州、浙江之明州、广东之广州三市舶司"⑥。后虽于永乐元年（1403）重置，机构设置沿袭洪武初年，但嘉靖元年（1522），给事中夏言认为倭寇之祸起于市舶制度，因此，嘉靖帝又取消福建泉州、浙江明州两市舶司，"惟存广东市舶司"⑦。市舶司掌管与海外藩国朝贡贸易之事，明廷因惧怕倭寇，担心有人借此通番，而废除福建、浙江市舶司，对海外往来日趋保守的态度已昭然若揭。

　　从国际范围而言，明代中晚期是大航海的时代，欧洲海上诸国

① （明）谈迁：《国榷》，中华书局1958年版，第457页。
② 《明太祖实录》，台北"中央研究院"历史语言研究所《明实录》影印本，第139卷，第2197页。
③ 《明太祖实录》，台北"中央研究院"历史语言研究所《明实录》影印本，第231卷，第3374页。
④ 《明太祖实录》，台北"中央研究院"历史语言研究所《明实录》影印本，第231卷，第3640页。
⑤ （清）张廷玉：《明史》，中华书局1974年版，第1848页。
⑥ （清）张廷玉：《明史》，中华书局1974年版，第1848页。
⑦ （清）张廷玉：《明史》，中华书局1974年版，第1848页。

已通过航海打开通向神秘东方的大门，南海诸国纷纷陷入殖民的泥淖，本土宗教信仰及民族文化无不受到极大破坏。斯里兰卡开始进入长达四百余年的殖民期，佛教信仰遭到西方天主教的冲击。正德年间，西欧、南欧诸国势力也意欲进入华夏大地，以中国东南海域为落脚点。正德十二年（1517），佛郎机（葡萄牙）以朝贡为名突入东莞，炮火震骇，明廷因此关闭广州港，"自是海舶悉行禁止，例贡诸番亦鲜至者"①，不允许海外船只靠岸登岛。正德十五年（1520），御史何鳌进言，要求"悉驱在澳番舶及番人潜居京师者"②，礼部从之。正德十六年（1521），葡萄牙海盗又在广东近海屯门岛附近骚扰滋事，明廷禁止同南洋各国的贸易往来。至嘉靖二年（1523），因日本使宗设、宋素卿分道入贡，明廷罢市舶司，关闭所有的贸易港口，停止一切贸易活动。嘉靖三十九年（1560），凤阳巡抚唐顺之奏请恢复泉州、明州、广州三市舶司，明廷纳之；五年之后的嘉靖四十四年（1565），又罢福建港。至隆庆元年（1567），福建漳州月港对南洋开禁，但对部分地区仍然实行严厉的海禁政策。③

　　回溯天顺三年，锡兰山国王葛力生夏剌昔利把交剌惹所派遣的使臣是中斯古代交流史上最后一批来华使臣，"嗣后不复至"④，成为一个时代的绝响，也为传唱了千年的中斯佛教往来画上了一个感伤的休止符。明朝后期，海禁政策使得唐宋时期中外海上交流的自由无碍成为过去，而清朝沿袭了明朝的海禁观念，海禁政策更是进一步向严苛化发展，从而使得中国的海外交流从唐宋的鼎盛时期急转而下。总体就中国与斯里兰卡的佛教文化交流而言，元、明时期已呈现出显著的变化，两国的佛教文化交流已缓慢走向衰落。

---

① （清）王之春：《使俄草》，岳麓书社 2010 年版，第 821 页。
② （清）夏燮：《明通鉴》，中华书局 2009 年版，第 1665 页。
③ （清）谷应泰：《明史纪事本末》，中华书局 2015 年版，第 846 页。
④ （清）张廷玉：《明史》，中华书局 1974 年版，第 8445 页。

第五节　式微期：清朝——海禁与
殖民下方外交流的中断

如果说元明时期，中斯两国文化交流中的佛教因素已被浓厚的政治色彩遮蔽，曾通畅融洽的佛教交流已逐渐显露出衰微之态；则清朝可视为两国佛教文化交流的式微期，在这漫长的三百余年历史中，包括佛教文化在内的各项文化交流几乎都已彻底中断，直至近代方略有恢复。

这一时段，中斯双方的对外政策与国内时局都发生了巨大的变化：清朝实施了严格的海禁政策，禁止出洋；斯里兰卡的王权被葡萄牙殖民者攫夺，佛教文化的传承与传播受到较大破坏。清廷保守主义思想抬头，斯里兰卡面临内忧外患，昔日中国海域繁忙的海上商贸线路已不复旧时繁荣。

一　殖民与斯里兰卡的宗教与政治

长达数百年的殖民历史对建构斯里兰卡整体文化与形象至关重要，甚至有学者认为，"殖民文化与佛教文化一起成为塑造斯里兰卡形象的两个支柱性因素"[1]。葡萄牙殖民者到来之前的斯里兰卡是南海区域内的传统古国，是中华古籍中的"师子国""锡兰山"；接受殖民之后的斯里兰卡历史已不再围绕佛教文化展开，因此，斯里兰卡研究最重要的著作《锡兰简明史》用副标题限定：从远古时期至公元 1505 年葡萄牙人到达时为止。足以看出殖民前后斯里兰卡民族历史、宗教文化的变化。

在西方的殖民进程中，宗教文化侵略必不可少，14 世纪末期，葡萄牙人通过大航海发现了印度，后在印度西南海岸开展殖民统治，首任驻印总督为弗朗西斯科·德·阿尔梅达（Francisco de Almeida）。

---

① 佟加蒙：《殖民统治时期的斯里兰卡》，社会科学文献出版社 2015 年版，第 1 页。

不久之后，殖民者意外发现岛国斯里兰卡，从而开始对这个岛国的殖民。千年前的中华文献便已记载这片土地的肥沃，多珍奇植物，多宝石矿藏，多深水良港，殖民者们开始长达几个世纪的资源攫取。

此时的斯里兰卡并不处于大一统局面，而是分裂为若干个大小王国，其中最主要的两个王国分别是南部的科特王国和北部的贾夫纳王国。葡萄牙殖民者利用科特王国统治者的内部矛盾，将傀儡国王扶植上台，挟天子令诸侯，将自己变为幕后真正的执政者。在葡萄牙殖民者的影响下，原本笃信佛教的王室成员纷纷放弃原本的宗教信仰，改为信仰天主教。上行下效，从王室成员到贵族，再从贵族到官员群体，再到底层百姓，许多斯里兰卡人逐渐改换信仰，皈依天主教。这对科特王国的佛教信仰破坏极大，无疑是削弱了本土的王权及传统文化。

须知，斯里兰卡历史上虽有不少婆罗门教徒及信仰印度教的泰米尔人，但主体民族僧伽罗族一直以佛教为信仰，即使是反映斯里兰卡古代史的著作《大史》与《岛史》，也以佛教发展为脉，以佛教教义与精神为文献根基。佛教在斯里兰卡不仅是国教，且与王权紧密相连，是为王权合法性的宗教依据。因此，葡萄牙殖民者们在斯里兰卡持续推行天主教，动摇的不仅是斯国国本，也在缓慢斩断僧伽罗民族的精神文化传承。

葡萄牙殖民者在对斯里兰卡岛的殖民过程并非一帆风顺，而是遭受着部分斯里兰卡民众及包括荷兰等外来势力的狙击。到了16世纪，原本的葡萄牙殖民者退出历史舞台，取而代之的是新一任的荷兰殖民者。荷兰人的宗教信仰是新教而非天主教，在荷兰殖民者的影响下，那些原本从佛教、婆罗门教、印度教转为天主教的斯里兰卡人又改信新教，佛教影响进一步被削减。

由上可知，在葡萄牙与荷兰等国的殖民统治下，千年佛国斯里兰卡的主流宗教佛教已被基督教所撼动，纵然殖民当局未对斯里兰卡持海禁政策，但因佛教在其国内处于被打压的态势，且此一时期中国实施海禁政策，因此，与中国的佛教文化交流也走向式微。

二 清朝的"海禁"政策

清朝对出海活动一直持孤立主义政策。诚然，历史上的海禁一直与抵御异域海盗、打击走私等违法行为相关，而清代实施海禁亦有消灭反叛势力的动因。因此，为防止沿海一带居民通过海上活动接济反清抗清的反叛势力，清廷在不同阶段均实行海禁政策，且相较明代，更为严厉苛刻——"严禁沿海省分，无许片帆入海，违者置重典"① 基本已成为有清一朝的海洋管理常态。

顺治十三年（1656），因"海逆郑成功等窜伏海隅，至今尚未剿灭，必有奸人暗通线索，贪图厚利，贸易往来，资以粮物"②，担心有海民私通郑成功等反清势力，故颁布禁海令，宣布"今后凡有商民船只私自下海，将粮食、货物等项与逆贼贸易者，不论官民俱奏闻处斩，货物入官，本犯家产，尽给告发之人。其该管地方文武各官不行盘缉，皆革职，从重治罪。地方保甲不行举首，皆处死。凡沿海地方口子，处处严防，不许片帆入江，一贼登岸。如有疏虞，直省汛各官即以军法从事，督、抚、镇一并议罪"③。顺治十七年（1660），清廷在与郑成功的海战中落败，次年采纳季振宜的建议，下达荒谬至极的"迁海令"，强制性将自胶东半岛至广东的沿海居民内迁三十五至五十里，不允许商船、渔船等出海。而物资配备未跟上，沿海移民苦不堪言，"前因江南、浙江、福建、广东濒海地方，逼近贼巢，海逆不时侵犯，以致生民不获宁宇，故尽令迁移内地，实为保全民生。今若不速给田地居屋，小民何以资生？"④

康熙朝编撰的《大清会典》的"关津"目下设"私出外境及违禁下海"条，列举诸多违法禁止之条目，对民众私自出海惩罚极重："若将人口军器出境及下海者，绞；因而走泄事情者，斩。其拘该官

① （清）蒋良骐撰，林树惠、傅贵九校点：《东华录》，中华书局1980年版，第119页。
② 《清实录》，中华书局1985年版，第三册《世祖章皇帝实录》，第789页。
③ （清）伊桑阿等：《（康熙朝）大清会典》，凤凰出版社2016年版，第1559页。
④ 《圣祖仁皇帝实录》，中华书局1985年版，《清实录》，第四册，第85页。

司及守把之人，通同夹带，或知而故纵者，与犯人同罪；（至死减等）。失觉察者，官减三等，罪止杖一百；军兵又减一等。（罪坐直日者，若守把之人受财，以枉法论。）"① 直至康熙二十年（1681）平定三藩之乱，江山已定，清廷才于次年缓步放开海禁，"是时始开江、浙、闽、广海禁，于云山、宁波、漳州、澳门设四海关，关设监督，满、汉各一笔贴式，期年而代"②。虽已放开四海关口岸，但依然对船只样式、海员人数等做种种严格限制，仅允许乘载五百石以下的船只在海上往来，"如有打造双桅五百石以上违式船只出海者，不论官兵民人，俱发边卫充军。该管文武官员及地方甲长同谋打造者，徒三年。明知打造，不行举首者，革官职；兵民杖一百"③。惩处波及面极广，不可谓不严。同时，对出洋水手与客商也有诸多限制："取船户甘结，并将船只丈尺、客商姓名货物往某处贸易，填给船单，令沿海口岸文武官员照单严查，按月册报督抚存案。每日各人准带食米一升并余米一升，以防风阻。如有越额之米，查出入官，船户、商人一并治罪。"④ 此为第一阶段海禁，总历时达二十六年。

康熙五十五年（1716），清廷囿于海盗猖獗及新兴西洋诸国海上势力的威胁，再度考虑实施海禁。"朕访问海外，有吕宋、噶喇吧，两处地方。噶喇吧，乃红毛国泊船之所；吕宋，乃西洋泊船之所，彼处藏匿盗贼甚多。内地之民，希图获利，往往于船上载米带去并卖船而回，甚至有留在彼处之人，不可不预为措置也。……即如海防，乃今日之要务，朕时加访问，故知原委，地方督抚提镇亦或未能尽悉也。"⑤ 经过与大臣的讨论后，清朝于康熙五十六年（1717）正式实施海禁，禁止沿海居民出海与南洋贸易，"凡客商船只，仍令

---

① （清）伊桑阿等：《（康熙朝）大清会典》，凤凰出版社 2016 年版，第 1558 页。
② （清）赵尔巽等：《清史稿》，中华书局 1977 年版，第 3675 页。
③ （清）伊桑阿等：《（康熙朝）大清会典》，凤凰出版社 2016 年版，第 1559 页。
④ 《圣祖实录（三）》卷二七〇，《清实录》，第六册，中华书局 1985 年版，第 658 页。
⑤ 《圣祖实录（三）》卷二七〇，《清实录》，第六册，中华书局 1985 年版，第 648—649 页。

照旧在沿海五省及东洋贸易外，其南洋吕宋、噶喇吧等处，一概不许商船前去贸易"①，此为著名的"南洋海禁"，此次海禁禁止沿海居民下南洋，但依旧允许外商来华买卖。直至雍正五年（1727），雍正帝在大臣的反复奏请下，因担心海禁引发海患，方废除南洋海禁政策，"辛丑，开闽省洋禁"②。第二阶段海禁结束，总历时十年。

乾隆五年（1740 年）八月，"洪溪惨案"发生，荷兰殖民者精心策划，于南洋爪哇巴达维亚屠杀华侨近万人，激发了清廷内部的大争论，就是否应该取消同南洋的贸易一事争论长达一年，最终依旧准许其照旧通商。但到乾隆二十二年（1757），清高宗下令"增定浙、闽二海税则，照粤海关例。寻又申禁洋船不准收泊浙海，有驶至者，仍令回粤贸易纳税"③，指定外国商船只能在粤海关——广州一地通商，并对丝绸、茶叶等传统商品的出口量严加限制，对中国商船的出洋贸易，也规定了许多禁令。此一举动无疑为清廷第三阶段的海禁政策拉开帷幕，此后，一系列海禁政策纷纷颁布：乾隆二十四年（1759），总督李侍尧上"防夷五事"，"一、禁在粤省过冬。二、令寄居洋行管束。三、禁借赀并本雇汉人役使。四、禁雇人传信息。五、船泊黄埔，拨营员弹压"④。清廷采用，《防夷五事》（《防范外夷章程》）颁布。嘉庆十四年（1809），百龄代任两广总督，认为应"止系贸易船只""亦应饬令停泊港外"⑤，酌筹《民夷交易章程》，经军机大臣议覆。之后，又有道光十一年（1831）颁布《防范夷人章程》八条；道光十五年（1835）颁布《防范夷人章程》新规八条等。

如上所述，有清一朝，海禁政策基本贯穿整个朝代。回溯清代的海禁政策，可大致归纳为前后两段：前段防以郑成功为首的海外

---

① "中央研究院"历史语言研究所编：《明清史料》丁编，商务印书馆 1948 年版，第八本。

② （清）赵尔巽等：《清史稿》，中华书局 1977 年版，第 319 页。

③ （清）赵尔巽等：《清史稿》，中华书局 1977 年版，第 3679—3680 页。

④ （清）陆心源撰，郑晓霞辑校：《仪顾堂集辑校》，广陵书社 2015 年版，第 23 页。

⑤ （清）王之春：《国朝柔远记》，岳麓书社 2010 年版，第 281 页。

反叛势力，后段防新兴的西洋诸国。海禁政策虽自现实出发，但与经济利益、文化交流的大趋势完全背道而驰，中外交往产生的影响深远，起到了相当程度的阻碍作用。

　　因此，曾友好交流数千载的中斯两国，一个陷入殖民地的泥淖长达数百年，一个持孤立主义政策，逐渐走进半封建半殖民地的牢笼。这一阶段，中国与斯里兰卡的佛教文化交流在两国特殊的历史时代背景下，已难觅踪影，直至民国近代时期，两国佛教界才又重新开展活动，恢复正常往来。

第 二 章

近现代中斯方外交流研究

　　学界对中斯佛教往来的研究大多集中在古代，而对近现代时期两国的交流缺乏关注。这一阶段，中斯佛教交流从无到有，经历了较为复杂的过程。在本章节，拟以具体事件为中心展开论述，同时，因本论述基于以中国历史发展为中心，故将近现代的时间拟定为自1840年鸦片战争始至1949年新中国成立之间，时间总计百余年。

　　谈近现代的中斯佛教整体发展情况之前，不得不提及当时的时代背景及具体事件。就时代背景而言，中斯两国持续了千年的佛教交流及文化往来已基本彻底断绝。斯里兰卡依旧处于西方列强的殖民统治之中：在大航海时期的尾声，荷兰的势力已趋于没落，而斯里兰卡的丰饶物资与优良港口吸引着攫利而来的新兴殖民者。北方高地王国为赶走荷兰势力，与已对印度有相当控制权的英国殖民当局勾联，希冀借助英国的资本与实力驱逐荷兰殖民者。英国东印度公司于1762年派来一个外交使团做先期调研，全面考察斯里兰卡情况，尤其是斯里兰卡的政治局势情况。① 1796年2月，英国军队击败荷兰势力，占领了科伦坡，名存实亡的荷兰统治正式结束。至1802年3月27日，法国同西班牙、巴达维亚共和国（荷兰）及英国在法国北部城市亚眠签订了《亚眠条约》，将在斯里兰卡的领地划

---

　　① V. L. B. Mendis, *The Advent of the British to Ceylon, 1762 – 1803*, Colombo: Tisara Prakasakayo, 1971, p. 18.

归英国，至此，斯里兰卡从法理上正式成为英国的殖民地。①

而中国则也缓慢陷入半封建半殖民地的泥淖，用李鸿章的观点，则是正面临着"数千年来未有之变局"②。在旧帝制时期，中原王朝的危险大多从西北方而来，因此多重视守西域北域边疆，中外边疆界限分明。而大航海改变了中国格局，"今则东南海疆万余里，各国通商、传教来往自如；麇集京师及各省腹地，阳讬和好之名，阴怀吞噬之计；一国生事，数国构煽，实为数千年来未有之变局"③。总言之，数千年来，以农耕民族为主体民族的中国面对的是来自西北方游牧民族的威胁，此为游牧文明与农耕文明的冲突与碰撞。因此，清廷也好，前朝也罢，无不屯兵西北，警惕虎视眈眈的草原，而忽略海防。而今对手是乘舟越海而来，被海洋文明深度浸润的国家，于中国而言，这些国家不啻是异次元空间，中国既不了解这些新兴的对手，也毫无应对海洋文明的经验，因此，在与之抗衡的过程中毫无招架之力，屡屡惨败。学僧满智曾自省中国佛教的危机所在，认为"盖自海通以来，西洋之社会科学、自然科学输入内地。我国固有之学说制度，一一被其抖散，且重新估定其价值"④。满智法师虽认为佛教首当其冲，但此论点可涵盖所有中华文化，在西学的强势来袭下，溃不成军。

蒋廷黻对李鸿章此观点给予高度评价，认为其把握住了时代的脉络，有政治家的眼光。⑤ 西方殖民者越海而来，打乱中国的政治格局，农耕文明被海洋文明战胜，中国面临着从传统封建社会向现代社会转型。

如上一章节所述，清朝总体上持较为严苛的海禁政策，而时局

---

① 吴木生：《拿破仑时期的反法同盟》，《历史学习》2010 年第 20 期。

② 中华书局编辑部、李书源整理：《筹办夷务始末（同治朝）》，中华书局 2008 年版，第 3987 页。

③ （清）缪荃孙编：《续碑传集》，上海人民出版社 2019 年版，第 231 页。

④ 满智：《考察锡兰西藏及印度佛教旨趣书》，《海潮音》1932 年第 13 卷第 12 期，第 133 页。

⑤ 湖湘文库编辑出版委员会编：《湖湘文库书目提要》，岳麓书社 2013 年版，第 190 页。

的变化让清政府做出改变，开放了通商口岸，被迫放眼看世界。"臣窃惟欧洲诸国，百十年来由印度而南洋，由南洋而东北，闯入中国边界腹地。凡前史所未载，亘古之所未通，无不款关而求互市。我皇上如天之度，概与立约通商以牢笼之。合地球东西南朔九万里之遥，胥聚于中国，此三千余年一大变局也。"① 鸦片战争之后，一系列通商口岸的开放使西方获得了中国市场，同时也打开了中国这个古老帝国的大门，包括宗教文化在内的中国传统文化受到西方思潮的极大冲击。

这一阶段，对中国与斯里兰卡佛教而言，是崭新的新阶段。可以说，当下世界两国的佛教情况，是经由此阶段的积累酝酿而生成。

第一节　革新前的文化时局

在本书第一章第六节，对斯里兰卡佛教在殖民过程中的处境已予以简要阐述。在斯里兰卡遭受殖民的漫长过程中，殖民者逐步扶持、推行天主教及新教等西方宗教，以期蚕食破坏其本土最主要的佛教信仰。而在近现代中国，佛教亦是腹背受敌，受到来自政治、战争、域外思想文化等各方面的冲击。

一　对佛教政策的变化

明中叶之后，随着商品经济的兴起，佛教趋于向世俗化及民间化角度发展。对佛法、义理的诠释接受已不是佛教的核心与主流，僧团主要从事的任务从讲经说法向做法事发展，而传统的"十方丛林"也渐渐成为"子孙丛林"。清代由满族人所建，满族人本信萨满，但建国伊始，因与蒙古族的特殊政治、亲缘关系，颇为礼遇藏传佛教，同时，对中原普遍流传的汉传佛教也较为护持。至雍正朝，

---

① 中华书局编辑部、李书源整理：《筹办夷务始末（同治朝）》，中华书局 2008 年版，第 3475—3476 页。

废除了传统的度牒制度，从表面上看，不再限制僧众人数似乎是取消了对佛教的限制，而实际上，官方不再直接对僧才做基本的审核，使得大批资质较差之人进入佛门，给信众造成较差的感观，继而给佛教带来十分不利的影响，所谓"近世以来，僧徒安于固陋，不学无术，为佛法入支那后第一堕坏之时"①。行至民国，僧众文化素质低下已经成为一个普遍事实，据调查报告《全国寺庙僧尼统计》②显示，1936 年前后，"90% 以上僧人为贫苦农民出身，文盲率为80% 以上"③。同时，清中叶以降，国力江河日下，清廷的统治者们不再举办大型的崇佛法会等仪式活动。究其原因：一则屡屡割地赔款，国库空虚；二则在"大变局"的冲击下，国内、国际祸事不断，统治者无暇向宗教处寻慰藉。因此，清中叶之后，"僧侣在寺庙或民众家中做'佛事'，收取钱财成了重要的'宗教活动'，精通经典的高僧大德乃凤毛麟角，僧团的衰落成为一种有目共睹的事实"④。

　　鸦片战争之后，西学东渐风气始，士人阶层开始反思国家民族的命运，认为开办学堂、教授新学当为救国第一要务。佛教作为古老的宗教意识形态，显然不被认为具有开启民智之功效，对已走向没落的家国政治无甚特殊社会功用。同时，因佛教与中国文化糅合两千余年，已与民族文化生活息息相关，因此，无论是中国的繁华都市还是边鄙乡村，作为宗教场所的佛寺并不鲜见，且往往占地较大、香火繁盛。"庙产兴学"风潮因之而起，以康有为、张之洞为代表的知识分子则为其中最重要的支持者。康有为认为，"查中国民俗，惑于鬼神，淫祠遍于天下。以臣广东论之，乡必有数庙，庙必有公产，以公产为公费，上法之代，旁采泰西，责令民人子弟，年

---

① （清）杨仁山：《杨仁山全集》，黄山书社 2000 年版，第 340 页。

② 此统计不包括四川、河南、江西、安徽和湖南等五省。

③ 单侠：《试论民国时期佛教的困境——以 20 世纪二三十年代佛教界对自身积弊的反思为中心的考察》，《贵州文史丛刊》2013 年第 1 期。

④ 牟钟鉴、张践：《中国宗教通史》，中国社会科学出版社 2000 年版，第 963 页。

至六岁者，皆必人小学读书"①，虽未直言佛教寺院，但依据其"查中国民俗，惑于鬼神"之语境，显然是亦将佛教寺院纳入淫祠范围。又，张之洞则进一步撰文细述将佛道寺观等宗教场所改为学堂的可行性，"或曰府县书院经费甚薄，屋宇其狭，小县尤陋，甚者无之，岂足以养师生，购书器。曰一县可以善堂之地赛会演戏之款改为之。一族可以祠堂之费改为之。然数亦有限，奈何曰可以佛道寺观改为之。今天下寺观何止数万，都会百余区，大县数十，小县十余，皆有田产，其物皆由布施而来，若改作学堂，则屋宇田产悉具，此亦权宜而简易之策也"②。张之洞的主张较为具体务实，旋而在知识分子界引起强烈共鸣，清廷随即准奏，"兴学。……查明某地不在祀典之庙宇乡社，可租赁为学堂之用"③，令各地僧舍庙产归为地方所有，充公作学堂之用。而民国也延续了清朝"庙产兴学"的思路，行政院于民国十八年制定颁发《寺庙管理条例》，将寺产田产充作国家建设需要。因此，从晚清至民国，各地争夺寺产之风延续多年。总体而言，此举对当时的国家教育事业有正面意义，但对佛教经济破坏极大。

二 太平天国对佛教的打击

若说在有清一朝的大历史背景下，佛教已与国运一道日渐衰竭，则太平天国运动又给苟延残喘的佛教致命一刀。太平天国起事初，领导人洪秀全便自诩上帝之子，规定唯上帝可信，众神皆不可拜，创立"上帝教"。虽然太平天国的"上帝教"与西方的基督教并非同一概念所指，但此教可溯源至基督教，拥有一神教的精髓，视其他信仰为异端，将包括佛教在内的其他宗教都斥为"邪教"。洪秀全

---

① 康有为：《请饬各省改书院淫祠为学堂折》，《中国近代史史料丛刊·戊戌变法》（二），神州国光社1953年版，第221页。

② （清）张之洞：《劝学篇·设学第三》，《张文襄公全集》，台北文海出版社1971年版，第819页。

③ （清）严修：《严修集》，中华书局2019年版，第34页。

设有十款天条，第二条便是"不好拜邪神"，"皇上帝曰：'除我外，不可有别的神也。'故皇上帝以外皆是邪神，迷惑害累世人者，断不可拜。凡拜一切邪神者是犯天条"①，"皇上帝乃是真神也，尔世人跪拜各偶像正是惹鬼"②。

同时，太平天国的"上帝教"将亚伯拉罕系宗教排斥偶像崇拜的特点发挥放大，屡屡对宗教偶像崇拜现象以较为激进的手段处理。须知，佛教以偶像崇拜为信仰特征，在近世民间，佛教的世俗性进一步加强，尤其在太平天国政权的大本营江南地区，浸裹着强烈世俗性的佛教信仰尤为盛行。太平天国政权在拥兵起义过程中，所占据一处，辄"遇神则斩，遇庙则烧"③；在江南地区，更是将所在县市的佛寺佛像"系拆毁，将神像或抛于河，或投诸火"④。在这种大规模损毁佛寺、佛像等物质遗产的意识形态运动下，太平天国所辖地区的佛教建筑及珍贵文物受到极大破坏。同时受到信仰侵害的还有僧侣群体及佛教徒，太平天国政权将其他宗教的神职人员视为"生妖"，"出令沙汰僧道优婆尼，勒令还俗，秃子蓄发，不准衣袈裟黄冠，不许著羽士服"⑤。值得一提的是，虽然太平天国对外教神职人员极为反对厌恶，偶有暴力事件，但并没有对僧侣妄加杀戮⑥，与北朝的排佛法难有较大的区别。

在此宗教政策执行的前后十余年，太平天国政权一直持续着这种"无庙不焚，无像不灭"⑦的有目的性地破坏，外加连年征战造成的损耗，令其所辖地区的佛教遭受了莫大的浩劫。依蒋维乔在《中国佛教史》中所言，太平天国所致："神像经卷，破弃无遗。佛

① 太平天国历史博物馆编：《太平天国史料汇编》，凤凰出版社 2018 年版，第 2196 页。

② 《太平天国印书》，江苏人民出版社 1979 年版，第 21 页。

③ 太平天国历史博物馆编：《太平天国史料汇编》，凤凰出版社 2018 年版，第 4764 页。

④ 《太平天国史料专辑》，上海古籍出版社 1979 年版，第 37 页。

⑤ 南京大学历史系太平天国研究室编：《江浙豫皖太平天国史料选编》，江苏人民出版社 1983 年版，第 166 页。

⑥ 夏春涛：《太平天国毁灭偶像政策的由来及其影响》，《广西师范大学学报》2002 年第 2 期。

⑦ （清）曾国藩：《曾国藩全集》，岳麓书社 2012 年版，第 140 页。

教上所受影响，殆匪细也。……太平天国之军，所至克捷。十余年间，奄有广西、广东、湖南、湖北、江西、安徽、江苏、福建、云南、贵州、四川、山东、浙江等省……凡在斯地之佛教，皆根本摧毁无遗，即至今日，各省尚多有旧时名刹，未曾恢复者，是诚佛教之大劫也。"① 此评价真实不虚。以佛教信仰深厚、寺院林立的南京为例，昔日的"江南四百八十寺"② 盛景已不复存在，"城南四百八十寺，所存尚数十处，而牛首、天阙为最绝，兵燹后无复孑遗。此一劫，千年所罕也"③。太平天国运动偃旗息鼓之后，社会各界虽努力修复这场浩劫遗留下的断壁残垣，但在清中叶之后本已日益衰靡的佛教经过太平天国的长期破坏，已全面走向衰败，无力回天。

三 基督教的发展

基督教入华时间可上溯至唐朝贞观年间，"太宗文皇帝光华启运，明圣临人，大秦国有上德曰阿罗本，占青云而载真经，望风律以驰艰险。贞观九祀，至于长安"④。大秦景教流行中国碑已详述了景教传入中国的全过程。而在之后的传播过程中，因遭遇唐武宗会昌五年（845）的灭佛运动，也遭受殃及被禁，因此，在中华大地并未像在欧洲大陆那般铺陈开来。至元朝，以景教及罗马公教为代表的基督教派亦重新传入中华，史称"也里可温"，同僧道并列，其教徒与一般民众区分，所谓"附近有田之民，及僧、道、也里可温、答失蛮等户"⑤，元亡后，基督教也中断了传播。明中期之后，始有西方天主教教士被派至中土传教，出现了一批较为知名的传教士，如利玛窦等。而就基督教信仰而言，并未掀动华夏大地的经脉。相比佛教，基督教因缺乏中国化的过程，更谈不上与中华文化融汇结

---

① 蒋维乔：《中国佛教史》，商务印书馆 2015 年版，第 244—245 页。
② （清）钱谦益撰集：《列朝诗集》，中华书局 2007 年版，第 3246 页。
③ （清）欧阳兆熊、金安清：《水窗春呓》，中华书局 1984 年版，第 47 页。
④ （清）董浩：《全唐文》，中华书局 1983 年版，第 9545 页。
⑤ （明）宋濂：《元史》，中华书局 1976 年版，第 1640 页。

合，因而受众群体有限。

有清一朝，对这种西洋宗教的态度也几经变化。康熙之前，清朝君王对传教士的传教活动未有过多限制，而自雍正皇帝继位以来，由于西方来华传教士人数增多，清廷开始制定禁教政策。"向也，汝辈人少，从汝教者亦无多，可无过虑。今则来者日众，散往各省传教，教堂林立，徒党众多。愚民无知，一经入教，惟汝言是听。一旦有变，岂不危我国家？"① 清廷认为，基督教传入将对国家不利，因而禁教。嘉庆十年（1805），对基督教的限制进一步严苛，不允许中国人同传教士往来学习："军民人等，嗣后倘再有与西洋人往来习教者，即照违旨例从重惩究，决不宽待"②，更对西洋人等做了种种约束与限制，"除贸易外，如私行逗留讲经传教等事，即随时饬禁"③。

而鸦片战争之后，这种相对的限制被打破，自清廷被迫与英国签订《南京条约》之后，一系列不平等条约接踵而来，相当部分涉及基督教在华传播。如1843年与美国签订的《望厦条约》中，规定西方传教士可以在广州、厦门、福州、宁波及上海等通商口岸自由传教，所谓"合众国民人在五港口贸易，或久居、或暂住，均准其租赁民房，或租地自行建楼，并设立医馆、礼拜堂及殡葬之处"④。1844年与法国签订的《黄埔条约》中，规定"佛兰西人亦一体可以建造礼拜堂、医人院、周急院、学房、坟地各项，地方官会同领事官，酌议定佛兰西人宜居住、宜建造之地……倘有中国人将佛兰西礼拜堂、坟地触犯毁坏，地方官照例严拘重惩"⑤。在列强的压力下，道光皇帝被迫解除了基督教教禁，上谕曰："天主教既系劝人为善，与别项邪教迥不相同，业已准免查禁。此次所请，亦应一体准行。

---

① 萧若瑟：《天主教传行中国考》，河北省献县天主堂1931年版，第361页。
② 刘锦藻：《清朝续文献通考》，浙江古籍出版社2000年版，第八十九卷《选举考六》。
③ （清）王之春：《国朝柔远记》，岳麓书社2010年版，第274页。
④ 蒋世弟、吴振棣编：《中国近代史参考资料》，高等教育出版社1988年版，第96页。
⑤ 《道光条约》卷五，影印版，第10页。

所有康熙年间各省旧建之天主堂，除改为庙宇民居者毋庸查办外，其原有旧房屋尚存者，如勘明确实，准其给还该处奉教之人。"① 自此，基督教教禁大开。

虽然道光帝依旧不允许外国人进入除五港口之外的内地传教，但随着时局的变迁，基督教等西方宗教作为一种强势国家的文明席卷当时相对落后的中华大地，进一步挤压古老的佛道教生存空间，与之争抢信徒。诚然，基督教以域外宗教的身份进入中国，兼有伴随帝国主义铁蹄而来的原罪，不仅涉及华夷之辨这个亘古命题，更是在相当程度上刺激了中国人的民族情绪。因此，坊间不少百姓对基督教持敌视态度，认为基督教是洋教，中国人不应该信洋教，"多一基督徒则少一中国民"②，且多有排斥基督教的反洋教运动，"教案"频发。但即使如此，近代基督教依旧全面进入中国，逐渐地让中国人接受与认同，努力在中国缓慢扎根生存，彻底打破了传统的中国宗教文化生态环境，让中国的宗教界不再只是儒释道三教相互平衡融合的局面。

总言之，上述的几方面共同作用，最终造成中国近代社会禅园凋敝的景象，所谓"嘉、道而还，禅河渐涸，法幢将摧。咸、同之际，鱼山辍梵，狮座蒙尘。池无九品之花，园有三毒之草"③。佛教界有识之士已经认识到近代基督教入华、庙产兴学政策等给佛教带来的巨大冲击，太虚大师对此曾有过总结："清季民初以来，耶稣教之传布，西洋化之输入，更将佛教徒之隐居静修斥为消极，神应灵感呵为迷信，一概抹煞为妨碍强国富民之害群分利份子。凡少壮人士都以佛教寺僧为无用废物，乃提倡化无用为有用，开办学校或举行地方警卫等新政，莫不纷纷以占寺毁像提产逐僧为当然之事。"④

---

① 齐思和等整理：《筹办夷务始末（道光朝）》，中华书局1964年版，第2964页。

② 于本原：《清王朝的宗教政策》，中国社会科学出版社1999年版，第312页。

③ （清）释敬安：《八指头陀诗文集》，岳麓书社2007年版，第386页。

④ 太虚：《太虚大师全书》（第三十四册），宗教文化出版社2004年版，第633—634页。

同时，也开始反思西学东渐大背景下佛教的前途与命运，"迨乎前清，其（佛教）衰也始真衰矣。迨乎近今，其衰也，始衰而濒于亡矣。从全球运开，泰西文明过渡东亚，我国之政教学术莫不瞠焉其后，而佛教实后而尤后者"①。

佛教的衰败局面持续了相当长的一段时间。而佛教界的有识之士们从中汲取了充足的经验与教训，亦从基督教的传播中受到启发，酝酿着新一轮的恢复与革新，让佛教这个古老宗教自身的机能又重启能动性，走向新的历史时刻。

第二节　中国的革新思潮

近代中国日益衰靡，国力江河日下，面对这个曾辉煌无限的古老帝国逐渐走向沉沦的现实，有识之士在扼腕痛惜的同时，也深刻意识到重振邦国的重要性，"目前世界论之，支那之衰极矣，有志之士，热肠百转，痛其江河日下，不能振兴"②。他们在考察欧美等先进国家时归纳出，这些国家之所以先进发达，一则因为重商，贸易流通继而经济发达；二则因为传教，文化因此得以输出。杨仁山居士则将此论点推及至中国，并作了进一步阐述，他认为，中国当下虽贫弱，重商者却不乏其人，而传教者却寥寥，"而流传宗教者，独付缺如。设有人焉，欲以宗教传于各国，当以何为先？统地球大势论之，能通行而无悖者，莫如佛教"③。在杨仁山看来，在中国传统宗教中，佛教属于优势宗教，有受众群体阶层广泛、传播地域较广等特点，可在全世界通行无碍，理应对之扶持振兴。在这种思想影响下，佛教作为一种可代表中国传统文化的古老的意识形态，与重振邦国紧密地联系在一起，被认为可以起到汇聚大众、团结国民的

---

① 太虚：《太虚大师全书》（第四册），宗教文化出版社 2004 年版，第 913 页。

② 杨会文：《等不等观杂录》，商务印书馆 2017 年版，第 1 页。

③ 杨会文：《支那佛教振兴策》，载石峻等编《中国佛教思想资料选编（近代卷）》，中华书局 2014 年版，第 13 页。

作用，最终实现振兴家国天下的终极目标，使中华民族重新屹立于世界之林。

而此时佛教的现实状况令人担忧，与杨仁山的愿景相去甚远。与彼时建制规整、经费充裕的西方传教士团体相比，晚清民国时期的中国佛教看似已病入膏肓：不仅寺院（尤其太平天国统辖的南方地区）破败，而且僧团人才凋敝，僧众少知义理，只知世俗佛教仪轨，每日做法事，"放焰口"。僧俗两界有识之士面对佛教逐渐沦为死人服务的宗教、以驱魔除鬼为业的现实，无不痛心疾首，也因此认识到佛教改革的重要性："然此乃有关整个之中国社会及政治者，以无社会的定型及政治的常轨，故虚弱的散漫混杂的佛教徒众，亦不能有契理契机之建树；何况中国的社会政治又受并世列强的牵掣而使然，若佛教徒不能有坚强的严肃的集团出现，直从转移世运振兴国化之大处施功，殆无建设之途径可循。然中国的佛教实已到了溃灭或兴建的关头，设使不能适应中国现代之需要，而为契理契机的重新建设，则必趋衰亡之路！如印度以及阿富汗、爪哇等，昔固曾为佛教盛行地，今只有残迹可供凭吊耳！嘻！我四众佛徒，能不忧惧以兴乎?!"①

在这种百废待兴的局面下，佛教界有识之士开始重振佛教，开启民国佛教的复兴之路。这其中，杨仁山居士及太虚大师堪称在民国佛教复兴时期的中流砥柱，且两人都与斯里兰卡佛教有着不解之缘，对之后乃至今日的中斯佛教关系影响颇为深远。

一　金陵刻经处

提及近现代中国佛家的革新思潮，便不得不提到杨仁山居士创办的金陵刻经处，以及在此基础上兴办的佛教学堂祇洹精舍。作为早期放眼望世界的知识分子与佛教革新倡导者，杨仁山居士的革新

---

① 太虚：《建设现代中国佛教谈》，《太虚大师全书》（第十七册），宗教文化出版社2004 年版，第 220 页。

理念及具体实践无不影响激励着后来者。

（一）刊刻佛经以促佛教流布

此一时期的中国长期处于战乱之中，因而导致佛典损毁严重，部分地区僧众、信众面临着无典可据的局面，若想振兴佛教，则充足的佛教典籍不可或缺。在这一时期，中国教界已新建了一批刻经所，以江南地区的寺院为最。如著名的学僧妙空法师，年逾不惑始出家，因感于明代万历版藏经板失于太平天国兵燹，故自号"刻经僧"，十五年间，陆续在扬州、苏州、常熟、浙江、如皋等地创办五个刻经处，刊刻印刷佛教书籍三千余册，使得佛教经典得以在信徒中流布。

若论及这一时期最著名的刻经机构，则当属设于南京的金陵刻经处。金陵刻经处为杨仁山居士与同道数十人筹划创办，自创立伊始，金陵刻经处便使用古老的木刻雕版印刷技术印刷佛经与佛像画。杨仁山居士曾于光绪四年（1878）跟随驻外公使曾纪泽出使欧洲诸国，出访期间，杨仁山居士与日本净土真宗大谷派学僧南条文雄结识，并维持了终身友谊。创办金陵刻经处之后，杨仁山居士多年间陆续向南条文雄处购买佛经近三百种，其中包括唐代失佚佛经在内的珍贵版本，极大地丰富了当时中国的佛经版本，也加速了佛经在社会上的流布。金陵刻经处不独刊刻佛经，兼行佛教研究之事，开设"释氏学堂"讲学，是一所"讲学以刻经的佛教文化机构"①，非单纯的佛经印坊。正因金陵刻经处不仅刊刻佛典，兼可以为佛教研究提供学术场所，故满足了此一时期教界、学界的需求，从义理研究、佛教交流层面推动了佛教的发展与振兴。

（二）兴办佛教学堂以兴教育才

对佛教人才的培养也同样被杨仁山居士视为重中之重。诚然，在杨仁山创办佛教学堂之前，中国部分地区已出现了佛教学堂：如

---

① 李安：《对金陵刻经处的回顾与前瞻》，《金陵刻经处创办 130 周年学术会议论文集》，1997 年。

光绪三十年（1904）日本僧人水野梅晓至湖南长沙开福寺创办佛教学堂，传习曹洞宗与日语；光绪三十二年（1906）释文希在江苏扬州天宁寺创办佛教学堂，取名为"普通僧学堂"，等等。但这些学堂或者是由日本人所开设，披着宗教外衣行间谍之事，实则窥探我国社会的经济文化情况，[①] 或只是针对清末庙产兴学政策的一次补救，希冀借开设佛教学堂保住寺产。因此，从根本上来说，这些佛教学堂的创办并未将为佛教振兴、培育僧才这一目标放在首位，与杨仁山居士的兴教育才理念有着根本性的差异——杨仁山居士的弘法理念与其海外经历相关，且受到斯里兰卡达摩波罗（Anagārika Dhammapāla）的直接影响。[②]

如上文所述，金陵刻经处定期开展讲学，为近现代佛教培养了许多人才，除此之外，中国历史上的第一所真正意义上的新式佛教学堂也是由杨仁山居士于光绪三十四年（1908）所创办，场所设在金陵刻经处之内，学堂取名为"祇洹精舍"。与之前创办的佛教学堂相比，祇洹精舍具有以下几个特征：

其一，祇洹精舍的创办是基于振兴佛教、培育僧才这一终极目标的需要，有清晰的理念诉求，而非对庙产兴学政策的应激性反应，此之谓"欲求振兴，惟有开设释氏学堂，始有转机；乃创议数年，无应之者"[③]。

其二，祇洹精舍的培养方式贯穿着现代教育思想，且结合传统中国宗教神职工作的实践需要，将学理上的佛教教育同实践中的僧伽制度联系在一起，从根本上提升僧才的质量。杨仁山居士有长达六年的国外生活背景，较为了解发达国家的社会状态及教育体制，祇洹精舍的课程设置充分考虑到彼时中国的基本国情，仿照西方国家的学校教育体制，将课程划分为"初等""中等""高等"三级科

---

① 日本僧人水野梅晓是宗教间谍，被日本派来调查中国宗教、社会经济等情况。

② 此部分论述拟于本章第四节具体展开。

③ 杨文会：《般若波罗蜜多会演说》，载石峻等编《中国佛教思想资料选编（近代卷）》，中华书局2014年版。

目，各学三年。具体而言，以初等为例，此一级的学习内容为佛教基础知识，在此期间，学员需研习《四十二章经》《唯识十三论》等较为常见的佛教经论，学习结束可受沙弥戒；中等学员则需修习一些较为深奥的经律论，学习结束可受比丘戒，给予度牒；高等学员则需修习专业化程度更高的专门之学，学习结束可准受菩萨戒，换之前的度牒。初、中、高三级教育设置合理，内有理路可循，系针对彼时佛教僧才匮乏的现象专门而设。杨仁山居士开班亲授课程，佛教研读课程以法相宗为重。祇洹精舍所招收的学员以出家人为主，其中相当一部分学员在日后成为声名显赫的僧侣，其中有太虚、仁山、开悟、智光等。

其三，祇洹精舍不仅教授佛教义理经典，还兼授西学知识。之前创办的佛教学堂所授内容不外乎佛教经典，没有充分考虑当时的时局背景与文化进程，将佛学教育体系与现代教育体系割裂开来，所授课程不含西学课程。而杨仁山作为曾在西方生活过、有过放眼看世界经历的知识分子，深知现代科学对家国天下的重要性，堪称佛教界具有世界眼光的第一人①。因此，祇洹精舍虽为一所佛教学校，但除了教授佛教义理经典之外，兼有西学课程。授业师多有自欧美、日本留学回来的精英，除杨仁山居士亲任讲席，讲授《楞严经》等佛学经典外，在现代文学史中有一席之地的苏曼殊也曾在此教授英文及梵语。

后期因为资金不足等原因，祇洹精舍只开设了短短两年，无法长期维持。但这一新式佛教学堂的开设过程却依旧如一缕清风，吹向死水般的中国佛教，使之起了波澜。可以说，祇洹精舍给当时陷入困境中的中国佛教带来了巨大影响，让"佛教革新"理念进入时人的思维意识之中："却为中国佛教种下革新的种子，无论于佛学的发扬，或教育施设，以及世界佛化推进，无不导源于此。"②

---

① 印顺法师与太虚大师都有类似言论，如"为佛教人才而兴学，且具有世界眼光者，以杨氏为第一人""祇洹精舍乃我国高等僧教育之始"等等，此为公论。

② 释东初：《中国佛教近代史》，台北：东初出版社 1992 年版，第 80 页。

二 佛学院的开办

祇洹精舍开创之后,佛学院在中国大地大量涌现,盖因时人已经认识到兴教必先育僧。据统计,自1920—1935年,全国陆续出现71所佛学院,培养僧人7500余名。[①] 诚然,因为资金短缺及局势动荡,这71所佛学院中有不少属于有名无实,且总体都受到师资严重不足的困扰,无法长期、系统性培育僧才,导致学僧受教育程度不同;至1937年,日军侵华,国防、经济局势都进日益恶化,佛教发展空间进一步受到挤压,佛学院纷纷停办。但对当时凋敝已久的僧团而言,诸多佛学院在十五年间培养出的几千名学僧,无疑已经是对僧团的巨大支持与补充。

佛学院的开办为当时佛教带来的改变已初见端倪。之前禅林凋敝、僧才不振的局面已有所改观:一些毁于战火的寺院得以重建,部分重建寺院甚至超过损毁之前的规模;寺院管理也逐渐走上规范化道路,僧职人员素质较以往有较为明显的提升。以云南大理的鸡足山为例,相传此处是佛陀弟子摩诃迦叶入灭处,历史上著名的佛教圣地之一,而在光绪三十年(1904)著名高僧虚云大师于此开坛传戒之前,鸡足山上僧俗难辨,盖因鸡足山的出家人不讲修持,不仅在寺院内穿着在家人的俗世服装,且几乎从不焚香念经。虚云大师发现僧人"享受寺产,用钱买党派龙头大哥以为受用"[②],感慨云南僧规堕落,于是决定在此处弘法。虚云大师持戒森严,开单接众,且在鸡足山大觉寺兴办滇西宏誓佛教学堂,教授佛教律仪、禅修等修行课程,以培养正规的僧才,后期滇西宏誓佛教学堂在原址基础上扩大规模,另僧尼众班,为云南培养大量僧才。这一举措无疑逐渐扭转了云南地区佛法衰败的现象,复兴了此处佛教圣地。

然而,人们也关注到,这些衰败多年后又重新复兴的寺院并非

---

① 〔美〕霍姆斯·维慈:《中国佛教的复兴》,王雷泉、包胜勇、林倩译,上海古籍出版社2006年版,附录2。

② 岑汪吕:《虚云老和尚年谱、法汇》,鸡足山虚云寺2009年刊印,第331页。

都能长期维持正态局面。许多寺院经历短暂的中兴之后，又因管理不善、持教不严等原因而迅速衰落；与之前的佛教相比，"佛教复兴之后，如果说有什么变化的话，那就是苦行僧稍有减少。无论如何，于苦行修行、闭关、面壁、禁声、血书、焚指和舍身的报道，现代要比晚清少些"①。除此之外，僧团的修行与净化并没有显著提升，许多寺院依旧沿袭旧有传统，着眼于师承关系，从徒子徒孙中择取人选管理寺院，而非选贤任能。足见佛教革新理念虽已为僧界大众接受，但对传统并没有彻底反思，谈不上改变佛教在信众中的形象，更谈不上与西方世界交流对话。

三　"人间佛教"思想

因此，太虚大师在已有的佛教革新理念上再度推陈出新。他提出"教理、教制、教产"三大革命主张，一改前朝传统改革路数，尤其是其对"人间佛教"的提倡，更是深深影响到今天的中国佛教。

佛教教理革新可谓是现代性的产物，因为对超验事物的关注与解析历来是宗教的重要特征之一，也正因如此，宗教在发展中极容易走上愚民的道路。晚清民国时期的佛教，已逐渐沦为死人服务的宗教、僧侣以驱魔除鬼为业，太虚大师觉察到此中弊端，提出佛教应当重现世存在的真实问题，以科学为导向，着力与国际接轨，而非着力探究死后的世界，所谓"今后（佛教）则应该用为研究宇宙人生真相以指导世界人类向上发达而进步。总之，佛教的教理，是应该有适合现阶段思潮的新形态，不能执死方以医变症"②。在这种观念的影响下，僧伽们普遍有此类认知，即使前去斯里兰卡学习南传上座部原始佛教的学僧们，也仍旧持有"我们此时此地所应注重的是佛教教育最有价值的法宝，和适宜现代的文化来陶冶我们的道

---

① ［美］霍姆斯·维慈：《中国佛教的复兴》，王雷泉、包胜勇、林倩译，上海古籍出版社 2006 年版，第 209 页。

② 太虚：《太虚大师全书》（第二十九册），宗教文化出版社 2004 年版，第 74 页。

德和学问修养"① 观念，并未将泥古、法古作为解决中国佛教没落问题的良方，而是着眼于现实。基于这种主张，佛教走入现实社会，积极服务民间，广泛参与文化交流及慈善活动，在一定程度上改变了时人心中佛教萎靡不振的形象。太虚大师的教理革新依旧遵从佛教大乘思想及传统的佛教实践，同时，顺应时代与社会的特殊风貌，这种革新不仅从教理上有所依据，且契合时代与实践的需要，成为中国佛教现代性的重要表征。

在教制改革方面，太虚大师的思想较之杨仁山居士亦有所发展。在佛教传播发展的历史中，一般将讲经辩法、佛经翻译及著述佛典等常见形态视为僧侣职责，而太虚大师已经敏锐地认识到，在西学东渐之风盛行的晚清民国时期，传统观念中对僧侣的定位与此时的整个佛教样式形态都已经不适应新时代的需求，当务之急应该是培养中学西学兼备的国际型僧才。同时，在他看来，旧有的子孙丛林式传统师徒承袭制度对佛教发展有诸多弊端，理应取消，而应当将关注点放在佛学院建设及对年轻僧侣的培养上，继而向佛学院中选拔优秀僧才入驻寺院，加强道风建设，将寺院打造为弘扬佛法的中心而非单纯的求神拜佛之所。唯有如此，"然数千年先德所留之精神的物质的遗产"，方能"依以整理而发挥光大，俾佛教能随世运国运俱进"②。

值得一提的是，无论是之前的杨仁山居士，还是之后的太虚大师，都将佛教的发展与国家的前途命运紧密相连，将佛教复兴视为振兴中华的文化支持。可以说，以杨仁山居士、太虚大师等为代表的有识之士的思想与实践是对佛教沦为鬼神佛教的一次彻底反思，基于大乘佛教的思想基础及中国佛教传统，兼有现代创新特征。不仅为中国佛教复兴打下了坚实的理论基础，也为后人提供了模式借鉴。

---

① 灯霞：《送锡兰学法团（续）》，《佛教日报》1936年7月19日。
② 太虚：《太虚大师全书》（第十七册），宗教文化出版社2004年版，第385页。

第三节　斯里兰卡：民族主义与
现代复兴运动

斯里兰卡的现代佛教复兴运动与民族主义一直紧密地联结在一起。如之前的章节所言，斯里兰卡有长达数百年的被殖民历史，且遭受宗教文化层面的侵略。早在葡萄牙人、荷兰人殖民时期，生存空间受到挤压的斯里兰卡僧侣便想方设法奋力自救。但因佛教属于古老的东方宗教，既没有西方宗教完善的教会制度，也缺乏强有力的教会支持，所以，早期遭受宗教殖民碾压的佛教僧伽们无法在第一时间寻求出适合国情的解决之道。19 世纪，当中国佛教面临诸多危机，已显露膏肓之态时，斯里兰卡佛教则已承受了数百年来自西方宗教文化的冲击。在长期宗教冲撞所产生的矛盾中，民族、文化、思想等交裹在一起，社会思潮发生了新的变化。受到现代意识冲击的斯里兰卡人逐渐觉醒，他们首先意识到在本民族传承了几千年的佛教文化是一种宝贵的历史与民族资源，并借此支持反殖民的政治主张。

在西方殖民斯里兰卡的数百年历史中，教会兴办了许多西式学校，以葡萄牙语、荷兰语及英语为官方语言培养人才，这些精通西语、信仰西方宗教的斯里兰卡人继而成为社会的主流精英，从事一些较为高级的职业。这些精英以斯里兰卡北部的泰米尔人为多，泰米尔人本信仰印度教，后有相当一部分人选择信仰西方宗教，因此，在信仰佛教的僧伽罗人人数远远多于泰米尔人的情况下，泰米尔人却占据了政府中重要的职位，且政府就职人数远远多于主体民族僧伽罗人。扶持殖民地少数族裔是西方殖民者——尤其英国殖民者的惯用手段，用以分裂殖民地社会。信仰冲突及现实困境交织在一起，加剧了僧伽罗佛教徒与泰米尔人、英国殖民者之间的矛盾。

虽然英国殖民者考虑到僧伽罗佛教徒的心理接受，对殖民政策做出一定调整，显示出在一定程度上对佛教的礼遇，如 1815 年签订的《康提协定》中提到："这些省区（斯里兰卡南部康提所在地）的酋长和居民所尊奉的佛教是不容亵渎的；它的仪式、教士和圣地应受到维持和保护。"① 然而此协定内容一经发布，便遭到基督徒的愤怒与不解，认为英国应当维护基督徒的权利，而不应保护佛教异端。佛教徒对殖民者的敌视也并未因此协定而有明显改观——英国殖民当局在此协定中作出的种种保证无法在实际操作中执行，因为佛教团体往往拥有数量庞大的寺产、田地等资源，无不遭到殖民者觊觎，继而导致争夺庙产等事件频繁发生。因此，殖民者与佛教徒的矛盾依旧层出不穷，无法有效规避。1817 年，康提地区发起反抗运动，但旋即被英国殖民当局镇压，康提贵族与佛教徒也因此被褫夺特权。②

矛盾的累积最终激发出斯里兰卡佛教民族主义思潮，并在 19 世纪中后叶伴随着具体实践，这种思潮逐渐清晰。

一　佛教的宣传及佛学院的创办

在此之前，在荷兰及英国殖民者办的基督教教会学校中，教师所教授的科目为英语、地理、历史与现代科学。其中历史与地理的课程内容只限于欧洲历史与地理的知识，对斯里兰卡本民族文化历史基本只字不提。③ 英国殖民斯里兰卡之后，政策性补贴殖民地所开设的高等英语学校，"官立高等语学校，维罗亚尔科列吉一校而已，其他高等英语学校，亦受政厅补助。又政厅对有望学生，欲其入英国大学校"④。此举带有较为浓厚的政治性与殖民色彩，但许多父母

① ［锡兰］E. F. C. 卢克维多：《锡兰现代史》，四川大学外语学翻译组译，四川人民出版社1980 年版，第 74 页。

② Paulus E. , "*Pieris, Sinhale and the Patriots: 1815 - 1818*", Colombo: Colombo Apothecaries, 1950.

③ ［俄罗斯］塔尔木德：《近代斯里兰卡的社会政治思想》，科学出版社1982 年版，第 70 页。

④ 《最新各国教育统计：第一编：亚细亚洲：（六）英领锡兰》，《教育世界》1907 年第 152 期，第 62 页。

基于现实考虑，为了让子女未来可以在殖民当局谋到好差事，抑或顺利留学欧洲，依旧倾向于为子女选择教会学校。虽然斯里兰卡人选择英语学校就读带有一定的投机性，"年轻人相信受了英国教育是逃避乡村生活、逃避不名誉手工苦役的一种方法"①，但依旧导致民族性被剥夺。民族文化历史的教育缺失使得广大斯里兰卡人无法正确地看待、评价自己的国家，民族语言、历史、知识、信仰及习惯等被漠视，殖民当局的这一举动虽然在一定程度上加强了殖民地的文化话语权，却也导致文化的冲突与破坏。因此，佛教复兴运动一定程度上承担了捍卫民族语言文化的角色，与基督教及殖民统治呈对峙态势。

为抵御基督教及殖民文化的倾轧，佛教徒开始宣传佛教，以期唤起民族共同意识。早在 18 世纪中叶，为提升佛教发展，斯里兰卡僧侣便已远赴暹罗及缅甸求法，并迎回暹罗僧团来斯里兰卡传授具足戒，由此形成"暹罗派"（Siam Nikaya）。虽然有较为完备的传承戒律，而在近现代的斯里兰卡社会，佛教传播的现实状况却不容乐观：首先是糟糕的大环境，自 1817 年康提地区的反抗运动被镇压之后，佛教及佛教徒被褫夺了原有特权。与中国佛教类似，也面临着寺院破败、僧才难寻等共同问题，对整个国家及民众的影响力不断弱化。其次，佛经稀缺且宣传方式较为原始。斯里兰卡的印刷业长期落后，佛教宣传多依靠古老的口传方式，纸本佛经稀缺，寺院及僧侣所使用的经书多为贝叶经，系贝多罗树叶脱水制成，数量稀少。其次，民众对义理层面的佛教较为陌生。对普罗大众而言，僧伽罗语版本的本生故事集是唯一可接触到的与佛教有关的文本，在城市街巷的书报亭有售，但印刷较为粗糙。② 彼时斯里兰卡虽在殖民统治之下，但佛本生故事依然拥有相当深厚的群众基础，老弱妇孺对佛

---

① ［锡兰］H. A. J. Hulugalle：《锡兰》，周尚译，商务印书馆 1944 年版，第 23 页。

② Richard Gombrich and Gananath Obeyesekere, *Buddhism transformed*：*Religious change in Sri Lanka*, Princeton University Press, 1990, p. 211.

本生故事都非常熟悉，甚至将听本生故事视为娱乐方式的一种。① 佛本生故事中的佛教叙事趣味性较强，少有佛教义理输出，民众（尤其文化水准较低的民众）更关注其中转世轮回等神异故事，而非佛教教义、思想观念等较为抽象的理论。

由此可知，早期的斯里兰卡佛教宣传与传播较为落后，且偏重于佛教文学层面的叙事传播；若需加强佛教宣传，则必须依靠报纸等现代传播载体。借助于传教士自西方带来的先进印刷技术，一系列以僧伽罗语宣传佛教文化思想的文章得以刊刻出版：在僧伽罗语出版的日报 *Dina Mina*② 中，斯里兰卡有识之士提出了国家独立的思想，并讨论其可能性；1867 年，佛教启蒙家米格杜瓦特·古纳南达创办了《真实道路》报，同时直言，之所以创办这家报纸，便是为了反对基督教思想。③

西方殖民者们竭力压制着斯里兰卡兴起的这股佛教民族主义，但同时他们也清楚地意识到，他们妄求从心理、文化层面征服与改造这块殖民地的愿望逐渐落空：在 19 世纪的最后二十年及 20 世纪初期，这座南亚宝渚的佛教民族主义情绪之强烈，完全不亚于他们熟悉的爱尔兰民族主义。此时斯里兰卡已有题名为《锡兰独立报》的报纸刊印流布，受众颇多，引起了巨大的共识，"而在锡兰，这种不安又受到一种名为《锡兰独立报》的晨报的鼓动，该报的读者大都是说英语的锡兰人"④。

对时人而言，这些传播佛教哲学及文化的报纸不啻启蒙，让普通的斯里兰卡人（尤其是僧伽罗民族）形成民族自觉意识，因此，斯里兰卡的佛教复兴从一开始，便与僧伽罗民族意识紧密相连。在

---

① Spence Hardy, *"A Manual of Buddhism in its Modern Development"*, London：Partridge and Oakley, 1853, pp. 100 – 101.

② Dina Mina 为僧伽罗语转写，意为 Gem Daily。

③ ［俄罗斯］B. N. 科奇涅夫：《斯里兰卡：二十世纪前的民族历史和社会经济关系》，科学出版社 1976 年版，第 308 页。

④ Henry Blake：1906.08.16，锡兰殖民部档案 54/702；转引自［锡兰］E. F. C. 卢克维多《锡兰现代史》，四川人民出版社 1980 年版，第 237 页。

这种思潮的影响下，部分僧伽罗僧侣投身教育事业，建学堂以教授本民族语言与文化，佛教学堂应运而生。1845 年，瓦兰·斯里·西达尔塔长老在首都科伦坡南部城市创办了佛教徒研究班，教授僧伽罗民族语言僧伽罗语、佛教经文语言梵语与巴利语。其中部分学员后来成为斯里兰卡佛教复兴运动的重要人物，其中包括希卡都瓦·室利·苏门格拉长老（Hikkaduwa Sri Sumangala）与潘迪特·巴吐万突德维（Pandit Batuvantudave）等等。① 1873 年，实力雄厚的僧伽罗佛教徒商人希瓦·阿帕·阿布哈米（Silva Apa Appuhami）和威龙·威科拉摩迪拉卡·阿布哈米（Velon Vikramatilaka Appuhami）联合部分僧侣，在首都科伦坡成立了维迪亚兰卡（Vidyondaya）东方学院②。此为后来的维迪约迪耶佛学院③，亦称智增佛学院（Vidyon-daya Pirivena），意为知识的觉醒；在斯里兰卡独立之后，提升为贾亚瓦德纳普拉大学（Jaya uar Dhanapura）。1875 年，勒脱玛拉纳·斯里·达磨劳格（Ratmalane Sri Dhammaloka）创建了著名的佛教学堂智严学院（Viduplankara Pirivena），智严意为知识的庄严；在斯里兰卡独立之后，提升为凯拉尼亚大学（Kelaniya）。这两所佛学院对斯里兰卡影响较大。

在佛学院的创办者中，亦有欧洲人的身影，其中不乏基督教背景者。如通神论者 H. S. 奥尔科特上校（Henry Steel Olcott）为斯里兰卡的佛耶两教辩法所吸引，因此前来斯里兰卡与众高僧见面，创立了佛教徒神智学会（Buddhist Theosophical Society）。同时，奥尔科特上校沿袭基督教模式，在斯里兰卡建立佛教学堂，除语言、佛教知识外，兼教授现代科技知识。此外，1886 年，佛教徒查尔斯·莱比特（Chaeles Leadbeater）创立了阿南陀学院（Ananda College）。约翰·鲍里斯·达利（Joan Bowles Daly）本为英国牧师，后研习印度

<hr>

① 黄夏年：《近代斯里兰卡佛教复兴的背景》，《南亚研究季刊》1996 年第 2 期。
② ［锡兰］E. F. C. 卢克维多：《锡兰现代史》，四川大学外语学翻译组译，四川人民出版社 1980 年版，第 34 页。
③ 此为主要音译名称，亦有其他不同音译名称。

佛教，于 1892 年创立摩晒陀学院①，任校长的弗兰克·李·伍德沃德（Frank Lee Woodward）对佛教经典也极为推崇。

　　除上述诸多佛教学堂之外，斯里兰卡佛教界还仿照基督教，于 1908 年成立了佛教青年会（Young Man Buddhist Association）。该会办有业余佛教学校，或开设短期佛教班如"星期日佛学班"等，传授佛学知识，定期举行考试，向通过考试者发给文凭。②

　　这些佛教学堂不仅教授僧伽罗民族语言、佛教文化，还做了许多出版、研究工作，将许多梵文版本、巴利文版本佛教经典翻译为僧伽罗语，便于普罗大众研读学习。又因时人文化水平有限，僧侣们在原始文本上做了大量注解，尽量以浅显易懂的语言吸引受众，使之能通晓理解内容。随着时间的推移，由僧侣或佛教徒开办或管理的中等以上学校逐渐增多，影响范围也逐渐扩大，不仅提高在校内修习僧侣的佛法素养，对社会人群也起到了积极的宣传民族文化、传教作用。截至 1922 年，斯里兰卡开设佛教学堂三百余所，"学生每院多者千人少者亦百人，计全岛佛学院学生共有数十万云"③，有效推广宣传了佛教文化。弘扬佛法的出版物数量虽不甚多，却已成制式出版推广，定期出版物有《佛教年刊》《佛教周刊》与《佛教报》三种，内容较为丰富，不仅刊载佛学文章，兼刊载欧美各国学者论哲学社会科学与佛法关系的文字，以显示佛教的科学精神；除此之外，还报道世界各地佛教情况，开拓民众视野。

　　诚然，这些佛教学堂、佛学期刊创立的意义不止于传播佛法，也起到了宣扬僧伽罗民族的历史文化的作用，让处于殖民统治的僧伽罗人增强民族自觉，意识到本民族有别于殖民国的特点。而僧伽罗历史文化与佛教息息相关，以被视为斯里兰卡最重要编年史之一

――――――――――

　　①　Laurence Cox and Mihirini Sirisena, "Early western lay Buddhists in colonial Asia: John Bowles Daly and the Buddhist Theosophical Society of Ceylon", *Journal of the Irish Society for the Academic Study of Religions*, Vol. 3, 2016, pp. 108 – 139.

　　②　此为近代斯里兰卡佛教向基督教学习的一大重要方面。

　　③　郑太朴：《记事：赴德留学经过锡兰之通讯》，《海潮音》1922 年第 3 卷第 9 期。

的《大史》为例，此书"记录了斯里兰卡从一开始到十八世纪中期的历史"[1]，从佛教产生伊始叙述，多有佛教内容，所以对僧伽罗人而言，了解民族文化与熟悉佛教经典互为补充。

　　因此，相比中国近现代开办的佛学院，早期斯里兰卡的佛教学堂更类似于民间组织，依旧存在于殖民教育体系下。殖民教育体系刻意规避斯里兰卡的历史与原生文化，大部分基督教传教士更将佛教与斯里兰卡传统文化等而视之，一直持有敌视、诋毁的态度。为了抗击殖民者对本民族文化历史的诋毁，打破教育中的唯西方论，需为普罗大众提供学习本民族语言文化、了解佛教经典的机会。佛教学堂更有传播本民族文化的意义，因此，从筹划兴建伊始，便与佛教复兴及民族独立紧密相连，成为后期斯里兰卡独立运动的宗教文化支持。至 1947 年前后斯里兰卡独立之时，"锡兰一万五千多和尚，就有一百多个教育场所——如我国的佛学院，最大的一个学院在哥伦布，就有八百个学增在读书，现在已有一千多了。……佛学院里，政府有规定的课程，毕业可得学位。教育部设有专管僧教育的督学，文凭也是由教育部颁发的。毕业以后，可以到社会学校里教书，可以考大学，可以到印度、英国去留学"[2]。在这种较为规范的培养之下，佛教徒获得了相应的社会资源及话语权，"锡兰第一流的文学家都是和尚。他们因受了高等教育，在国家的地位是崇高的，他们能领导社会，感化民众向正路上走"[3]。

二　佛教徒与传教士的论战

　　自西方殖民者对斯里兰卡开展殖民统治开始，佛教与基督教的矛盾就已产生，并在新的历史环境中不断生成。佛教僧侣及僧伽罗民众与基督教的矛盾形成原因无法用"外来宗教"简单概括，因为

---

[1]　［锡兰］尼古拉斯·帕拉纳维达纳：《锡兰简明史》，李荣熙译，商务印书馆 1972 年版，第 307 页。

[2]　法舫、石香：《锡兰佛教僧众的生活》，《海潮音》1948 年第 28 卷第 8 期，第 216 页。

[3]　法舫、石香：《锡兰佛教僧众的生活》，《海潮音》1948 年第 28 卷第 8 期，第 216 页。

基督教身上的舶来因素并不是构成厌恶与仇恨的最重要原因：当传教士从万里之遥的西方初入斯里兰卡时，僧侣们并没有对他们疏离、敌视，相反，僧侣们给予了传教士最大限度地包容与友善，甚至允许他们在寺院内食宿，以便向他们介绍佛教经典与知识。因此，早期的僧侣与传教士相处融洽，基督教传教士作为"外来宗教"的代言人，并没有受到打压与排挤，反而受到较多帮助。传教士布道时也吸引了部分僧侣前来聆听学习，并得到僧侣们较为正面的评价，认为基督教与佛教一样，都是非常好的宗教。①

初期僧侣的表现让传教士颇为满意，认为传教工作效果显著，而随后佛教徒的态度便改变了传教士的看法——佛教并非亚伯拉罕系宗教，相较基督教，当时斯里兰卡佛教的排他性并没有这么强烈，因此僧侣虽然不排斥基督教及传教士来本国传教，但并不准备放弃佛教信仰而投身基督教。也就是说，僧侣们基于佛教的包容兼爱原则，给予万里而来的异国传教士帮助与支持，并认同基督教的相关理念，但这一切并不意味着他们要放弃佛教，因为僧侣们未曾将佛耶二教视为对立互斥的关系。

佛教徒对基督教的真实态度无疑引发传教士的不满，这使得两派关系不复初时的和谐。与此同时，基督教作为殖民国宗教，受到殖民当局的扶持，殖民当局制定了种种政策来保护基督教，也逐渐引发了佛教徒的不满。在佛教与基督教的长期共存中，矛盾逐渐加剧：首先，虽然早期僧侣们并不排斥基督教与传教士，但就宗教教义而言，佛教与基督教缺乏共同因素，无法像佛教与印度教那样相互渗透。其次，基督教作为征服者的宗教，拥有种种特权——这无疑激发了斯里兰卡人（尤其僧伽罗佛教徒）的民族情绪。两教教徒的矛盾也在殖民过程中进一步累积。

早期的基督教传教士对佛教持蔑视态度，不屑于了解佛教经义，

① Elizabeth Harris, *Theravada Buddhism and the British Encounter: Religious, Missionary and Colonial Experience in Nineteenth Century Sri Lanka*, Routledge, 2006, p. 193.

更不曾构想两教辨经、对话。19 世纪初期，这种局面逐渐发生改变：当时英国新教的卫斯理传教会是在斯里兰卡影响较大的传教会，教会中的丹尼尔·高格利（Daniel Gogerly）与斯宾塞·哈代（Spence Hardy）与之前的传教士不同，他们学习僧伽罗语及巴利语，认真研究佛教经典与理论，旋即著书立说，箭头直指佛教，认为僧侣们毫无现代宗教的概念，对基督教的包容是一种麻木与愚昧；且佛教具有反科学、非理性的本质特征，完全无法与基督教相抗衡。虽然他们对佛教的钻研与学习乃是以宗教侵略为目的，但在著作中所描述的斯里兰卡佛教状况不失为一种历史真实，不仅有着巨大的文献价值，且让当时的传教士群体更为了解佛教，令佛教、基督教论战成为真正意义上的经义哲学对抗，而非流于表面的粗暴攻讦。

　　佛教与基督教关系的不断紧张无疑影响到了英国殖民当局的态度。1853 年，殖民当局取消了对佛教事务的管理与保护，[①] 对本就处于弱势地位的佛教而言，无疑更加雪上加霜。从另一方面而言，英国殖民当局这一举动激起了斯里兰卡佛教界的不满，有识之士提出宗教平等的思想，反对殖民当局赋予基督教的种种特权。如古纳难陀尊者于 1862 年创立 "佛教宣传会"（Society for the Propagation of Buddhism），与诸多高僧及佛教复兴运动的领袖一起加强佛教宣传，在报纸上刊印鼓吹宗教平等的文章，策划并开展了一系列与基督教传教士之间的辩论。因此，这一系列论战带有浓厚的政治意味，不能仅仅将之视为宗教之间的正常交流与辩论，而是殖民地原有宗教与殖民国宗教的对峙，具有除宗教文化之外的政治寓意，带着浓厚的民族自觉意识与现代启蒙色彩。在两种思想的碰撞下，宗教辩论便应运而生。从 19 世纪 60 年代到 70 年代之间，佛教徒与基督教传教士之间开展了五次关于宗教优劣的重要辩论，其中最为著名当属 1873 年帕那杜拉（Panadura）大辩论，为摩诃提瓦特·古纳难陀尊

---

① Hans Dieter Evers, "Buddhism and British Colonial Policy in Ceylon 1815 – 1875", *Journal of Asian Studies*, Vol. 2, No. 3（1964）, pp. 323 – 333.

者（Mohotti ratle Gunananda）与代表基督教的卫斯理教会传教士的论战。两人就佛教的缘起论、轮回观念、灵魂生灭等概念进行辩论，辩论持续三天，历经八场，激烈异常。客观而言，这场辩论涉及经律及宗教哲学本身，为增强说服力，佛耶双方在辩论中都相互引用了对方的宗教经典，借以驳斥对方观点的错误。在这场辩论中，佛教表现尚佳，因而大范围地激起了斯里兰卡佛教徒的自豪及对本民族宗教文化的自信。可以说，1865—1873 年的五场佛耶辩法为之后的斯里兰卡佛教民族主义运动打下了较为坚实的群众基础，佛教复兴运动与民族独立糅合到一起，斯里兰卡这处"世界上最有价值的殖民地"① 开始了现代化的征程。

虽然创办佛学院、宣传佛教及佛耶大辩法在一定程度上提升了佛教的影响力，也一定程度上加深了僧伽罗族群的历史文化认同，甚至吸引了少量西方白种人剃度为僧，成为西洋和尚。② 但行至 19 世纪末期，就斯里兰卡各教信仰人数而言，佛教与基督教相比，依旧不占据优势地位：

> 锡兰一岛距印度颇近，所有各教会，亦于印度异同。然救世教一至其他循循善诱故，服从者较他教为多，今据西报所载岛中各教会属救世教者约四万三千余人，属佛教者三万一千余人，属回教者二万九千余人，属印度教者一万两千余人云。③

相较于基督教的强势，佛教的式微也为当时在斯里兰卡的中国

---

① ［锡兰］E. F. C. 卢克维多：《锡兰现代史》，四川大学外语学翻译组译，四川人民出版社 1980 年版，第 34 页。

② 《海潮音》1926 年第 7 卷第 10 期上刊载有西洋僧侣照片；1931 年第 12 卷第 11 期上刊载英国少年于斯里兰卡剃度。

③ 《播道事并清单新闻：锡兰服从各教清单》，《中西教会报》1893 年第 3 卷第 26 期，第 27—28 页。

人察觉，对之有"锡兰虽为佛教国，但佛教亦已极形衰落"①之类的判断；亦有国人作诗以纪："宗教沉沦种族微，江山如画国魂非。苍茫佛运消兵燹，摆脱微尘感化机。舍会城空余蔓草，讲经台胜斜晖。众生苦海犁泥现，欲叩陀天怅钵衣。"②就内容而言，诗歌虽是对斯里兰卡宗教、民族现状的描摹，然而暗笔钩联中国现状，生发出浓厚的身世之感。"苦海犁泥"为双关语，一则意指佛法式微，一则意指此时的政治格局及社会现实，故诗歌意蕴格外深沉，读之有黍离之悲。值得一提的是，由于多年的殖民统治，兼有印度思想重灵而弃实之特征，因此在中国人开来，近世的斯里兰卡人黍离之悲不甚强烈，如康提的白那登耶植物园（The garden of Eden），本为康提王国封地，当地人称之为"乐园"，"今则茂草繁英，当非昔年景象，而土人过此，毫无故宫禾黍之感"③；"听天由命，不思奋斗，印度人即想保持现状恐亦不可得，安望其有抬头独立的一天！"④

在此阶段，殖民政府并未放弃对佛教力量的限制与打压，也利用宗教问题暗中唆使，造成冲突事件，如1915年释迦牟尼佛诞辰日，在佛教徒组织的大会中，一群穆斯林闯入，并与在场佛教徒大起争执，打斗不休，令大会无法顺利开展。⑤在此冲突发生之后，佛教徒也在康提发起一系列针对穆斯林的骚乱活动，造成大批佛教徒被关押入狱。虽然殖民当局将此类冲突定性为"种族与商业仇恨"⑥，但实际上与宗教、民族高度关联。

因此，佛教复兴运动在日后展开了一系列旷日持久的活动。佛教的关怀及力量无疑对斯里兰卡现代独立运动产生多样性影响：从积极的方面而言，佛教的独特性及数千年的历史传承令僧伽罗人团结起来，意识到自身所不同于西方殖民者的宗教与文化特征，提升

---

① 庄译宣：《锡兰与印度》，《生活（上海1925A）》1932年第7卷第32期，第578页。

② 冬心：《锡兰感怀》，《民权素》1915年第11期，第10页。

③ 吴品今：《锡兰岛漫游记》，《改造（上海1919）》1921年第3卷第12期，第107页。

④ 罗廷光：《从锡兰到马赛》，《新中华》1935年第3卷第10期，第87页。

⑤ 《国外纪事：锡兰岛之大乱》，《四川旬报》1915年第1卷第13期，第50页。

⑥ "Anti-Moslem Riots By Ceylon Buddhists", The China Press, 1915.06.23.

了民族认同与家国认同——20 世纪 30 年代中期，中国基督徒前去斯里兰卡教区考察布道后，书写所见所闻：“零舛该地佛教徒极盛，极难感化……没有传教的希望”①，足见随着佛教复兴运动的不断推进，此地民族认同、宗教认同逐渐彰显。但另一方面，僧伽罗人以佛教信仰作为重要族群文化特征，无形中滋生了僧伽罗佛教民族主义，与岛内信仰其他宗教的民族（如信仰印度教的泰米尔人、信仰伊斯兰教的摩尔人等）区别开来，民族间关系逐渐呈现出水火不容之势，并在未来引发旷日持久的内战。

总而言之，斯里兰卡的佛教复兴运动与中国相比，两者具有极大的不同。受时局影响，在近现代斯里兰卡的佛教发展中，本作为本土宗教之一种的佛教逐渐染裹上政治性与现代色彩，成为僧伽罗民族独立、与西方殖民主义斗争的一面猎猎战旗，所谓“以佛教为全民最高之信仰，而以政治治国，以教濟俗”②。虽然二战之后，广大亚洲国家都以“现代民族主义取了宗教和封建性教区政治的地位而代之，成为一切政治活动的基础”③，而斯里兰卡的民族主义显然与佛教紧密相连，并迅速成长。之后所形成的僧伽罗佛教民族主义，既与当时佛教的复兴运动相关，也与殖民语境下的特殊社会文化背景相关，是百余年来诸种因素发展的共同结果。行至 21 世纪的当下，此结果依旧或多或少地影响斯里兰卡政治时局，成为研究斯里兰卡政治及国别史所无法回避的重要问题。

第四节　中斯方外交流的复兴

经历了各自历史的流变，斯里兰卡及中国的佛教虽境况不同、

---

① 《附意求赐锡兰岛佛教徒与印度教徒归正》，《安庆教务月刊》1934 年第 3 卷第 9 期，第 3 页。

② 满智：《考察锡兰西藏及印度佛教旨趣书》，《海潮音》1932 年第 13 卷第 12 期，第 132 页。

③ ［锡兰］S. Raja Ratnan 著，阎人俊译：《黎明前夕的亚洲》，《文汇周报》1945 年第 5 卷第 20 期，第 13 页。

困难与阻碍相异，但都亟须解决佛教不振这个问题。相较中国，此阶段的斯里兰卡佛教虽然也遭到殖民宗教的强势进攻，但在斗争中摸索出一套有系统、有组织的道路，展现出生气勃勃的发展趋势，赴德留学的中国留学生郑太朴对之有"苟将来无意外阻隔，前途未可限量也"的预判，足见重视。

此阶段的中斯佛教交流无不围绕"佛教复兴"这一主题，虽在这一阶段，因国门逐渐打开、域外出行条件改善，中斯佛教往来较多，在本章节中，拟以具体人物、事件为中心展开论述，按时间脉络分为开端、发展、高潮三个部分。近现代的中斯佛教交流均以佛教复兴为己任，且对当代中斯佛教乃至世界佛教都产生了巨大影响。

一　开端：摩诃菩提会及复兴佛教的构想

论及近现代中斯佛教的交流，则不得不首先提到近世锡兰佛教复兴运动的推动者达摩波罗（Anagārika Dhammapāla）。达摩波罗生于 1864 年，在其年幼时，教会教育依旧在斯里兰卡盛行，因此，达摩波罗开蒙于基督教学校，接受了较长时间的西式教育，并取英文名为大卫（David Hewawitarne）。成年后，因受到时代及家庭的影响，发愿研习佛教，并改名为达摩波罗，跟随古纳难陀尊者学习佛法。1884 年，达摩波罗参与 H. S. 奥尔科特上校（Henry Steel Ol-cott）所创立的佛教徒神智学会（Buddhist Theosophical Society），担任奥尔科特上校的翻译。在进一步的工作与学习中，达摩波罗得到与国际交流的机会，并也逐渐发现神智学会的理念更类似印度教，与佛教观念存在一定的差异。

1893 年，美国芝加哥举行世界宗教大会（The Parliament of World Religions），达摩波罗应邀参会，并在会议中发言，向几千名与会者讲述佛教历史与义理，吸引了西方世界对东方古老宗教哲学的关注。早在世界宗教大会举办的两年之前，1891 年，达摩波罗便已于科伦坡成立了摩诃菩提会（Maha Bodhi Society），以恢复圣地为宗旨，同时编辑出版佛教典籍及读物，意以在全世界范围内推动佛教复兴。摩诃菩提会有明确宗旨及机构设置，属于现代意义上的佛教组织，吸引了包括中国佛教界在内的国际关注。因此，达摩波罗在世界宗教大会上的阐述宗旨，依旧是基于摩诃菩提会的构想，将佛教推介至全世界，使之复兴。

中国这个有深厚佛教文化积淀的古老帝国自然也进入达摩波罗的视域。会议结束后，达摩波罗途经上海，参观佛教寺院、拜访佛教界人士，意欲得到中国僧团的支持。在上海龙华寺，达摩波罗呼吁中国僧界一起保护佛教圣地，并提出要将汉译佛经重新回译为印度文，并介绍了由自己发起筹备的摩诃菩提会，要让所有信仰佛教的国家与地区都加入。①

1895 年，达摩波罗再度来华，并与杨仁山居士在上海会面。可以说，两人的这次会晤，成为近现代佛教史上中国与斯里兰卡两国交流的开端，并为之后的深度交流合作奠定了坚实的基础。达摩波罗向杨仁山讲述自己的宗教理想，及意欲重振佛教信仰，并将之流布到欧美的愿景，同时邀请中国学者前往印度、斯里兰卡等地讲学。之后，达摩波罗回到斯里兰卡，但与杨仁山一直保持着通信联系，复兴佛教的决心不变，"约与共同复兴佛教，以弘布于世界"②。虽然达摩波罗与杨仁山只有一面之缘，但对其弘法理念的转变起到直接的推动作用，本章第二节所提及的在中国近现代佛教史上有着特殊意义的新式学堂"祇洹精舍"，乃是杨仁山居士直接受到达摩波罗启发而创办。因曾与达摩波罗约定要在全世界范围内复兴佛教，向西洋弘法，故"祇洹精舍"的课程设置不仅有佛学，还有英文，"杨老居士的设祇洹精舍，则与摩诃菩提会达摩波罗相约以复兴印度佛教及传佛典于西洋为宗旨，内容的学科是佛学、汉文、英文"③，

---

① Otto Franke, "Eine neue Buddhistische Propaganda", *T'oung Pao*, 1894 (5), pp. 302 - 303.

② 释印顺:《太虚大师年谱》，中华书局 2011 年版，第 37 页。

③ 太虚:《学生教员与法师方丈》，《太虚大师全书》（第三十一卷），宗教文化出版社 2004 年版，第 181 页。

堪称中国近现代佛教史上第一所新式学堂。

　　受到达摩波罗及摩诃菩提会影响的中国佛教界人士并非只有杨仁山居士一人。1895 年之后的二十余年间，达摩波罗频繁出访国外，并在包括西欧国家在内的许多国家及地区建立摩诃菩提会，不仅为佛教文化走向国际、成为世界性的宗教起到巨大推动作用，并且为世界范围内的佛教徒提供了一个可交流的学术活动平台。太虚大师去欧美交流讲学时，便受到欧美各处摩诃菩提会分会的直接帮助，帮助其筹办各项活动。其他中国僧侣于外国访问期间，也颇受摩诃菩提会的照顾，1929 年，昌悟法师过境斯里兰卡，因无护照，不能在他来马纳码头登岸，得斯里兰卡僧人告知，"可请摩诃菩提会书记先生代汝请一护照，送汝至锡兰"①，后，摩诃菩提会书记及斯里兰僧人各给昌悟法师一封信，因此，昌悟在斯期间得到摩诃菩提会的款待，"去见摩诃菩提会的书记，他甚欢迎我，愿相助力。他到寺中关照那高和尚，说要好好的看待我"②。摩诃菩提会的影响力可见一斑。

二　发展："世界佛学苑"的建立

　　中国佛教人士在同域外宗教界人士的交流学习中，尤其是受到达摩波罗所创立摩诃菩提会的直接启发，也积极投身世界性的佛教运动，尝试着创办世界性佛教组织，"世界佛学苑"便应运而生，虽然在后世的发展中，世界佛学苑的收效并不如意，但依旧成为中国现代佛教发展中一个里程碑般的事件，标志着中国佛教融入世界的意愿与决心。

　　世界佛学苑的创办与摩诃菩提会有直接的关系，对此，太虚大师曾回忆到："中国虽然也有佛教会的组织，我也曾到欧美去传教，并曾创办世界佛学苑，但成效不多。前月在印度鹿野苑摩诃菩提会，

---

　　① 昌悟：《锡兰尼波罗漫游录》，《海潮音》1929 年第 10 卷第 3 期，第 17 页。
　　② 昌悟：《锡兰尼波罗漫游录》，《海潮音》1929 年第 10 卷第 3 期，第 19 页。

曾发起复兴印度佛迹国际委员会和国际佛教大学。这我不过继承锡兰佛教徒参加做世界佛教运动罢了。"① 特意提及摩诃菩提会及斯里兰卡佛教组织运动对其的巨大影响，使之有创办世界性佛教组织的计划。

如本章第二小节所述，太虚大师少年时曾就学于"祇洹精舍"，虽只有短短半年，但收获极大，晚年还在回忆文章中追忆这半年的新式学堂学僧生涯，对达摩波罗的宗教理念与愿景十分认同。民国十七年（1928），太虚大师访问欧美诸国，访问期间，做过数场专题讲演，向西方人宣传中国大乘佛教之精妙，其中最著名的一场讲演当属在巴黎集美亚洲艺术博物馆。那场讲演吸引了众多听众前来聆听，在场的欧洲人表现出对大乘佛教的兴趣及对佛教的接受。之前如达摩波罗等佛教运动推动者虽也曾于欧美诸国宣讲佛教，但他们宣讲范畴属于印度佛教，太虚大师此番前去，乃是宣传中国的大乘佛教，成为在欧洲宣传大乘佛教的第一人。面对现场的诸多东方文化学者，太虚大师提出创办世界佛学苑的议题；后于当年十月，在集美亚洲艺术博物馆正式发起。世界佛学苑的联合发起人除了太虚大师外，还有著名东方考古学家约瑟夫·哈钦（Joseph Hackin）②、法兰西学院梵语文献学教授西尔万·莱维（Sylvain Lévi）③、汉学家马塞尔·葛兰言（Marcel Granet）④、法国民商法及比较法学巨擘让·爱斯嘉拉（Jean Escarra）、法国国立东方语言文化学院图书馆馆长乔治·马古烈（Georges Margouliès）、著名汉学家保罗·伯希和（Paul Pelliot）、巴黎佛教社（Les Amis de Boudhisme）的负责人龙舒贝勒女士（Constance Lounsbery）等二十余人。这些学者都对东方哲学宗教有着较为深入的了解，且部分学者曾在中国从事研究工作，

①　太虚：《中锡佛教应有密切的联合——二十九年二月在科仑坡全锡兰佛教徒大会欢迎会讲》，《太虚大师全书》（第二十七卷），宗教文化出版社 2004 年版，第 116 页。

②　Joseph Hackin 为著名东方考古学家，中文译名有阿坎、阿甘等。

③　太虚大师所用译名为"希尔筏勒肥"，本书使用通用译名。

④　太虚大师所用译名为"葛拉乃"，本书使用通用译名。

如马塞尔·葛兰言在汉学领域卓有建树，出版了数部有关中国宗教文化的著作；让·爱斯嘉拉曾任中华民国政府司法顾问，数度来华，于中国传统典章、哲学、文学等多有通晓；伯希和本业中国学，前后多次来华科考探险，[①] 诸此种种。

世界佛学苑在巴黎倡议发起之后，太虚大师又陆续去英国、德国、美国访问讲学，于所经之处推介世界佛学苑，旨在"昌明佛教"。各处也响应此倡议，纷纷于本国设立世界佛学苑的通讯处，并商议将总部设置于中国。

民国十八年（1929），太虚大师自海外归国，决心将筹建世界佛学苑落于实处，于是将"世界佛学苑研究部"设于武昌佛学院。民国十九年（1930），朱子桥将军（系居士）等人与北京柏林寺住持台源发议创办柏林寺佛学研究社，常惺法师为首任院长，因其素有德望，吸引众多青年僧才前来学习。太虚大师途经北京，驻锡柏林寺，见此处学风尚佳，管理得井井有条，便与主持台源法师商议，将"世界佛学苑研究部"从武昌佛学院迁至柏林寺，同时，将在漳州创立的锡兰留学团迁至北京，"将来即世界佛学苑之梵藏文系"[②]。后因1931年九·一八事变发生，赴斯里兰卡留学计划被搁置。1935年，斯里兰卡纳罗达法师来沪弘法，认为中国僧伽制度有整理改进的必要，因而再度建议中国派遣优秀的僧才去斯里兰卡留学。筹备已久的锡兰留学再次提上议程，后于1936年成行。

太虚大师的佛学教育观着眼于世界，知晓若不通外文，弘法必困难，无法放大光明于世界，因此一直积极推动世界佛学苑与他国佛教组织的联系。在1940年访问斯里兰卡期间，太虚大师与斯里兰卡著名佛教学者马拉拉塞克拉博士探讨了中国僧团的海外交流、留学事宜，约定中斯两国定期互相交换留学僧——此约定后因国内的抗日战争而延缓。直至民国三十四年（1945）日本投降之后，世界

---

① 伯希和虽为著名汉学家、考古学家，却也为文物大盗，窃走中国诸多珍贵文物。
② 圆光：《方兴未艾之北平佛教》，《海潮音》1931年第12卷第2期，第89页。

佛学苑中国分部与斯里兰卡的摩诃菩提会才重新将交换留学僧一事提上日程。此时太虚大师年事已高，故遣其弟子法舫法师代表世界佛学苑，与彼时摩诃菩提会的会长金刚智博士商议此事，双方议定具体条例，言明中国一方由世界佛学苑选派两名僧人赴斯里兰卡学习巴利文及佛教经典，斯里兰卡一方由摩诃菩提会选派一名学僧赴中国学习中国文化，兼传授巴利文。

世界佛学苑从建立伊始，便对巴利文系佛教及巴利文圣典极为重视，也因此更加重视与斯里兰卡的学术互动："世界佛教的活跃，是以研究南方佛教为基始，故今建设世界佛教，无疑地是以巴利文圣典与锡兰僧制为根本基础，然后发展大乘佛教，由小之大，佛陀遗教。"① 因此，注重巴利文研习及与斯里兰卡的学术互动，其根本目的是发展中国大乘佛教，融通大小乘归于一乘，将之推向世界：

> 今日西方学者所公认，惜所载均小乘教义，不出佛所说四谛之范围，殊为憾事。由年刊上西欧学者之文字上观之可见西人对于佛教机缘陶少极难闻佛法，苟有机缘一闻，莫不立即为佛教徒；此仅小乘教义耳，能使之闻大乘义，岂不更善，是中国佛徒之责也。②

佛教确有在世界范围内的振兴与复苏之势，但基本侧重于小乘教义，西方世界对大乘所知甚少，此之谓彼时现实。虽在这一时期也有部分长居斯里兰卡的西方僧人来中国学习大乘佛教，如普利（Pneli）及普来立斯（Pullese）等，来华学习大乘经论，但人数较为稀少，就全世界而言，大乘佛教的接受度不高。

世界佛学苑与斯里兰卡商议互换留学僧，可视为其具体的活动实践，亦为中国大乘佛教走向国际舞台的重要一步，堪称中国近代

---

① 法舫：《读暹罗、锡兰两留学团报告书》，《法舫文集》（第五卷），金城出版社 2011年版，第 373 页。

② 郑太朴：《记事：赴德留学经过锡兰之通讯》，《海潮音》1922 年第 3 卷第 9 期。

佛教大事之一。

三　高潮：中国国际佛教访问僧团出访斯里兰卡

如果说太虚大师筹建世界佛学苑直接受到了达摩波罗创建摩诃菩提会的启发与影响，则中国国际佛教访问僧团出访斯里兰卡则是这一时期两国佛教交流的高潮。

自民国二十八年（1939）至民国二十九年（1940），以太虚为佛教访问僧团导师，由慈航、苇舫、惟幻、等慈、儼然等诸法师组成的中国国际佛教访问僧团对东南亚诸国进行交流访问，斯里兰卡是其中较为重要的一站。中国国际佛教访问僧团出访佛国斯里兰卡不仅是近现代中国佛教史上的盛事，兼于抗战有功，是僧团积极参与国家抗战事业的表现，有重大的民族国家意义。

日本发起侵华战争之后，基于文化侵略、虚假宣传的目的，利用宗教对东南亚诸多以佛教为主要信仰的国家进行渗透，意图获取中国周边国家教界的舆论支持。在 1937 年 7 月 7 日卢沟桥事变之后，日本白莲宗秘密派出数十名僧人，着南传上座部赭黄色僧衣，以极为流利的英语或当地各国语言，在仰光、加尔各答、科伦坡等人口较为稠密的城市大肆宣传与中国不利的虚假言论：因蒋介石夫妇为基督教徒，日本僧便称中国中央政府领导人信"耶教"，对佛教语多不恭、多有破坏；对以无神论为意识形态的共产党，日本僧则称共产党不信任何宗教，正在灭绝中国国内所有宗教。在这种不实宣传下，中国被塑造成一个戕害宗教徒、灭绝佛教的国度，而日本对中国的侵略则满怀正义，不啻一场圣战，是"日本为保护佛教及东方文化，向中国作神圣的战争"①。日本妄图利用这种虚假宣传丑化、污名化中国，获取东南亚、南亚一带佛教国民的支持。除此之外，日本僧团积极服务于侵华战争，不仅在中国残杀中国人，且为了切断中国与周边诸国的联络交往，一部分日本僧潜伏在东南亚国

---

① 太虚：《佛教与国家反侵略》，《海潮音》第 21 卷，第 9 号。

家的寺庙中，刺探该国殖民当局及华人的消息，暗杀爱国华人。据1941年《侨民教育》所载，一批日本僧人潜伏于缅甸中西部城市仁安羌附近的寺院，为阻挠爱国华人学生在华工中宣传抗日思想，杀害数名华人学生与工人。① 而此时中国因为获取信息渠道较窄，兼深陷战争，忽略了国际宣传，使得此类谣言在东南亚佛教国家甚嚣尘上，不仅使周边世界对中国抗战存有错误认知，且排华事件频频发生。

日本人简单粗暴地将侵略战争归于信教与不信教之争，而刻意掩盖忽略其罪恶的本质，在这种宣传渗透下，周边国际舆论形势无疑对中国十分不利。这种局面的造成与中国僧团声音缺席有直接关系，一如斯里兰卡僧人奈拉达认为的那样，"他们只接到日本佛教徒的宣传，没有接到中国佛教徒的宣传，所以真相不明"②。此阶段，在斯里兰卡虽有部分中国商人往来，但较难扭转对中国的不利言论：其一，他们中的部分人受西方传教士影响，已归信基督教，对佛教徒较为抵触。据曾在斯学习巴利语的中国僧人昌悟法师回忆，"他们（已经信仰基督教的中国商人）与我们出家人最无缘分。我问路，他们都不答应；我近他们而坐，他们说：'汝走开，莫在我们这里坐'……因为他们都是耶稣教徒，对于本国的同胞，无亲爱之情"③，这部分华商对中国僧人尚且心怀憎恶，更是无法建立与斯里兰卡佛教徒的亲密关系、积极有效地向他们宣传中国抗战之正义性。其二，在斯里兰卡华侨总人数较少，据1945年统计，方才共计三百人。④ 虽然1937年便组织开有"华侨商业会"（Chinese Merchant Association），但因华侨商业的基础并不稳固，并没有很多时间组织活动、替公会尽义务，所以不久之后此公会便名存实亡。⑤ 因此，亦无

---

① 苇舫：《佛教访问团缅甸访问记》，《侨民教育》1941年第1卷第2期。
② 苇舫：《应速组织佛教访问团》，《海潮音》1939年第20卷第2期。
③ 昌悟：《锡兰尼波罗漫游录》，《海潮音》1929年第10卷第3期，第27页。
④ 阿林：《中国人在锡兰》，《新闻天地》1945年第1期，第24页。
⑤ 张庆彬：《华侨在锡兰》，《西风（上海）》1945年第75期，第229页。

人脉及渠道在斯里兰卡宣传中国抗战。在这种情况下，我国僧团亟需赴海外佛教国家宣传抗战的正义性，基于此，太虚大师一行远赴各国，以佛教联络众国，宣扬中国宗教文化，揭露日本阴谋，宣传抗战事宜，行佛教外交之事。

1940 年 2 月 24 日，中国僧团一行经缅甸、印度，乘船前来斯里兰卡。斯里兰卡作为南传上座部佛教重镇，在世界上有着极为重要的地位，当时甚至有种认识，"被人认为由南传而至于今日仍保持其原始佛教的锡兰，无疑地，是唯一的佛教国家了"①。且以达摩波罗为代表的佛教界人士十分重视对佛教世界性的推广，在世界具有相当影响力，国际各佛教团体都在斯里兰卡设置分支机构，太虚大师对此曾有评价："锡兰是巴利文佛教的第二祖国。佛教为欧美人注意，使佛教成为世界化，这也由近年锡兰佛教徒的努力。"② 因此，佛教团在斯里兰卡的交流与宣传十分重要，可大范围消除佛国居民对中国的误解。

太虚大师与斯里兰卡多有渊源，不光因为达摩波罗的摩诃菩提会对太虚大师创建世界佛学苑有直接启发，其实早在民国十七年（1928），太虚大师前往欧美交流考察时，便曾途经斯里兰卡。虽因当时行程较紧，太虚大师在科伦坡逗留时间不长，却对此处留下了极为深刻的印象，认为斯里兰卡是梦想中佛国净土。而中国国际佛教访问僧团一行也确实在斯里兰卡受到了极高规格的接待：政界方面，有时任首相亲自去码头迎接，给予最高礼节的欢迎；教界方面，包括锡兰佛教徒大会、比丘大会、最高巴利文学院的佛教组织隆重举办欢迎会，不仅如此，还受到了民众的热烈欢迎，"全锡兰人民都对来自中国的僧人有很好的表示"③。太虚大师一行在斯里兰卡访问

---

① 法周：《锡兰民族与佛教及其他宗教》，《海潮音》1936 年第 17 卷第 8 期，第 27 页。

② 太虚：《锡兰佛教与中国佛教的关系——二十九年二月（1940 年）在科仑坡市政厅市长杜拉胜芳欢迎茶会致词》，《太虚大师全书》（第二十七卷），宗教文化出版社 2004 年版，第 113 页。

③ 太虚：《可尊敬的锡兰佛教》，《太虚大师全书》（第二十七卷），宗教文化出版社 2004 年版，第 596 页。

期间，斯里兰卡佛教僧团举办了数场盛大的欢迎会，参加人数达到上万人；马拉拉塞克拉博士亲自规划中国僧团访问行程，所访问寺院纷纷赠送中国僧团贝叶经书、佛像、佛教典籍等，并为战争中的中国祈福，希望中国尽早获得和平与自由。

这次中国僧团在斯里兰卡的访问是一次怀古知新的历程，且对当代中斯佛教交流乃至对当代中国佛教都有着极大意义。

其一，有效地消除了佛教界对中国的错误认识，成功宣传了中国抗战的正义性及必要性，争取到了佛教人民的同情与支持。"从大师访问锡兰之后，已稍能引起他们对中国的了解与好感了"①，由斯里兰卡驻缅甸僧长达罗密索给中国僧团的长信也可见一斑：

> 佛教人士是同情中国的。中国是广大佛教世界的光荣。即至今日，佛教拥有世界人口三分之一，并显赫如最伟大的世界宗教，这纯粹是由于中国广大佛教人口。当印度、锡兰和缅甸的真诚佛教徒，听到中国目前的苦难，都为之下泪。自然，东方的佛教徒也有同感，假如日本也有真正的佛教徒，当不能例外。……
>
> Anusasana，是锡兰佛教徒中隆重的祈祷，那是一个连续念诵巴利圣典而有限期的祈祷，为其最少一个星期。这宏伟的宗教服务的每一个七日，为 Anusasana 而奉献，即祈祷者要为安乐繁荣而祈告。在这祈祷中，他们会为摩诃中国——伟大的中国的和平与繁荣而祝福。……
>
> 中国对于世界文明文化与进步的贡献实是伟大。全世界的国家（日本在内），无论如何应对中国表示感谢。若谓中国对世界任何国家，曾有过任何残忍的伤害，历史无此证明。日本的文明和文化，一点一滴，都采自中国，他们应心悦诚服感谢中国。因此，现在的侵略行为，实不减于杀父杀母的罪行。让日

---

① 了参、光宗：《上太虚大师书》，《海潮音》1946 年第 27 卷第 11 期，第 36 页。

本人为他们自己的幸福及中国与全世界的幸福而改变他们的政策。①

通过中国访问僧团的不懈努力，使世界佛教界及佛教国家知晓日军的侵略罪行，并有效形成宣传上的对日统一战线。将日本人从自我塑造的佛教保护者的神位上拉下，被佛教界定性为残忍且忘恩负义的侵略者，罪行与弑父弑母相同。

其二，观访法显洞，提出保护法显遗址，维持增进两国宗教交融的共同记忆与友情。东晋高僧法显曾远赴师子国求法，成为中斯两国僧侣共同的宗教文化记忆。昔年法显为礼佛，曾居住于山洞中，太虚大师一行观访法显遗迹，向斯里兰卡当地政府提议，希望保护法显遗迹，并亲自题书"法显洞"，且作《法显洞访古》一诗以记。

其三，指出郑和锡兰石碑上的错误标注，消除两国历史误会。明代郑和下西洋时，曾途经斯里兰卡，并于大明永乐七年（1409）在此处立碑，记录在锡兰佛寺供奉、布施及在当地做贸易之事。此碑于清朝末年在斯里兰卡沿海地区被发现，英国殖民当局用英文将之标注为"这块碑是纪念中国侵略锡兰，把锡兰王捉到中国去"②，显然是刻意将石碑内容张冠李戴，将之与郑和将意欲打劫使团船队的锡兰山国国王亚烈苦奈尔（Alagakkonara）押解至大明一事相关联。从华夏中央王朝史观及价值观出发，在当时中斯两国处于宗主国及藩属国的关系中，对亚烈苦奈尔的处罚符合当时语境，但在当下提及则需谨慎，而对石碑内容的错误标注无疑更会伤害广大斯里兰卡人民的感情，更不利于在战时获得广泛支持，抗击日本。访问团一行敏锐地发现了这个问题，向斯里兰卡当地政府提出英文标注的不实，有效地消除了两国的误会。

---

① ［锡兰］达尔密索作，白慧译：《献给中国访缅团》，《耕荒：佛学月刊》1941 年第 8 期，第 23—24 页。

② 苇舫：《佛教访问团日记》，《太虚大师全书》（第三十卷），宗教文化出版社 2004 年版，第 550 页。

其四，太虚大师提议设立"中锡文化协会"与"世界佛教联合会"，以延续两国历史悠久的佛教交流，并向全世界佛教推进。这一建议的提出，旋即获得斯里兰卡教界与政界的支持。太虚大师十分重视此事，派遣弟子法舫法师协助马拉拉塞克拉博士筹备成立"世界佛教徒联谊会"——此协会后于1950年成立，并在之后逐渐发展壮大，成为全世界影响力最大的佛教组织，也成为联结中国佛教与斯里兰卡佛教的一条文化纽带。中国也成为这一世界著名佛教组织当之无愧的发起国之一，连亲自筹办"世界佛教徒联谊会"的马拉拉塞克拉博士也承认，由太虚大师领导的中国国际佛教访问僧团是"世界佛教徒联谊会的发起者和创立者"①，对团结全世界佛教徒无疑有着突出贡献。

上述三部分即为近代中斯两国佛教交流的主要脉络及重大事件，除此之外，尚有一些个人往来。如朱子桥、叶恭绰居士出资，于上海影印宋碛砂版大藏经全部，共五百九十三册，赠送斯里兰卡佛教界，后陈列于科伦坡金刚精舍图书馆；② 戴季陶亦向斯里兰卡佛教徒赠送两部箴要及多种经籍。③ 1935年，斯里兰卡英文佛教刊物《佛教月刊（*The Buddhist*）》的主笔文深台·雪尔伐氏（Vinoent besilua）陪同跋夷拉拉玛（Vaaji. Ama. Bambalaptiya）佛教图书馆的衲罗达（Narada）长老旅华，衲罗达亦护送斯里兰卡菩提圣树嫡传嫩芽一枝，移植于中国。④ 如是种种。总之，斯里兰卡的现代佛教复兴运动对中国现代佛教的复兴起到了积极的作用，近现代时期中国与斯里兰卡的佛教交流已跳出古代中斯佛教交流的范式，走上一条新的道路，对佛教发展有着划时代的意义，显示出极为显著的现代性特征。

第一，着眼于世界，建立佛教组织联合天下所有佛教徒。近现

---

① ［斯里兰卡］马拉啦色格罗：《世界佛教徒联盟》，《海潮音》1936年第27卷第9期。

② 《宋版藏经会赠送锡兰碛砂藏经》，《海潮音》1936年第17卷第4期，第173页。

③ 《宋版藏经会赠送锡兰碛砂藏经全部》，《佛教日报》1936年3月9日。

④ 《锡兰佛刊主笔拟再度来华》，《海潮音》1936年第17卷第11期，第109页。

代时期，国门大开，海禁停止，国人视域不再仅限于本国。放眼看世界的中国教界人士与斯里兰卡佛教中人取得联系，继而通过摩诃菩提会等组织的启发，创建中国人的世界性佛教组织，与世界各国佛教建立了沟通联络的渠道，派驻留学僧互访，开展一系列宗教文化交流活动。中国僧侣团体通过海外联谊、访学与考察，无疑打开了眼界，对中国佛教的发展起到正面作用。这已经不是古代中斯佛教交流中常见的传法僧入华弘法、求法僧赴斯求法范式，而是成立具有明确目的性的组织团体，代表中国佛教在国际社会上发声。

第二，宗教外交初见成效，外交意义显著。如果说古代中斯佛教交流除了沟通两国文化之外，兼有一定的外交意义，则此阶段的中国佛教团体赴斯里兰卡交流便是以国民外交、宗教外交行事，以佛教为精神文化纽带联结佛国国民，极大程度上规避了由政府出面可能带来的种种不便与障碍，起到良好的效果。通过中国佛教团体的交流与宣传，包括斯里兰卡在内的周边国家民众得以知晓日本帝国主义对中华大地的侵略恶行，中国获得周边国家情感上的同情与行动上的支持，对抗战大有裨益。

如上所言，近现代阶段中斯佛教交流的种种实践与举措呈现出新的范式特征，对当代中国佛教大有借鉴。尤其运用佛教资源针对具体问题开展外交，展现出其润物细无声的卓越软实力，无形中成为中国官方公共外交的补充。

第 三 章

当代中斯方外交流研究

　　本章以当代中斯佛教交流为研究中心，研究时间范围为 1945 年抗日战争结束至今。虽然按一般时间划分，当代多以 1949 年为起点，但抗日战争为中斯两国佛教往来带来诸多阻碍，以 1945 年为界，1945 年之后两国的合作交流更成体系且更易成行，并与 1949 年之后至 1950 年代初期承接。因此，本章拟以 1945 年为起点，开展当代中斯佛教交流研究论述。这一阶段虽只有不到八十年时间，但变化颇多。从世界范围而言，宗教与政治的关系密不可分，历史上一些巨大的变革也常带来相应的宗教变革。抗日战争结束之后，两国佛教往来逐渐增多，双边关系向正常化发展，由战争所阻碍的交流得以恢复。1948 年 2 月 4 日，锡兰成为自治领，为英联邦的一员，1972 年改名斯里兰卡，摆脱殖民地身份，佛教在斯里兰卡的地位愈发强势。抗战结束四年之后，中华人民共和国于 1949 年正式成立，这是超越历史的巨大变化，原有的社会经济制度及政治制度都发生了根本性的变革，作为在中华大地生存发展逾两千年的古老宗教，佛教也做出了相应改革，以适应新的社会政治变化。

　　七十余年的中斯佛教交流可大致划分为三个阶段：第一阶段，从 1945 年至 1966 年，此阶段中斯佛教交流以学僧互换、建立"世界佛教徒联谊会"及圣物巡回为中心，掀起一个高潮。第二阶段，从 1966 年至改革开放，因中国国内政治环境变化，作为"世佛联"成立国之一的中国无法持续参与世界范围内的佛教活动，中斯的佛

教交流也再度告一段落。第三阶段，从 1980 年代至今，这一阶段，
两国佛教界重新恢复往来，各项交流活动也有条不紊地开展。进入
21 世纪以来，随着南海战略的确立与深入推进，斯里兰卡作为关键
节点国家，其重要性被重新评估。因此，当代语境下的两国佛教交
流走向了崭新的道路，呈现出与以往不同的特征，值得学界关注与
探究。本章节拟以具体事件为中心，以学僧互换、世界佛教徒联谊
会的召开、佛牙圣物巡回等具体事件切入，一一阐发。

需在本章具体内文展开之前提及的是，部分事件虽在当代才出
现，但已于近现代酝酿多时，因此在本章做具体阐述时，也顺带着
梳理近现代的前因与发展。特就此解释。

第一节　学僧互换

纵观中斯古代交往历史，中华赴斯求法僧及锡兰赴华传法僧屡
见不鲜，成为两国历史人文交流的常见样态。而此时期的僧侣交流
互访则属学僧互换，呈现出与以往不同的样态，非传统单一指向的
求学或传经范式，而是兼带有输入性及输出性。

一　锡兰留学团

这种范式的形成非一日之功，可归因于自近代以来中国佛教的
积累与僧侣的努力。自近代以来，中斯两国佛教又重新取得联系，
太虚大师萌生派遣僧侣赴斯里兰卡求学的念头。斯里兰卡佛教教育
有较为悠久的历史，"在古锡兰王时代，教育由信奉佛教的和尚担
任。他们创办学院实施高等教育，国王则在每个村落建设学校，委
派和尚督导，不收学生费用，和尚遇有困难，由他自己（国王）报
酬他们"①。进入 16 世纪以来，因殖民政府扶持基督教，打压佛教，
斯里兰卡不再有举国佛教教育体制，而是由僧伽及佛教中人开设佛

---

① ［斯里兰卡］H. A. J. Hulugalle：《锡兰》，周尚译，商务印书馆 1944 年版，第 22 页。

学院传播佛教、研习佛学。

　　近代早期的学僧交流还沿袭传统求学范式，因太虚自欧美归国后筹办世界佛学苑，急需大量传经师，而长期以来，中国通晓巴利文的传经师较为缺乏，对中国佛教发展较为不利，故而派遣中华僧侣赴斯求学，以补充师资。1929 年，太虚大师将漳州南山佛学校改为闽南佛学院分院，与广箴、度寰两位法师商议，新组建"锡兰留学团"，初期拟定团员七名，以度寰法师为留学团团长，"专修佛学英文国文，预备修习两年，留学锡兰，翻译佛经"①，力图培养精通巴利文、南传上座部佛教的传经僧。1930 年，赴锡兰留学团又迁至北京柏林寺佛学研究社，选拔了十余名僧才系统学习外语及南传上座部佛教经典，预备作为赴斯里兰卡留学的第一批僧侣。次年秋，赴锡兰留学团启程前夕，忽遇九·一八事变，学僧们的留学计划因而中止。此间虽有黄茂林等居士留学斯里兰卡学习巴利文、梵文，兼研究英文佛学名词等，历时数年，但其非僧伽身份。②

　　论及近代第一批赴斯求学僧，则数五年后的 1936 年。1935 年，斯里兰卡金刚寺僧纳罗达长老来华弘法，兼调研中国佛教情况，在华调研期间，居于上海佛教净业社，宣讲佛学。纳罗达长老曾在科伦坡大学教授梵文及巴利文，针对中国通晓巴利文经典僧伽十分稀缺的现状，长老于每周日上午，利用佛音广播电台讲授佛学，赵朴初将英文翻译为汉语，以期普及佛学伦理学及巴利语；同时，每日下午四点至五点，纳罗达长老于佛教净业社向有志学习巴利文的中国学子免费面授，无论僧俗。③ 在华期间，纳罗达长老与太虚大师协商筹建巴利文佛学研究院，建议中国佛教选拔优质僧才，赴斯里兰卡学习巴利文佛教及僧伽仪轨。次年春天，在赵朴初居士的安排下，

---

①　《佛教要闻：漳州新组锡兰留学团》，《现代僧伽》1930 年第 2 卷第 43—44 期，第 83 页。

②　卢春芳：《教况：黄茂林锡兰留学记》，《世界佛教居士林林刊》1931 年第 30 期。

③　《锡兰纳罗达法师每周播音演讲佛学并免费教授巴利文》，《新闻报》1935 年 8 月 11 日。

中国佛教会组建了锡兰学法团，初期学僧有五名，分别为慧松、惟植、法周、岫庐、惟幻等。虽然彼时中国舆论认为佛教界派僧赴锡兰学法，乃是一大重要举措，"抛弃了以往消极自了的态度，而转变为积极前进"①，中国佛教会言明组建赴锡兰留学团的目的：

> 弘法利生，无有疲怠，敬有恳者本会为研究南传佛教及僧伽律仪以为改进本国佛教状况之准备起见，特遴选青年比丘多人组织锡兰学法团，赴锡兰留学，其详情见附奉之缘起，我公为国内佛教中之先觉，复兴正法，素具热忱，对于此举当蒙赞许，尚乞赐予指导维护，以期成就，如是功德，不胜感幸，专此敬颂。②

由此可知，赴锡兰学法团虽是研究南传佛教及僧伽律仪，但根本是为了探索原始佛教教育的精髓、改进中国佛教的萎靡。虽然太虚大师一直有在世界范围内弘扬大乘佛法之志，且相当部分的中国佛教界人士对学法团有更深一层的期望，"到锡兰去，宗旨虽在修学那儿的佛大，却不妨把中国大乘佛教，也在那儿同时弘扬给彼邦人士"③，但此次赴斯出行，尚无推行大乘佛教的具体计划与举措。但结合五名法师于宣誓典礼上的誓词来看，但此次派遣学僧赴斯依旧属于求法范式：

> 弟子今发愿往锡求法，经太虚大师证明，为锡兰学法大悲团团员，誓愿遵守本团规约，在求学期间，决不中途背离，并愿尽形寿作清净比丘，自利利他，无有疲厌，伏乞三宝，哀悯摄受，此誓。④

① 《佛教界派僧出国留学》，《新闻报》1935年11月26日。
② 《本会执行会务》，《中国佛教会报》，1936年，改编1卷，第8页。
③ 烟霞：《送锡兰学法团》，《佛教日报》1936年7月12日。
④ 《海潮音》第十八卷第四号，《法舫文集》第5卷，第235页。

学法团成员之一法周法师也曾在后续文章中提及此行目的，"学法团到锡兰的目的，最希望的是学习律仪生活"①，但这并不意味着学法团成员将原始佛教奉为圭臬，没有生发弘扬大乘佛教的念头与愿景，而是为彼时环境所限。虽然留学团各位学僧赴斯之日起受到斯里兰卡佛教界的欢迎，"码头欢迎者百余人，竭诚照拂，如待上宾"②，但在科伦坡求学期间，学僧观察到斯里兰卡小乘佛教发展状况，觉此时不适宜在斯推广大乘佛教，而应当先恢复中国律学的光辉历史，言明："至于向锡兰发扬大乘佛教一层，窃以推行更可从缓，盖锡兰僧治学尚实际，言行相符，并不在专欲言其口头之上大乘也。而且彼等已有之教义亦殊可观。如阿毗达磨最烦难治业。且彼等教理纯净，再迟数年宣传大乘亦无妨也。"③ 学僧们拟以原始佛教教育为基础，探究其变迁的原因，继而预测未来趋势。来此修习南传上座部佛学为博观世界佛学思潮之一种，有利于推行大乘佛教，亦有开于创造性改造中国佛教。同时，学僧们也就日后如何推进大乘佛教传播给出建议，希望斯里兰卡向中国派青年比丘学习汉文佛学，作为大乘佛教输入斯里兰卡乃至全世界的预备。1936 年，暹罗留学团的悲观法师也转学至斯里兰卡的嘛兴那拉侶佛学院，修习佛学、巴利文及英文。④

在斯法师之后在科伦坡系统学习梵文、巴利文及僧伽仪轨，将在斯里兰卡接收到的国际佛教的组织活动及信息翻译成中文，向国内传递，以期同步信息，收效甚好。因此，1937 年 1 月，湖南僧众发起第二批锡兰学法团，拟定筏苏法师定期赴长沙指导，中国佛教会理事长圆瑛法师为筹备主任、《佛教日报》编辑范古农居士为指导师，筹备一切事宜，第二批锡兰学法团的目的依旧是"研究南传大

---

① 法周：《锡兰水上受戒记》，《海潮音》1936 年第 17 卷第 12 期，第 101 页。
② 慧松：《锡兰学法团慧松致寂英法师书》，《佛教日报》1936 年 7 月 24 日。
③ 岫庐等：《锡兰留学团报告书》，《海潮音》1936 年第 17 卷第 12 期，第 100 页。
④ 悲观：《悲观师转学锡兰》，《海潮音》1936 年第 17 卷第 4 期，第 172—173 页。

法，严持戒律，以明宏阐，而补助中国佛教会，改进内他佛化为目的"[①]。而1937年的七七事变阻挡了第二批锡兰学法团的行程，同时，也使得第一批学法团的学僧们走向了各不相同的道路。因抗日战争全面爆发，惟幻法师积极参加抗日救亡，在赴缅远征军中担任翻译。1954年，斯里兰卡政府邀请中国佛教协会协助编撰《佛教百科全书》英文版中国佛教的条目，惟幻法师承担了此项目的部分论文翻译工作。后期，惟幻法师还俗，更名李荣熙居士，为中国佛教协会副会长。慧松法师于1941年回国，息影沩山，于筹建的佛教研究班教授巴利文。[②]巴宙法师则自南传上座部佛教转而研究印度佛教，专攻印度文化哲学，后辗转于印度、斯里兰卡及美国等多所大学担任佛学教授，成为享誉世界的佛教学者。锡兰学法团的众僧虽归处不一，但对佛教皆有所贡献，这自然是中斯佛教交流所结出的硕果；但以当时的环境土壤，他们并没有途径传播中国的大乘佛教，为一大憾事。

二　战后中斯比丘僧互换

1940年，以太虚为导师的中国国际弘法僧团出访斯里兰卡，太虚与包括摩诃菩提会、全锡兰佛教会等重要佛教组织的负责人见面，提出互派佛教学者的倡议，认为有助于加深两国佛教对彼此的认知，亦有补于世界佛教运动的推进。回国之后，太虚拟将中斯佛教学者互换项目长期执行，因而向教育部申报，希冀以此迅速打破隔阂而联络研究阐扬中国佛教，亦宣传抗日。[③]初期选拔法舫法师作为传法师，白慧与达居两位法师作为留学僧，拟派三人作为第一批交换学者赴斯工作、学习。这次派遣学僧赴锡兰，乃是求法与传法相合一，亦属近代中国首次有目的、有计划地在斯里兰卡弘扬大乘佛教。"并

---

① 《第二班锡兰学法团筏苏法师函陈办法》，《佛教日报》1937年2月28日。
② 《留学锡兰之慧松法师归国，息影沩山从事著作》，《觉音》1941年第22期，第21页。
③ 福善：《上海佛教界欢迎锡兰比丘演讲》，《觉群周报》1946年第4期，第5页。

闻舫师使命，除宏传大乘佛理外，对于日人在南洋各地宣传中国政府压迫佛教之谗言，亦拟于有力之打击"①，因抗战时局使然，故法舫作为传法师，不仅要传授大乘佛理，兼要为抗战舆论出力，揭穿日本人不实谣言，"宣扬国威，以沟通中外文化，博取国际同情"②。按预计时间，法舫一行本应于1941年至斯里兰卡，但因时值战乱期间，国际局势较为复杂，南洋各国入境条件不尽相同，因此三人未能直接前往斯里兰卡，而是辗转去了印度国际大学学习修读。

法舫法师作为交换学僧之一，于抗战即将胜利前夕，自南洋辗转赴斯里兰卡，协助马拉拉塞克拉会长筹建世佛联，同时深入研习巴利文佛经。早在印度学习时，法舫便曾跟随一名来自斯里兰卡的高僧达罗密索法师系统地学习过初级巴利文；到了科伦坡之后，法舫旋即入读智严学院（Viddialankara Piriwena），跟随时任院长金刚智法师（Dr. P. Vajiranana）研读巴利文三藏、斯里兰卡古代史等，利用业已精通的巴利文做中文与巴利文《阿含经》对勘。

法舫本人对巴利文圣典与斯里兰卡僧制较为认同，认为这对中国大乘佛教的再次发扬有借鉴意义：在其早年所作《读暹罗、锡兰两留学团报告书》一文中，对此有过具体阐述，认为世界佛教当以锡兰为范本，南传上座部佛教为佛教流行的基础，应当在此基础上发展大乘佛教——转言之，研习斯里兰卡佛教是我国佛教在世界发扬光大的必经之道。法舫此观点有据可依，因彼时的欧美佛学家多数主张大乘非佛说，偏见颇深，"假设（大乘佛教弘法者）未有研究南方上座部教理，他（欧美佛学家）便不承认对方有讨论之资格"③。若要弘法于西方世界，则中国大乘僧应当有相当筹备，基于这种目的引导，法舫在修习的同时，兼任马拉拉塞克拉会长的中文教师，向会长传授中文版《中阿含经》。1945年，法舫开始为摩诃菩提会传经师训练班授课，向学僧讲授大乘佛教，将龙树菩萨《大

---

① 《法舫法师赴锡兰讲学》，《狮子吼月刊》1941年第1卷第2期，第28页。
② 大鑫：《欢迎法舫法师》，《中流（镇江）》1948年第6卷第4—5期，第2页。
③ 黄茂林：《锡兰留学管见》，《世界佛教居士林林刊》1932年第33期，第8页。

乘二十颂》《俱舍颂》设为教科书，所依为中译本。此可视为中国学僧向斯里兰卡学僧传法的一次有效实践，自此，两国僧侣之间的修学互动不再只是单一向度，而在真正意义上形成了学缘角度的互动。

法舫在斯期间，力图通过学僧互换而实现远近目标：近期目标为推动中国通晓巴利文及南传上座部佛教僧侣的培养，论及远期目标，则是在世界范围内发扬中国的大乘佛教。

1945 年秋，日本投降之后，中国世界佛学苑与斯里兰卡摩诃菩提会开始商讨，谈论彼此交换比丘僧事宜。法舫在摩诃菩提会传经师训练班执教期间，以世界佛学苑代表的身份，与当时的会长金刚智长老（Parawahera Vajiragnana）商议中斯交换教师及留学僧事宜，并草拟六项具体条例：

一、中国世界佛学苑或中国佛教会与锡兰摩诃菩提会在战后立即交换传教师、留学僧，至少各一人；

二、中国传教师和留学生到锡兰后，衣食等一切生活费用，全由摩诃菩提会供给。锡兰传教师和留学生到中国后，其生活费用，全由中国佛学会或世界佛学苑巴利三藏院供给；

三、中国传教师必须通达大乘佛学，年龄须在三十五岁以上，留学生须受过佛学教育，年龄在二十五岁以上。锡兰传教师必须通达巴利文三藏及梵文英文，年龄相等；

四、各传教师在各国，应需留住五年以上。留学生须在八年以上；

五、中国传教师及留学生到锡兰后，应即加入摩诃菩提会，而受会长之领导及指导研究。锡兰传教师到中国后，应即加入中国佛学会或世界佛学苑巴利文三藏院，为教师，而受院长之领导与指导；

六、以上各项若能得中国佛学会会长或世界佛学苑长太虚大师及巴利三藏院副院长院董会之同意，即行办理交换手续，期半年内实现此办法。①

六项具体条例充分考虑到两国的具体历史情境，故而分步骤推进交换僧侣工作，且将经济、局势等变量悉数考虑周全，以国际佛教组织为单位牵头，符合当时两国僧侣的具体情况，切实可行。让中斯两国学僧互换成为一项可持续的项目，继而扩大中国近代史上第一个国际佛教组织世界佛学苑的影响，此可视为太虚大师的多年夙愿，也是法舫为之实践的愿景之一。拟定之后，法舫写信向师父太虚大师汇报，得到同意，此六项条例成为中斯学僧交换项目的具体规章。

首次互派学僧，约定为"中国由世界佛学苑派送二僧来锡研究巴利文；锡兰由摩诃菩提会派送教师一人学僧一人前来中国陕西巴利文学院，教授巴利文及研究中国文化"②。1946年，世界佛学苑推选出了光宗、了参两位法师，派驻斯里兰卡留学，进入摩诃菩提会的传法师训练班系统学习巴利文与佛教圣典。两位法师修学严谨，光宗法师改名为瓦遮拉菩提（Vajirabuddhi），意为"金刚觉"，在科伦坡接受五年培训，于新中国建立后次年归国，后期还俗，更名郑立新。了参法师改名为达磨克底（Dhammakitti），意为"法称"，在斯学习长达十一年，一直到1957年方归国，归国后在中国佛学院任教，投身巴利文佛经的翻译工作，译有《摄毗达摩义论》《法句经》和《清净道论》等，虽后期还俗，改名叶均，但为中国佛教贡献颇多。③ 同年7月9日，斯里兰卡的摩诃菩提会所派出三位法师也已至中国上海，三位法师皆出于科伦坡的金刚寺，为索麻法师、开明德法师，后又要求加派一人即般若西河（师子慧）法师。三位法师兼负传法与学法重任，不仅要在世界佛学苑的巴利三藏院教授巴利文

---

① 法舫：《致太虚大师书》，《海潮音》第26卷第11期，法6，第16—17页。
② 法舫：《送锡兰上座部传教团赴中国：特介绍索麻法师》，《海潮音》1946年第27卷第8期，第9页。
③ 拾文：《中国佛教协会常务理事叶均居士逝世》，《法音》1986年第2期，第44页。

及上座部佛教，为中国佛教培养精通巴利文的僧才；同时还需学习大乘佛教经典，进一步了解中国佛教，为期五年。对于此行目的，三位斯里兰卡法师甚为清晰，索摩法师说明：

> 此番中锡互派佛徒教学之目的，含有调和佛教之南北两派之意义。夫佛教本属一致，举世同归。但在学理方面，不无别异。若欲使之团结，自非先事互相研究，不能融会贯通。所以此次中锡互派佛徒来教来学之所由起也。①

此次斯僧赴华任教意义重大，被时人认为是继公元 5 世纪师子国比丘及比丘尼团赴华之后的第二次，时隔一千四百年。索麻法师一行在上海净业社停留三个月，公开演讲多次，教授巴利文，然而因为索麻法师等不习惯中国气候，导致长期卧病在床，并未按照行程前去巴利三藏院的所在地陕西西安的大兴善寺，而是不得不返回香港，数月后又返归斯里兰卡。② 虽然因客观条件导致斯国僧人赴华传法一事无疾而终，但此项目却有着积极的正向意义，开创了两国互换学僧的历史，在当时的世界佛教圈引起较大反响，让世界关注到有丰富经典及悠久历史的中国佛教。

1949 年之后，因为种种原因，如太虚大师圆寂、中国社会经济尚未安定等，学僧互换计划没有继续推进下去。但总之，自战后开始，中斯两国学僧互换走上了一条不同于历史传统的崭新路径，以法舫为代表的中国学僧在向斯里兰卡佛教借鉴学习的同时，依旧秉持佛教世界化理念，未忘却发扬中国佛教的初心，"盖为代表中国佛教界与彼等合作，又为将来中国佛教谋发扬也"③。两国学僧互换不仅有利于义理层面的国际交流，且兼有输入与输出的双重意义，对

---

① 胡厚甫：《一千四百年后之第二次锡兰比丘历史性中国游记》，《觉群周报》1946 年第 7 期，第 12 页。

② 子恺：《锡兰》，《觉群周报》1946 年第 20 期，第 17 页。

③ 法舫：《世界佛学苑海外报告》，《海潮音》第 27 卷，第 4 号。

中国佛教而言，不仅在佛学教育体系、律例制度等方面系统学习了斯里兰卡的先进经验，且向斯里兰卡介绍宣传了中国的大乘佛教。这种早期的借鉴与弘传对探索中国佛教传播与转型、发展与改革有重大意义，有利于中国佛教的世界传播。

由于两国佛教在这一段时间往来的频繁与深入，彼此之间都有了更深层次的了解。斯里兰卡作为当时世界佛教的重要中心，也对中国佛教持续关注，并给予实际帮助与舆论支持。此间有斯里兰卡佛教徒出访中国，因见此时中国基督教的传教手段较为多元，教堂、修道院数量较多且完善，势力远胜佛教，不由痛心，要求全斯里兰卡佛教徒团结起来，"抵抗佛教在我们面前从中国被抹去"①。同时，斯里兰卡佛教界对中国宗教情况也有着较为全面的了解，当斯里兰卡的纳罗达比丘听闻中国基督徒力量较大，呼吁中国佛教徒联合起来，"全世界的佛教弟兄必定热心拥护他们的复兴数千年遗传下来的圣教的工作，这个教是与孔教道教完全和协以拯救伟大的中华民族的"②，显然对中国儒释道交融的宗教文化现状有着较深体会与了解。同时也提到"我们应当以每一个可能的帮助给予中国佛教徒，使他们复兴他们自古相传的佛教，并使他们成为理想的佛弟子和可作模范的公民"③，足见改革佛教使之契合现代社会之思想。

这一时期对中斯两国佛教都较为特殊，两国皆更加关注佛教革新。而对佛教革新，中斯两国此阶段的关注点并不相同。中国学僧在斯里兰卡学习期间，见斯里兰卡佛教积极参与社会运动，感慨佛教革新的重要：

今日的世界是在原子时代下迈进，今日的中国是在步向民

---

① ［斯里兰卡］D. W. S. Kelambi 著，法称、金刚觉译：《中国佛教的危机》，《觉询》1949 年第 3 卷第 5 期，第 3 页。

② ［斯里兰卡］纳罗达比丘著，蓬心译：《中国今日需要前进的佛教》，《觉有情》1948 年第 210 期，第 22 页。

③ ［斯里兰卡］纳罗达比丘著，蓬心译：《中国今日需要前进的佛教》，《觉有情》1948 年第 210 期，第 22 页。

主的大道！人类是挨着历史的鞭子追随着时代，每个民族都在扩大自觉生存的运动，这正象征着时代的齿轮不会等待人们！（如若不革新）如何能延续如来的慧命？如何能住持未来的佛教？①

文中所言有其特有的社会历史背景：1946 年 9 月，斯里兰卡的国民大会党与僧伽罗大会党等几个不同政党合并，新组成统一国民党。统一国民党在发展过程中，吸纳了部分愿意参政议政的比丘。而在斯里兰卡的历史中，僧侣素来有直接参与政治活动的传统，因此，这些僧侣成为政坛上的活跃分子；又由于其教徒身份，在政治鼓吹方面有得天独厚的优势——随着民族、宗教与政治的高度融合，出现将国家严格地与僧伽罗佛教徒等同起来的倾向。但中国学僧在肯定斯里兰卡僧侣为巩固佛教的地位，积极与基督教徒争取权利的同时，也提到部分佛教学院过于关注政治，如智严佛学院 Viddialankara Piriwena，"该院学风思想极其自由，几乎全体师生都是 Plilitical Bhikkhus（政治比丘）"②。虽然在殖民地时期，该校僧团在院长吉里瓦都威·贝勒涅萨拉（Kiriwatuduwe Praguasara）大长老的带领下，为民族独立及民族文化教育振兴做出贡献，但斯里兰卡独立之后，又因僧侣积极参政，招致许多纠纷。③

中国僧伽亦认为沿袭斯里兰卡的佛教教育并不能令人满意，因为课程方面的设置较为片面，仅有僧伽罗文、巴利文、梵文等语言课程及佛学、哲理类课程，"对于现代科学与史地等科则不甚注重，甚至连英文也没有。如果主持者打破保守的陋习而配合着时代的话，须要加以改进"④ ——这一切，与斯里兰卡佛教徒对殖民者的宗教与文化的憎恶不无关联，"锡兰的首长们对于教会学校极其仇视，这些

---

① 光宗：《锡兰见闻》，《正信》1946 年第 12 卷第 8 期，第 8 页。
② 金刚觉：《锡兰的佛教》，《中流（镇江）》1948 年第 6 卷第 4—5 期，第 9 页。
③ 法舫、常进：《锡兰的佛教》，《学僧天地》1948 年第 1 卷第 6 期，第 6 页。
④ 金刚觉：《锡兰的佛教》，《中流（镇江）》1948 年第 6 卷第 4/5 期，第 6 页。

学校在以前受英国统治的时代，是受政府的支持的"①，故而在人才教育中出现这种矫枉过正。

中国僧伽则更为关注佛教教育，基于将佛教打造为世界第一宗教的理念，认为如若做国际佛学的样板，则改良僧才教育和培植博学深思的国际人才当为佛教革新的重点。中斯佛教教育理念的不一致持续时间较长，甚至在 1980 年代，中国比丘赴斯求法时仍有摩擦。

三　赴斯五比丘开启的当代留学潮

中华人民共和国建立之后，国家对宗教政策做出一些调整，中斯学僧交流项目暂告一段落。虽没有交换学僧，但在 1966 年"文化大革命"之前，中斯两国学界依旧时有互动。1956 年，为纪念释迦牟尼佛涅槃两千五百周年，斯里兰卡佛教界拟编撰《世界佛教百科全书》，中国佛教界予以协助，成立了《中国佛教百科全书》编纂委员会，参与编撰中国佛教部分；承担英文《佛教百科全书》中国佛教条目的翻译及编写。② 曾留学斯里兰卡的李荣熙居士③也参与了这项工作，负责其中的论文翻译。

1960 年，为纪念我国晋代高僧法显赴锡兰求法一千五百五十周年，中国佛学院委托时任锡兰大使张灿明向斯里兰卡 Viddialankara Piriwena 佛学院赠送一批汉语三藏经典。④

改革开放之后，中国政府贯彻宗教信仰自由政策，但"文化大革命"的十年时间中，佛教事业濒临毁灭，僧才流失严重。因此，培养僧伽人才以适应国内外佛教工作的需要，被视为中国佛教协会

① 宗意：《缅甸锡兰传教进步》，《圣体军月刊》1949 年第 15 卷第 4 期，第 100 页。
② 赵朴初：《中国佛教协会四十年——在中国佛教协会第六届全国代表会议上的报告》，《法音》1993 年第 12 期，第 6 页。
③ 为当年的惟幻法师，还俗后更名李荣熙。
④ 净慧：《中国佛教协会大事年表》，《法音》1983 年第 6 期，第 39 页。

一项重要的工作任务，也是国家落实宗教政策的一个亟须解决的
问题。①

在这一阶段，中外佛教交流又恢复了常态化，已中断多年的中
斯佛教也恢复了往来，中斯学僧交流计划再次提上日程。

1981 年 3 月，北京外国语大学专家、为我国编纂《僧伽罗·汉
语词典》的斯里兰卡教授李拉拉特纳（Leelaratna），前来法源寺供
僧，并与中国佛学院三名优秀学生见面，鼓励他们努力学习、弘扬
佛法。②

1982 年 4 月，斯里兰卡成立国际佛教大学——"佛教与巴利语
大学"，此为世界第一所国际性的佛教大学，不设学僧宿舍，以四个
主要的佛学院（比利维纳 Pirivena）为分院。在课程设置中，特意设
置了中国历史作为选修课。佛教与巴利语大学鼓励外国留学生就读，
尤其针对中国佛教徒人数众多的情况，宣布升学考试可以使用汉
语。③ 同年 11 月，中佛协又邀请斯里兰卡著名佛教学者毗耶达希法
师来华访问，期间毗耶达希法师于中国佛学院北京本部及苏州灵岩
山分院发表演讲。1980 年代是各种革新思潮萌发的时代，此时期的
人们（尤其年轻人）较之 40 年代，较少带有盲信的虔诚，毗耶达希
也着意提出佛教应当与时俱进，"我们写佛教书籍，也要适应这一特
点，适合现代的社会。现在的年轻一代对很多事情都不会盲目接受，
都要进行分析和鉴别，我们就要适应这种情况进行佛教的宣传"④。
鉴于此时的中华人民共和国是社会主义国家，毗耶达希还以佛教与
社会主义的相同之处作为切入点，讨论佛教的社会及经济意义。借

① 赵朴初：《关于中国佛教协会一年多来的工作情况和今年年内的工作安排的报告》，《法音》1982 年第 2 期，第 8 页。
② 石杈：《斯里兰卡专家李拉拉特纳教授在法源寺斋僧》，《法音》1986 年第 2 期，第 48 页。
③ ［斯里兰卡］拉乎拉法师著，慕显译：《斯里兰卡国际佛教大学》，《法音》1983 年第 2 期，第 44 页。
④ ［斯里兰卡］毗耶达希法师著，郝唯民、经扬译：《佛教徒希望人类和睦相处》，《法音》1982 年第 1 期，第 9 页。

来华弘法的机会，毗耶达希提出邀请，希望中国佛教协会选派优秀学僧到斯里兰卡学习佛教，以期更好地宣扬佛法。

"文化大革命"浩劫之后，中国佛教处于百废待兴的状态。赵朴初会长将选派学僧赴斯求学视为完善人间佛教思想的一个重要组成部分，关系到中国佛教事业在新时期的重建。此时，已有中国僧伽赴斯进修学习，如慕显法师先期来斯里兰卡进修文学与佛教，并在康提大学修习佛教课程。① 但只是中斯佛教恢复交往后的一次尝试，非一项持续的长期项目。

1982 年 6 月，以中佛协副会长李荣熙为团长的中国佛教代表团前去斯里兰卡，参加在科伦坡召开的世界佛教领袖和学者会议。借此次出访机会，中佛协成员考察了斯里兰卡的佛学院、佛教大学，为之后的中斯两国开展佛教文化事业打下基础。

1986 年，斯里兰卡罗睺罗长老（W. Rahula）及摩诃菩提会会长维普拉沙拉长老（M. Wipulasara）访华期间，与中国佛教协会会长赵朴初会谈，赵朴初会长继而提出申请，建议恢复学僧赴斯求法，得到斯里兰卡佛教界的应允。同年，中国佛学院先期选派五名比丘前往斯里兰卡学习佛教与巴利文，他们是 1984 年入学的年轻僧侣，分别是圆慈、广兴、净因、学愚及建华法师，学期五年。②

五位中国法师赴斯求学无疑开启了当代留学潮，在斯里兰卡佛教界也轰动一时，他们在斯里兰卡又重新受了南传比丘戒，受戒仪式十分隆重，当地所有电台、报纸都有详细报道。在学期间，五名中国学僧得到了斯里兰卡佛教团体的照顾：1980 年代，斯里兰卡正规大学的学费较为昂贵，五名学僧在巴利语大学就读期间，摩诃菩提会会长维普拉沙拉长老为他们缴纳了全部学费。然而在授课语言方面，中国五学僧与斯里兰卡方未达成共识，据五比丘之一的净因法师回忆："斯方坚持要求我们通过僧伽罗文学习所有的课程，而我

---

① 慕显：《佛国见闻》，《法音》1982 年第 4 期，第 42 页。
② 见心：《中国佛学院五名学生赴斯留学》，《法音》1987 年第 1 期，第 45 页。

们则坚持要通过英文为媒介学习功课。"① 最终，由赵朴初居士出面，请中国驻斯里兰卡大使张成礼从中协调，最终斯里兰卡国立凯拉尼亚大学同意中国学僧以英语为媒介学习所有课程。至 1991 年，五名学僧都获得文学硕士学位，后又陆续赴伦敦大学等欧美名校进一步深造。

此时的中国佛教刚走出十年动乱的阴霾不久，尚处于复兴阶段，因此，80 年代的赴斯求法僧无法在斯里兰卡直接形成大乘佛教研究的风潮。但五比丘在斯里兰卡的求法经历，却无疑开启了当代斯里兰卡的大乘佛教研究，对中国佛教乃至整个中国都有着正面意义：

首先，从国际舆论上来说，五比丘赴斯求学起到了现身说法的作用，让外国人了解到了真实的中国佛教，以及中国佛教的开放情况。这一时期，中国刚刚实行改革开放，域外佛教界对中国佛教真实情况缺乏了解，在相当长的一段时间中，域外学术界的中国当代佛教研究著作中，最著名的一部作品是哈佛大学教授尉迟酣（Holmes Welch）所作的《毛时代的佛教》（*Buddhism under Mao*）②，而对"文化大革命"之后的中国佛教研究基本是一片空白。这就使得即使中国已经全面改革开放，但国际舆论对中国依旧戴着有色眼镜，对中国共产党持负面评价，认为历经十年浩劫，中国佛教已经灭绝。五比丘刚至斯里兰卡时，当地人及在斯外国人都认为这五名比丘真实身份并非僧伽，而是军人，且五个人中有一名是党员，"他们认为广兴法师是党员，统治着我们"③。在学习过程中，五比丘的优异表现打消了外国人的疑虑，校方继而要求他们以中国当代佛教发展情况为主题撰写论文，以期帮助国外了解中国佛教现状。

其次，从大乘佛教研究上来说，培养一批精通僧伽罗语、巴利语及英语的中国比丘显然对斯里兰卡的大乘佛教研究有直接的帮助。

---

① 净因：《朴老和我的求学生涯》，《法音》2000 年第 7 期，第 30 页。

② Holmes Welch, *Buddhism under Mao*, Harvard University Press, 1972.

③ 净因、圆慈：《英伦归来话佛教——净因、圆慈法师访谈录》，《法音》1997 年第 9 期，第 5 页。

斯里兰卡虽为南传佛教国家，但历史上亦有僧侣修行大乘佛教的历史，在其佛教文化语境中，将大乘佛教认为是"外杜量"①。早在公元 3 世纪时，无畏山寺便已有大量僧侣修习大乘佛教，并存有大量大乘佛教的经典。直至公元 10 世纪之后，从南印度渡海而来的泰米尔人入侵斯里兰卡北部，严重破坏了无畏山寺、大寺等著名寺院，僧伽被迫外逃，佛教力量被削减；再至维罗·波罗迦罗摩巴忽一世（ViraParakramabahu I）赶走侵略者、统一僧团，便已不存在大乘小乘对峙的局面，斯里兰卡自此成为南传上座部的国家。因此，斯里兰卡佛教在相当长的一段时间受到大乘佛教的影响，研究大乘佛教有利于整体把握斯里兰卡佛教现状。此时的斯里兰卡佛教学者亦意识到本国大乘佛教研究的缺失，认为以中国为首的东亚国家可以为此做出贡献，以在斯里兰卡创办大乘佛教研究项目等方式，推进斯里兰卡的大乘佛教研究，让上座部佛教徒更加了解大乘佛教的佛法。② 斯里兰卡方面已逐渐认识到为适应佛教研究的发展，大乘佛教研究——尤其是中国佛教研究的重要性。1990 年，凯拉尼亚大学的巴利文与佛学研究生分院开设了中文佛学资料研究部，聘用了精通汉语、北传佛教的法光法师（Dhammajoti）担任研究部主任一职，又将在此就读的中国赴斯求法五比丘圆慈等人纳入研究部，作为研究员。③ 此中文佛学研究部专注于汉文《阿含经》及巴利语《阿含经》比较研究、将汉语佛典系统翻译为英语等等。此研究部是斯里兰卡所开设的第一家研究中国佛教的机构，为两国佛教交流有重大意义，可视为斯里兰卡对大乘佛教研究布局的具体实践。第一批入斯求法五比丘在学习上座部佛教及巴利语的同时，以研究部为平台，

① 早期的佛教典籍及原始著作中没有大乘佛教（Mahayana Buddism）一词，"外度量"一词为民国时期中华赴锡兰僧侣使用的音译词汇，后邓殿臣先生在《斯里兰卡佛教中国的大乘佛教思想》一文中使用。

② ［斯里兰卡］卡鲁纳达萨：《僧侣在佛教教育和佛学研究中所扮演的角色——着重对斯里兰卡佛教的一些问题进行探讨》，《法音》1990 年第 6 期，第 25 页。

③ 圆慈：《斯里兰卡国立大学设立"中文佛学资料研究部"》，《法音》1990 年第 10 期，第 20 页。

兼向斯里兰卡佛教界宣传大乘佛教。

　　五比丘作为第一批入斯求学的中国僧侣，开启了之后的留学潮。之后如闽南佛学院也选拔出一批云南上座部优秀学僧赴斯里兰卡，在智增佛学院及凯拉尼亚大学学习。除去公派留学的学僧，自费出国的中华留学僧也增多，随着国内经济水平的提升，个别寺院及高僧大德资助学僧出国现象成为常态。以 1999 年为例，斯里兰卡当时共有十五位中国青年僧尼在斯求学，基本都是自费留学。

　　新千年之后，两国佛教界留学群体已经规模化、制度化，中斯佛教交流有了更为密切的往来。2001 年中国佛学院的开学典礼上，在凯拉尼亚大学巴利文与佛学研究生分院担任中文佛学资料研究部主任的法光法师更是发表讲话，欢迎广大有志学僧前去斯里兰卡深造。① 与此同时，亦有斯里兰卡僧侣赴华留学深造。2011 年，国内教界提出三大语系佛教发展不均的问题，认为"作为三大语系佛教的中国佛教协会应该考虑到藏语系和南传佛教的对外文化交流工作"②。而近代佛教复兴运动以来，斯里兰卡一直在世界佛教舞台上扮演着十分重要的角色。研究佛法的欧美学者大都以斯里兰卡所传巴利文三藏为依据，甚至在斯里兰卡依大寺法统出家学佛，随着佛教复兴运动的不断高涨，熟悉英文的斯里兰卡弘法高僧和居士也纷纷在欧美国家和日本等亚洲国家建寺或建分会组织，并与各佛教国家建立了新型的国际关系。③ 因此，国际化专业佛教人才的交流将是新世纪佛教交流的重要形式之一。

　　尤其在全球一体化的当前形势下，佛教交流更是呈现出专业性强、理论性高等特点，而"世界范围内宗教典籍的翻译与流通，有

---

　　① 宽昌：《中国佛学院举行 2001 届开学典礼》，《法音》2001 年第 10 期，第 37 页。

　　② 桑吉扎西：《中国佛教协会第八届理事会海外交流委员会会议在河南登封举行》，《法音》2011 年。

　　③ 郝唯民：《近代佛教复兴时期的中斯佛教文化交流——纪念法舫法师诞辰 110 周年》，《法音》2014 年第 9 期。

望成为未来国际翻译的主流之一"①。斯里兰卡的佩拉德尼亚大学
（University of Peradaniya）、凯拉尼亚大学（University of Kelaniya）及
斯里兰卡国际佛教学院是中国僧侣赴斯里兰卡留学的主要选择高校。
自 2006 年伊始，斯里兰卡中国留学僧会成立，同年 9 月通过《斯里
兰卡中国留学僧会章程》，该会设会长一名、副会长两名、秘书兼会
计一名，会员由斯里兰卡中国留学僧（比丘、比丘尼、式叉尼、沙
弥、沙弥尼）组成。该会致力于促进不同国家和不同传统佛教之间
的交流与对话，向外弘扬中国佛教，向内介绍先进理念，理解尊重，
包容学习，为中国乃至世界佛教发展做青年佛子应有之贡献。

第二节　外交初尝试——以联谊会
为中心

　　1945 年抗日战争结束之后，中国虽仍然处于内战状态，但日本
帝国主义业已投降，宗教工作趋于正常化，之前因抗战搁置的中斯
互派留学僧、国际佛教组织参与等事宜得以走上正轨。四年内战结
束后，中华人民共和国于 1949 年建立。新中国创建之初，作为执政
党的中国共产党明确意识到使用暴力手段强制性消灭宗教的方法行
不通，在宗教信仰问题上执行了宗教信仰自由政策，"我们不搞反宗
教运动"②。同时新中国作为人民民主专政、信仰马克思主义的国家，
与旧时代的宗教观天然迥异，因此，新中国成立初期中共中央对国
内诸多宗教进行了社会主义改造，肃清各教的帝国主义政治影响，③
提出加强党的宗教工作领导，各教独立自主办教的要求。

　　佛教作为在中国有两千年历史的古老宗教，在国内有相当比例

---

　　① 学诚：《经典翻译与宗教传播——在首届国际佛学论坛暨"中国人民大学国际佛学中
心"成立仪式上的致辞》，《法音》2011 年第 11 期。
　　② 中共中央统一战线工作部、中共中央文献研究院：《周恩来统一战线文选》，人民出版
社 1984 年版，第 181 页。
　　③ 1951 年的宗教革新主要是肃清基督教、天主教等受帝国主义势力影响较大的宗教。

的信教群众，兼关涉民族问题——藏族、蒙古族及傣族等少数民族将佛教视为全民信仰的宗教。不光国内，中国周边国家也多以佛教为主要信仰，佛教"基本上是殖民地被压迫民族所信仰的宗教"，具有统战、宣传的重要作用，因此中国对佛教的政策，"对东方殖民地人民都会有很大影响"①。从国家层面而言，新中国成立初期并没有漠视佛教，也未从意识形态角度对之提防、过度约束，而是急需佛教尽快形成爱国主义统一战线，"政府与宗教的合作，在于政治上一致，而不求思想上的一致"②。

　　政府希冀借佛教的宣传动员能力来协助完成变革，而教界代表也认同佛教改革的新目标，"如果新中国的国土上，出现了佛教的新姿态，对于全国的完全解放和世界革命的进展，或者也不无便利之处"③。1949 年，参加了首届人民政协代表大会的佛教委员巨赞法师经过考察，上书佛教改革方略，提出了由佛教联系域外以协助促进世界革命的想法，斯里兰卡作为著名佛国，也被提及，"和我们毗连着的国家，如安南、暹罗、缅甸、锡兰、印度、朝鲜乃至日本，都是根深蒂固的佛教国家。假定在中国革命的过程中，漠视了佛教这一个单位，恐怕对于解放西藏台湾和世界革命的进展，或者会发生困难"④。同时，巨赞也提出"生产化"与"学术化"两个概念，作为佛教改革的理想目标。这就使得此阶段的中斯佛教交流更具外交意义，同时，向学术化层面迈进，主要以互派留学僧、成立召开世界佛教徒联席会与圣物巡回为中心。

一　首届世界佛教徒联谊会的举办

　　如前文所言，巨赞法师曾提出"生产化"与"学术化"两个概

---

　　① 中共中央文献研究室：《建国以来重要文献选编（第五册）》，中央文献出版社 1993年版，第 677 页。

　　② 巨赞：《一年来工作的自白（续完）》，《现代佛学》1950 年 10 月。

　　③ 中共中央文献研究室：《建国以来重要文献选编（第五册）》，中央文献出版社 1993年版，第 708 页。

　　④ 巨赞：《一年来工作的自白》，《现代佛学》1950 年 9 月。

念，作为佛教改革的理想目标。在这种改革理念的促使下，新时期中国佛教与斯里兰卡佛教的交流自然以世界佛教徒联谊会为中心。于两国而言，世界佛教徒联谊会本身便是历史渊源的一部分：早在1940年，以太虚大师为导师的中国国际佛教访问僧团在斯里兰卡访问时，便已与斯里兰卡佛教组织的代表僧俗领袖面谈，探讨日后两国文化交流事宜，筹备建立世界佛教徒联谊会便是其中一项重要的工作。太虚大师派出自己弟子法舫作为传教师与联络人，联络斯里兰卡及东南亚佛教国家，与锡兰佛教会会长马拉拉塞克拉博士携手筹备世佛联。归国之后，虽然太虚大师在庐山召开"世界佛教联合会筹备会议"，商讨之后的活动与举措，但囿于国内抗战尚未停止，所以一直到1944年，法舫法师才在摩诃菩提会的协助下来到斯里兰卡，与当地佛教界人士相识并开展具体工作。如果说之前杨仁山居士与太虚大师是当代中佛教交流的开拓者，在宏观战略层面有重要意义，则精通日文、英文与藏文的法舫法师便是将两国佛教互动落入实处的优秀执行者，同时肩负向世界宣传中国佛教的使命。

法舫法师自印度辗转到斯里兰卡之后，受到马拉拉塞克拉邀请，在摩诃菩提会担任中文教师的同时，高度参与马拉拉塞克拉的工作。法舫法师在斯里兰卡的学习过程中，积极推进世界佛教运动，高度参与世佛联的创立。以马拉拉塞克拉为代表的全锡兰佛教会认为，佛教徒应当尽自己的义务，应一致行动，在《世界佛教徒联盟》一文中，马拉拉塞克拉认为太虚大师所想建构的世界佛教徒联盟之意义，远大于中斯之间的和睦亲善。锡兰佛教会因而做出倡议，"主张在一九五〇年在锡兰岛召开一次国际佛教会议，联合世界各国的佛教徒，特别是亚洲各佛教团，想把亚洲佛教徒联合起来，成为一种佛教联盟的形式，那么推动佛教救济人类的工作，也就容易了"[1]。同时，马拉拉塞克拉会长希望得到中国佛教徒的协助。

1947年，太虚大师圆寂，法舫归国。后法舫辗转于香港、新加

---

[1] 法舫：《今日之锡兰佛教运动》，《觉群周报》1946年第2期，第10页。

坡一带，在寺院传道讲学。1950 年再度赴斯里兰卡，协助马拉拉塞克拉筹备世佛联的会议及成立仪式，并参与起草世佛联章程。1950年 5 月 22 日，第一届世界佛教徒联谊会大会在斯里兰卡首都科伦坡正式召开，来自 29 个国家的 129 名僧人参加了此次会议。此时中华人民共和国成立仅仅七个月，佛教协会尚未成立，法舫以上海法明学会代表的身份，代表中国参加世佛联第一届大会。此时东南亚及南亚社会对新中国多持观望状态，长期以来，斯里兰卡社会各界对中国政府更是一直持有不甚满意的态度，"（斯里兰卡人）除了对（太虚）大师个人有十分的景仰之外，对我国的政府与人民都不甚满意"①。法舫向与会各国嘉宾阐述新中国的宗教政策及教界具体情况，指出中国政府并不干涉佛教事务，向僧众拨一定的土地田产以自耕自给，不得沿袭旧日化缘传统，僧众生产情况与人民群众一样。② 此外，法舫在大会演讲中进一步解释，因新中国社会经济发生改变，故而宗教政策也应有相应调整，此为历史必然，"今日中国广泛之社会经济运动，已使人民生活进入新存在之方式。巨大之改变已在实行。佛教亦须面对此不可抗拒之力量。以故佛教徒如欲与此前进之世界相协调，则其改变亦在所必须"③。通过演讲，法舫向各国代表传递了百废待兴的中国进步神速，乃是和平国土，并且对佛教依旧持有护卫态度，演讲不仅受到与会嘉宾好评，且在相当程度上消除了域外佛教界对新中国的怀疑，为之后中国与斯里兰卡等佛教国家正式建立外交关系，做了较好的铺垫。

这次会议对中国佛教可谓影响深远，中国被大会推选为理事会常务理事之一，并且被设为全世界佛教徒友谊组织的"区分中心"之一，中国佛教走上了高度参与最高级别世界佛教组织的道路。会议结束后，法舫作为中国佛教代表，被选为世界佛教徒联谊会中央执行委员会以委员及福利委员，开启了中国籍常务理事服务世佛联

① 了参、光宗：《上太虚大师书》，《海潮音》1946 年第 27 卷第 11 期，第 36 页。
② 《大会花絮》，《觉有情》第 11 卷第 7 期。
③ 法舫：《中国代表法舫法师演讲词略》，《觉有情》第 11 卷第 7 期。

的历史。作为世佛联常务理事，法舫兢兢业业、尽忠职守，协同马拉拉塞克拉会长，访问东亚、东南亚等有一定佛教基础的国家，并帮助马来西亚、缅甸及泰国等建立世界佛教徒联谊会的分部。① 因这一层身份，法舫得以知晓域外佛教的发展动态，将之传达到中国，使中国佛教徒及时了解世界佛教的发展，与域外保持良好的互动联系。

通过世界佛教徒联谊会，中国不仅进入了这个世界最高级别的佛教组织，有一定的议事权与话语权，且与斯里兰卡进一步巩固了联系，加深了情感。虽然世界佛教徒联谊会召开时，太虚大师已圆寂三载，但他以超越时代的敏锐认知，深刻认识到全世界的佛教徒是一种共通的文化与文明，且建立在慈悲与智慧之上，非利益聚合群体那般不坚牢。太虚大师的观念与意识对世佛联的创立有极大的建设意义。而法舫法师作为太虚大师指定的实践者、执行人，在践行太虚创办世界性佛教组织的遗志时，还有效沟通了中斯两国情感，在两国宗教交流中起到极大的作用与贡献。

对斯里兰卡人而言，法舫是继东晋法显大师之后，他们最熟知且尊敬的中国僧人，因此当1951年法舫法师圆寂时，斯里兰卡各界极为悲痛，"如同一千五百年前法显法师逝世时候一样"②。《锡兰日报》在法舫圆寂次日刊发文章悼念，高度赞扬法舫为佛教的贡献，宣称法舫的圆寂恍若世界佛教界陨落一颗明星，使佛教徒悲痛万分。③

通过太虚与法舫两代中国僧人的努力，以世界佛教徒联谊会为平台，推动了中国佛教走向世界，实现了中国佛教徒的理想，也加深了与斯里兰卡佛教的关系。在实现中国佛教与世界佛教接轨的同

---

① 《法海宝舟·英文纪念词译文》，《法舫文集（第六卷）》，金城出版社2011年版，第370页。

② 穆雨：《哭海何处寻"法舫"》，《法舫文集（第六卷）》，金城出版社2011年版，第455页。

③ 《锡兰日报》1951年10月4日。

时，中国僧人并未忽视汉传佛教的特殊性，而是积极向东南亚、南亚国家学习传教经验，弘扬大乘佛教。世界佛教徒联谊会作为当代中斯两国佛教交流的楔子，也为之后中国佛教拥有国际重要地位打下了坚实基础。

二　新中国成立初期的佛教外交

1950 年的世界佛教徒联谊会为中国佛教打下较为坚实的基础，将中国佛教推向一个世界性的平台。

中华人民共和国成立初期，政府虽提出宗教改造，但希望以宗教动员群众，团结一切可以团结的力量。1952 年，中国佛教协会成立，成立伊始，便将"爱护祖国、保卫世界和平的运动，协助政府贯彻宗教信仰自由政策，并与各地佛教徒联系协进弘法利生事业"①视为协会的工作宗旨。佛教界也拟通过与域外佛教界的往来，为中国传递正面信息。因此，世界佛教徒联谊会便成一个较为合适的平台，来传达新中国政府愿与周边国家睦邻友好，共续友谊的愿景。

1956 年 11 月，中国佛教代表团一行十五人赴尼泊尔参加第四届世界佛教徒联谊会，时任中国佛教协会副会长喜饶嘉措为团长。在此次大会上，喜饶嘉措被推选为世界佛教徒联谊会副主席，中国佛教在世佛联拥有了进一步的话语权。

1957 年 2 月 7 日，中国与锡兰建交，此时锡兰政府总理为 S. W. R. D. 班达拉奈克（Solomon West Ridgeway Dias Bandaranaike）。须知，班达拉奈克虽出身于一个殖民时期高级官员的家庭，幼年即接受基督教教育，曾在牛津大学攻读法律；但回国投身政界后，放弃基督教信仰，皈依佛教，加入统一国民党。1951 年，班达拉奈克创建斯里兰卡自由党，与统一国民党在政坛上分庭抗礼。在 1952 年的斯里兰卡国内大选中，他的执政宣言与既往党派截然不同：不仅

---

① 《新华社关于中国佛教协会成立的报道》，新华社，1952 年 6 月 7 日，https：//www.chinabuddhism.com.cn/js/hb/2012－03－14/387.html，2021 年 10 月 18 日。

要给本民族语言僧伽罗语应有的地位，还保证在当选之后，以政府力量资助佛教，令之发展。1956 年，班达拉奈克联合其他反对党，组合建立人民联合阵线，并于选举中胜出，担任锡兰总理。当选之后，班氏新内阁前往大寺礼佛，接受僧伽们的祝福。① 班达拉奈克之所以能够在竞选中获胜，最主要的是以佛教民族主义发动了农村地区僧团，巩固住了农村居民的选票，满足民族主义者的宗教、文化需求。1959 年，班达拉奈克遭刺杀之后，班达拉奈克夫人所组建的政府依旧重视佛教事业的发展。

因此，中国政府在与斯里兰卡交流的过程中，格外重视佛教的力量。与此同时，对世界佛教徒联谊会较为重视，1959 年 5 月，世界佛教徒联谊会会长马拉拉塞克拉携夫人访华，得到周恩来总理的会见。

后期，因国内政治发生变化，在宗教问题上"左"倾思想严重，宗教政策进一步收紧，佛教事业受到了严重打击。导致中国佛教连续多年缺席世界佛教徒联谊会。世界佛教徒联谊会总部虽在之后几易其址（1958 年迁往缅甸仰光，1969 年选定泰国曼谷为永久会址），但该组织与斯里兰卡依旧有深厚的渊源。

三 改革开放之后积极参与世佛联建设

1978 年，中国实行改革开放之后，中国佛教迫切希望扩大域外交流，积极融入世界佛教；中国政府也执行宗教信仰自由政策，鼓励宗教文化交流，并向海外积极宣传。但由于中国长时间的封闭，国外对中国的宗教政策多持批判态度，对此类报道并不采信，甚至怀疑中国僧伽的真实身份。为打消国外佛教界对中国佛教的疑虑，宣传中国政府的宗教信仰自由政策，1981 年，时任中国佛教协会的会长赵朴初邀请斯里兰卡佛教代表团赴华访问，调研中国宗教信仰自由问题。同年 4 月，以胡鲁拉为团长的斯里兰卡佛教代表团一行

---

① 黄夏年：《现代斯里兰卡佛教（上）》，《南亚研究》1991 年第 4 期，第 49 页。

五人来华访问，历时一周，会见了我国佛教界人士，为中国佛教澄
清了流传的不实谣言："我们来华之前，曾看到报纸上刊登消息说中
国政府执行宗教信仰自由政策；来华之后所看到的事实，证明那些
报导是正确的。"① 胡鲁拉也提到，通过这次入华访问，两国的友谊
将持续向前发展。

　　1984 年 8 月，应斯里兰卡总统贾亚瓦德纳及"世佛联"斯里兰
卡地区中心的邀请，中国佛教代表团赴斯里兰卡出席世界佛教徒联
谊会第十四届大会。② 这是时隔二十八年之后，中国佛教代表团再一
次站在世界佛教徒联谊会的平台上。大会聚集了来自二十一个国家
和地区的三百名佛教界代表及观察员，这次大会标志着中国已重新
回到世界佛教徒联谊会这个重要平台，向世界文化与和平作出中国
贡献，亦为中国赢来国际崇高声望。自此之后，中国佛教再不曾在
"世佛联"这个重要的组织上缺席，并积极参与，共同建设"世佛
联"。80 年代，中国佛教协会会长赵朴初居士积极推动中国佛教界
与世界各国佛教界加深联系，代表中国佛教参加以"世佛联"在内
的多个双边或多边宗教国际组织及会议，后当选为"世佛联"副主
席。赵会长去世之后，"世佛联"授予其"最高荣誉勋章"，以肯定
他所代表的中国佛教对世界佛教的贡献。③

　　如今中国佛教界已成为"世佛联"重要的参与者与建设者。在
过去的十年中，世界佛教徒联谊会的秘书长，来自斯里兰卡的攀
洛·泰阿利，每年皆到访中国，参加多项佛教活动。2010 年，在斯
里兰卡科伦坡举行的第二十五届"世佛联"暨世界佛教徒联谊会成
立六十周年大会上，不仅有中国佛教代表团的参与，中国政府也派
代表团参加，时任国家宗教局局长的王作安在开幕式上致辞。同期，

---

　　① 方之：《中斯友谊源远流长》，《法音》1986 年第 2 期。
　　② 《赵朴初率中国佛教代表团出席世界佛教徒联谊会第十四届大会》，《法音》1984 年第
5 期，第 5 页。
　　③ 罗喻臻：《"世佛联"授予赵朴初居士"最高荣誉勋章"》，《法音》2003 年第 1 期。

中国佛教协会副秘书长张琳作为执委成员，加入"世佛联"执委会。① 2014年10月16日至18日，中国承办第二十七届世界佛教徒联谊会大会，地点在释迦牟尼佛股指舍利的供奉地——陕西省宝鸡市，以总统马欣达·拉贾帕克萨等为代表的斯里兰卡国家领导人发来贺电。②

中国佛教界积极参与世界佛教徒联谊会的建设，对增强中国佛教的声音、维护中国的国际形象及主权完整等有重要意义。作为世界上最重要最知名的国际佛教组织之一，世界佛教徒联谊会吸引了全世界佛教界的目光。

另一方面，中国作为"世佛联"的创始国之一，新中国成立之后多任中国佛教协会会长都在该组织中担任重要职务，如喜饶嘉措大师、赵朴初居士及一诚法师等，无疑有助于中国佛教与"世佛联"的互动与合作，且中国在"世佛联"的发展过程中积极建设，也获得了全球佛教界正面、积极的评价。

第三节　圣物舍利联结的中斯方外交流

物质文化研究作为一种带有自我意识的方法论，在域外宗教研究领域得到了较为广泛的使用③，拓展了研究者的视域。

佛教观念中的真实与现实意义上的真实（conventional reality）相互龃龉，因此，佛教对圣物的重视并非基于对其世俗性、物质性的价值研判，而是对其所体现的佛教神圣灵力的尊重与膜拜。圣物崇拜一直贯穿着整个古代的中斯佛教交流，当代在对旧有活动的沿袭之外，亦有新形式与新发展，试阐发之。

---

① 桑吉、罗喻臻：《中国佛教代表团赴斯里兰卡出席第25届"世佛联"大会暨成立六十周年庆典等活动》，《法音》2010年第12期。

② 冯国、王小鹏：《第27届世界佛教徒联谊会大会在陕西法门寺开幕》，《法音》2014年第10期。

③ 如［美］柯家豪《佛教对中国物质文化的影响》，中西书局2018年版；等等。

　　佛舍利（larira）作为佛教圣物之一，一直被认为是佛陀涅槃后的遗留物，如《光明经》云："舍利是戒定慧所熏修，甚难可得，最上福田"①，意义巨大。随着佛教在印度的发展，舍利崇拜在印度文化圈推行开来，因见如来舍利即是见佛。佛经中屡见对舍利重要意义的阐述："我涅槃后，若欲供养此三身者，当供养舍利"②，"我涅槃后，我之舍利，当广流布"③，"我涅槃后，天上、人间一切众生，得我舍利，悲喜交流，哀感欣庆，恭敬、礼拜、深心供养，得无量无边功德"④，如是种种，可见佛牙舍利在佛教文化上的重要性。

　　在两汉之交佛教传入中国之前，华夏民族并没有相应的骨殖崇拜观念与理论。《高僧传》曾记名僧康僧会向吴王孙权展示舍利神迹，"五色光炎，照耀瓶上。权手自执瓶，泻于铜盘。舍利所冲，盘即破碎"⑤，令孙权肃然起敬，起塔恭迎佛舍利。论及官方正史中对佛陀舍利的记录，则首见于《魏书》，文本中提及阿育王造八万四千塔布于世界，分佛舍利之事，"佛既谢世，香木焚尸。灵骨分碎，大小如粒，击之不坏，焚亦不燋，或有光明神验，胡言谓之'舍利'。弟子收奉，置之宝瓶，竭香花，致敬慕，建宫宇，谓为塔"⑥。同时也记录了魏明帝所见的佛骨之神异："外国沙门乃金盘盛水，置于殿前，以佛舍利投之水中，乃有五色光起"⑦，魏明帝因此打消了坏宫西佛图的念头。由此可知，佛陀舍利随域外僧侣入华，继而被汉地民众所熟知，随着佛教在中土的进一步流传，舍利所蕴含的神圣与信仰被越来越多的国人接受，对佛舍利的圣物崇拜在华夏自上而下

---

①　（明）郎瑛：《七修类稿》，上海书店出版社2009年版，第234页。
②　（唐）义净译：《浴佛功德经》，《大正藏》第16册，第799页。
③　（刘宋）求那跋陀罗译：《佛说菩萨行方便境界神通变化经》，《大正藏》第9册，第300页。
④　（唐）若那跋陀罗译：《大般涅槃经后分》卷上，《大正藏》第12册，第900页。
⑤　（梁）释慧皎：《高僧传》，中华书局1992年版，第16页。
⑥　（北齐）魏收：《魏书》，中华书局1974年版，第3028页。
⑦　（北齐）魏收：《魏书》，中华书局1974年版，第3029页。

铺陈开来。

一 康提佛牙与法献佛牙

佛牙是佛肉身舍利的一部分，是佛舍利中极为重要的一类。作为传法信物与崇拜主体，佛牙舍利历来深受佛教界重视，为全世界佛教徒所尊崇。根据佛教《大般涅槃经》的记载，释迦牟尼佛涅槃之后，留下四颗佛牙，一颗为帝释天请走，一颗为海龙宫请走，唯余两颗在人世间：其中一颗佛牙在公元 4 世纪左右，由南印度羯陵伽国（Dantahura）密传至斯里兰卡，由锡兰王维克勒高拔呼建庙祭祀之，如今在康提佛牙寺内供奉，史称"锡兰佛牙"；另一颗佛牙存于北京西山灵光寺佛牙塔内，史称"法献佛牙"，因南朝高僧法献而得名。

纵观古代中斯佛教交流文献，锡兰佛牙无疑是频繁出现的圣物。西行斯里兰卡求法第一人法显大师曾撰文记载王城及佛齿供养，为一睹佛牙舍利，民众们"僧俗云集，烧香、燃灯，种种法事，昼夜不息"[1]，对佛牙舍利尊崇至极。玄奘法师虽未登临斯里兰卡的土地，却亦根据斯国僧侣口述，记载了佛牙精舍："高数百尺，莹以珍珠，饰之奇宝。精舍上建表柱，置钵悬摩罗伽大宝，宝光赫奕联晖，照曜昼夜，远望烂若明星。"[2] 后世中华僧侣入斯求法者多瞻礼佛牙，亦有因佛牙而起的事件：据《大唐西域求法高僧传》记载，明远法师对佛牙仰慕甚久，曾密谋盗取佛牙带归大唐供养，"乃潜形阁内，密取佛牙，望归本国，以兴供养"[3]，后因斯里兰卡对佛牙守卫森严而未成功，"其师子洲防守佛牙异常牢固，置高楼上，几闭重关，锁

---

① （东晋）沙门释法显撰，章巽校注：《法显传校注》，中华书局 2008 年版，第 130 页。
② （唐）玄奘、辩机原著，季羡林等校注：《大唐西域记校注》，中华书局 2000 年版，第 68 页。
③ （唐）义净原著，王邦维校注：《大唐西域求法高僧传校注》，中华书局 1988 年版，第 68 页。

钥泥封，五官共印。若开一户，则响彻城郭"①。明远法师因此颇受凌辱。后世的文献为斯里兰卡作国别志时，佛牙舍利也作为其国一个著名标识被提及："（锡兰山）旁有佛牙及舍利，相传佛涅槃处也"②，等等。

无论是亲临斯里兰卡的法显与义净，还是对之做口传记载的玄奘，都在文章中对该国供养佛牙的宗教传统做了细节描述与补充，民众对佛牙舍利的珍视可见一斑。斯里兰卡人对佛牙的崇拜持续多年，直至近世，赴斯华人还记载了佛牙寺香火的鼎盛：

> 见有许多善男信女，都到佛牙殿而来。有几个穿大红衣服的，敲鼓吹喇叭作音乐。来的人愈聚愈多，约有一千多人，各捧鲜花，用个木叶缝成的盘子盛好。到七点钟，两个和尚，披着袈裟，先进佛牙殿，开了门，点其电蜡烛，站在佛牙殿门口。那善男信女，拥挤不开，陆续上楼，至佛牙殿门前，将花盘交与僧人。僧人将那花倒在殿中，丢出木叶盘子。香客在佛牙前顶了礼，从别门出。③

> 牙藏金器中，外围璎珞，以朔望示众，佛徒咸往膜拜。十五日任公一人至庙中，则善男女环而跪者数百人，金器盛于棹上。自来英雄之遗迹，多为后人所宝爱，矧其为教主之遗体乎？以吾古帝王迎佛骨之举推之，印度人拜佛牙，固无足怪焉。④

上述引文第二段中的"印度人"，乃指斯里兰卡人。近世华人在相当程度上未能厘清两者的国籍差别，而因斯里兰卡属印度文化圈，民众文化属性较为类似而统一称呼，又如"斯地为英之属地，而其

---

① （唐）义净原著，王邦维校注：《大唐西域求法高僧传校注》，中华书局1988年版，第68页。

② （清）张廷玉：《明史》，中华书局1974年版，第8445页。

③ 昌悟：《锡兰尼波罗漫游录》，《海潮音》1929年第10卷第3期，第22页。

④ 君劢：《丛录：锡兰岛闻见》，《新中国》1919年第1卷第1期，第266页。

民则为印人"① 等。直至今日，佛牙依旧被斯里兰卡视为第一国宝，其国供藏舍利的"舍利堂"众多，其中"最宏伟的舍利堂是康提（Kandy）城佛牙寺中的佛牙舍利阁，为铜瓦镀金阁顶"②。

目前被全世界佛教徒公认的佛牙舍利，唯有康堤佛牙寺内供奉的"锡兰佛牙"与北京灵光寺佛塔内供奉的"法献佛牙"。佛牙寺与灵光寺这两座圣地，不仅是全世界佛教徒瞻礼朝拜的重要道场，在佛教界享有神圣而崇高的地位。在斯里兰卡的历史上，曾有因争夺佛牙舍利而发生的战争。以康提佛牙寺的"锡兰佛牙"为例，目前供奉在斯里兰卡康提市马拉葛瓦寺内。斯里兰卡的佛寺主要由"佛殿、菩提树、白塔、僧寮和神殿"五部分组成，信众拜佛去佛殿、白塔或菩提树前礼拜，供神去神殿。供藏舍利的"舍利堂"为斯里兰卡较常见的寺院建筑，其中"最宏伟的舍利堂是康提（Kandy）城佛牙寺中的佛牙舍利阁，为铜瓦镀金阁顶"③。被视为极其珍贵的圣物，"放在一朵金莲花上，藏在七重镶嵌的钟形金属神龛之下"④，每年接待各国信众不计其数，并馈赠金帛珠宝以示供养："我在佛牙殿看见那大众之中，有两个英国的老太婆，也来拜佛牙"，"有一班缅甸香客，送来银龛金盒，价值数万元；金刚石及珍珠等众宝庄严，又价值数万元。现有一英文碑记，表明其名目及价值，此中宝物，共价值几十万元"⑤。更毋庸论每年八月的佛牙游行，及每隔十年方开放一次的佛牙瞻礼，是何等人声鼎沸，"一时人们欢呼狂喊之声，布满空中，达到数里之外"⑥，更有远道而来的僧伽或信徒来康提朝拜佛牙，瞻礼佛牙需排队五个小时。

---

① 吴品今：《锡兰岛漫游记》，《改造（上海1919）》1921年第3卷第12期，第107页。
② 圆慈：《锡兰的寺庙》，《法音》1992年第12期，第31页。
③ 圆慈：《锡兰的寺庙》，《法音》1992年第12期，第31页。
④ ［英］海伦·吉利斯女士著：《走遍了锡兰岛》，碧溪译，《旅行杂志》1948年第22卷第10期，第67页。
⑤ 昌悟：《锡兰尼波罗漫游录》，《海潮音》1929年第10卷第3期，第22页。
⑥ ［意大利］J. A. Will Perera：《锡兰佛舍利塔开幕佛光显现目击记》，《觉有情》第129—130期，1945年。

佛牙（连金塔）在平时，封锁在三层铁箱中，钥匙各层殊异，分别保管，故谁也不能窃去这圣物。每年八月，从箱中，将金亭抬出，作几天的大游行，这时从远近各地来看热闹的，也是人山人海，这种佛牙大游行，从佛牙移送到锡兰一千多年以来，年年如是，从来没有间断过。由此可见锡人的宗教情绪，是如何的浓厚了。①

佛牙寺对佛教及斯里兰卡历史有重大意义，所以在历史上一直是王权的象征。故而斯里兰卡独立日亦会选择在佛牙寺举行升旗典礼，政府首脑及数千人参加。② 独立后的每次大选，新一任政府首脑都得前来佛牙寺礼拜佛牙，如此可见佛牙寺在斯里兰卡民众心中的重要地位。

而北京灵光寺的法献佛牙，为南北朝时期的南齐僧正法献所得，其为江南地区较早的西行求法僧之一。据载，其欲西行取经，过葱岭时因栈道断绝，不得已自于阗国而返。法献在于阗期间，先获得十五枚佛舍利，返程之前又得胡僧馈赠，得到珍贵的佛牙舍利，"获佛牙一枚，舍利十五身"③。佛牙获得过程在《法苑珠林》里有较为详细的记载：

> 有一僧于密室之中，出铜函一枚，手授先师曰："此函有佛牙，方一寸、长三寸。可将还南方，广作利益。"先师欢喜顶受，如睹佛身。此僧又云："我于乌缠国取此佛牙；甚为艰难。又获铜印一枚，国王面像，以封此函。"

> 先师后闻诸僧共议云：乌缠国失却佛牙，不知何国福德僧

---

① 金刚觉：《锡兰佛牙瞻礼记》，《中流（镇江）》1947年第5卷第11—12期，第12页。
② 《锡兰升旗典礼在牙齿寺举行》，《新闻报》1948年2月14日。
③ （梁）释慧皎：《高僧传》，中华书局1992年版，第488页。

当获供养。先师闻已，私怀密喜，倍加尊敬。①

法献携佛牙返回中土，初供奉于南朝建康东郊的定林上寺，隋立之后，豫章王暕自扬州持入长安，佛牙被易奉至京师，供奉于大庄严寺。② 因佛牙珍贵，为隋文帝珍视，如此时的师子国佛牙一般被放置于密室之中，以各种奇珍异宝为贡，看护十分严密："爰有佛牙舍利，帝里所珍，擎以宝台，处之上室，瑰宝溢目，非德不知。"③ 至唐，佛牙崇拜则更加盛行，不独法献佛牙地位尊贵异常，圣物也受到时人的追捧，长安城大肆崇奉各类佛牙舍利：

> 又大庄严寺开释迦牟尼佛牙供养。从二月八日至十五日，荐福寺开佛牙供养……街西兴福寺亦二月八日至十五日开佛牙供养，崇圣寺亦开佛牙供养。城中都有四佛牙：一、崇圣寺佛牙，是那咤太子从天上将来与终南山宣律师；一、庄严寺佛牙，从天竺入腿肉里将来，护法迦毘罗神将护得来；一、法献和尚从于阗国将来；一、从土蕃将来。从古相传如此。今在城中四寺供养。④

佛牙之多正如佛像之多，无刹不分身。人们随时随地可以到附近寺院里朝拜佛牙、祈求福祉，长安百姓已习以为常。⑤ 五代十国，朝廷更迭频繁，法献佛牙辗转各处，最后移至辽国，并于咸雍七年（1071）供奉于燕京（北京）西山招仙塔。法献佛牙自从为法献大

---

① （唐）释道世著，周叔迦、苏晋仁校注：《法苑珠林校注》，中华书局2003年版，第440页。

② 见《长安志》卷十，云"大庄严寺，寺内有佛牙，长三寸，沙门法献从乌缠国取以归，豫章王暕自扬州持入京"。

③ （唐）道宣：《续高僧传》，中华书局2014年版，第729页。

④ ［日］圆仁著，白化文、李鼎霞、许德楠校注，周一良审阅：《入唐求法巡礼行记校注》，中华书局2019年版，第365页。

⑤ 汪海波：《法献佛牙的来龙去脉》，《五台山研究》2018年第1期。

师求回汉地，历经十个朝代，或隐或现，历历可考。至晚清，1900年，八国联军入侵北京城时，存放法献佛牙的招仙塔毁于侵略者的炮火之下。寺僧打扫瓦砾残垣，得一石函，匣上题字："释迦佛灵牙舍利，天会七年（963）四月二十三日记，比丘善慧书。"① 与《辽史》记载相吻合，"（咸雍七年）八月辛巳，置佛骨于招仙浮图，罢猎，禁屠杀"②。而石匣上所书"比丘善慧"则为北汉僧人，宋初受宣密大师之号。③ 由此可知，此为传世的法献佛牙。

二　圣物佛牙巡礼

圣物崇拜在全球佛教徒群体中普遍存在，尤其在南传上座部佛教中心的斯里兰卡。圣物在联结两国佛教徒乃至两国国民之间的情感方面，有着政治所无法代替的力量。中斯两国的圣物舍利因缘由来已久，不独佛牙舍利，峨眉山仙峰寺九老洞寺中奉有舍利塔，其中舍利为宋代僧人自斯里兰卡请回。④ 清朝末期，真修法师从斯里兰卡请回两粒佛舍利，一粒白色、一粒黑色，为四川省宝光寺镇寺之宝，供奉在寺内金塔之中，尊贵异常，只在佛教节日或贵宾来临时才开放瞻仰。⑤

新中国成立之后至1966年"文化大革命"开始之前，在这一时期，中国处于大规模建设时期，政府对佛教外交非常重视。佛教国家外交往来，常以圣物舍利为礼物相馈赠：1948年，锡兰部长出访缅甸时，将目犍连的舍利赠与缅甸，以示两国友好。1950年，缅甸总理吴努出访锡兰时，又回赠佛陀舍利，更显两国情谊。⑥ 中国佛教界在与锡兰佛教界往来时，亦常以圣物相赠。1952年10月，北京市佛教徒在广济寺举行法会，庆祝亚洲及太平洋区域和平会议胜利闭

---

① 真禅：《佛陀舍利在中国》，《法音》1987年第5期，第4页。
② （元）脱脱等：《辽史》，中华书局1974年版，第270页。
③ （宋）赞宁：《宋高僧传》，中华书局1987年版，第165页。
④ 隆莲：《峨眉山》，《法音》1982年第1期，第41页。
⑤ 刘学文：《宝光寺文物巡礼》，《法音》1986年第2期，第35页。
⑥ 显慕：《斯缅泰三国的佛教关系》，《法音》1984年第1期，第44页。

幕，国外佛教代表也出席了此次会议。虚云法师向锡兰佛教代表达马拉塔纳法师赠送供有玄奘法师舍利的银塔一座。① 此举意义有二：其一，玄奘虽未亲至锡兰，但与数名来自师子国的高僧有过深入交流，在《大唐西域记》中对锡兰（师子国）记述甚详；其二，锡兰作为南传上座部佛教的中心国家，对世界佛教有突出贡献，此举可展示中国对锡兰的重视。当时在广济寺一同参加法会的还有缅甸代表宇彬养温达法师、泰国代表嗦班·缴目居上及越南代表范世龙法师，三位法师亦获得中国佛教徒所赠的圣物，前者获赠一尊佛像及一座银塔，后两者各获得一尊佛像，从中国佛教所礼赠各国佛教代表之圣物，亦可看出锡兰佛教在世界佛教界的重要地位。

世界仅存两粒的佛牙舍利有一粒存于中国，法献佛牙在全世界佛教徒心中的地位不容小觑。在法献佛牙被发现之后的几十年中，因为中国一直处于战争状态，没有找到合适的道场供奉此圣物。新中国成立之后，在佛教界的倡议及支持下，法献佛牙于1955年迎请到中国佛协所在地北京广济寺，供养在舍利阁七宝金塔中，② 其间，有多名外国政要前来瞻礼。1963年，锡兰总理班达拉奈克夫人前来广济寺瞻礼佛牙舍利，时任中国佛教协会会长喜饶嘉措特别赠送班达拉奈克夫人一尊观世音菩萨，以示两国佛教因缘。③

考虑到佛牙舍利在世界佛教徒心中的崇高地位，中央政府拨款在北京西山灵光寺招仙塔原址附近重建舍利塔，后于1964年建成，法献佛牙被迎请至新塔内供奉。1964年6月24日，西山举行新塔的开光典礼。出席典礼的除了中国佛协的僧伽与居士、各有关方面的负责人及北京佛教徒，还邀请了来自东南亚及南亚国家的代表，锡兰佛教代表团也在邀请之列。④

除新建佛塔以供佛牙舍利以供海内外佛教徒瞻礼之外，法献佛

① 《中国佛教协会大事年表》，《法音》1983年第6期。
② 岳阳：《北京灵光寺佛牙舍利漫谈》，《中国宗教》2003年第1期。
③ 《中国佛教协会大事年表》，《法音》1983年第6期。
④ 《佛牙舍利塔开光典礼在北京西山举行》，《人民日报》1964年6月26日。

牙的海外巡礼也是新中国成立后佛教外交的重要举措之一。1956
年，在周恩来总理的安排下，中国的法献佛牙迎送至缅甸巡礼，受
到热烈欢迎。这既是一次中缅文化之间的有益互动，亦是中国佛教
外交的一次成功体现。1961 年，锡兰的班达拉奈克夫人向中国请迎
法献佛牙，得到中国同意。锡兰迎奉佛牙代表团一行来华，受到周
恩来总理的接见，奉佛牙代表团将当时存于广济寺内的佛牙舍利迎
回斯里兰卡，[①] 喜饶嘉措大师与赵朴初居士组成护侍团，亲自护送佛
牙到首都科伦坡，开展了为期 100 天的巡礼。据悉，当时有超过三
百万斯里兰卡人民虔诚瞻拜。[②] 法献佛牙受到了当时锡兰总统、总理
及举国上下、倾城遍野的香花迎供，盛况空前。[③]

　　佛牙巡礼无疑交流了文化，增强了友谊，将两国的佛教文化交
流提高到了一个跨时代高度，是锡兰国内继 1956 年庆祝佛陀涅槃两
千五百周年之后的又一次盛大佛事，在国内引起巨大反响，可谓千
载一时，一时千载。中国政府也深知佛牙舍利所凝聚的两国友谊，
1962 年，陈毅副总理会见锡兰总理班达拉奈夫人时，特别将记录锡
兰代表团迎奉法献佛牙的彩色影片赠送给锡兰政府，[④] 以示中斯两国
友谊源远流长。

三　当代圣物外交

　　改革开放之后，存放法献佛牙的灵光寺也成为中斯两国佛教交
往的重要场域。从 1980 年代始，中斯佛教关系正常化，双方友好往
来常以佛牙寺为道场，开展了一系列佛教文化交流活动。1986 年，
应中国佛教协会邀请，斯里兰卡摩诃菩提会一行访华，会长为维普
拉沙拉还提及 1961 年法献佛牙到锡兰各地巡礼，受到千百万佛教徒

---

① 《锡政府代表团来华迎佛祖遗牙》，《人民日报》1961 年 5 月 29 日。
② 慕显：《佛国见闻》，《法音》1982 年第 4 期，第 44 页。
③ 赵朴初：《在香港佛教界庆祝佛诞迎请佛牙舍利瞻礼大会上的致词（1999 年 5 月 22
日）》，《法音》1999 年第 6 期。
④ 《中国佛教协会大事年表》，《法音》1983 年第 6 期。

虔诚瞻拜之事。① 同时，也提议中国选派僧伽前去斯里兰卡进修学习。同年，中国佛教协会会长赵朴初居士选派五名学僧赴斯留学，于灵光寺佛牙塔前送别，五年后学僧们学成归国，赵朴初居士在灵光寺佛牙塔前迎接众学僧，先礼拜佛牙。② 佛牙在中斯佛教交流之间，成为一个具有象征意义的符号。1994 年 11 月，在中佛协与北京市佛协的组织下，五千余名北京市佛教徒及各国驻华大使馆官员前去参加佛牙朝拜活动，此为首都佛教界首次举行的佛牙朝拜。斯里兰卡大使馆的官员与家属在参观的同时，希望中国佛协可以继续举行活动，并组织斯里兰卡国内的佛教徒前来瞻礼。③

同时，灵光寺的重要意义也已为时人知晓。中国佛学院常务副院长圣辉法师升座为灵光寺方丈，结束了灵光寺数十年没有方丈的历史。斯里兰卡驻华使馆亦派出乌帕利·乌贝亚塞克拉公使作为代表出席灵光寺迎新方丈的升座法会，以示重视。④ 这是改革开放之后首次有外国驻华使节参加的中国方丈升座仪式⑤，有重要的政治意义。之后，北京灵光寺与斯里兰卡康提佛牙寺结为友好寺院，则是两国千年佛缘在新世纪的崭新篇章。两国佛教团体频繁互访瞻拜佛牙舍利的次数，已不胜枚举。中国佛教代表团访问斯里兰卡期间，每每至康提佛牙寺瞻礼，而中国佛教协会亦经常受到斯里兰卡佛牙寺邀请，前去参加佛牙节盛典。⑥ 而斯里兰卡国家领导人出访中国时，或亲访灵光寺，或向灵光寺赠送佛像等圣物。2007 年，时值中斯建交五十周年，斯里兰卡总统拉贾帕克萨在灵光寺发表讲话，提到"中国灵光寺作为一座古老的寺院而久负盛名，我愿把它看作是和平、友情、互尊的象征。……斯里兰卡同中国是有光辉历史的国

---

① ［斯里兰卡］维普拉沙拉著，邓殿臣译：《访华观感》，《法音》1986 年第 5 期。

② 净因：《朴老与我的求学生涯》，《法音》2000 年第 78 期。

③ 张泽西：《首都佛教界组织四众弟子朝拜佛牙舍利》，《法音》1994 年第 12 期，第 53 页。

④ 张敏：《圣辉法师荣任北京灵光寺方丈》，《人民政协报》2003 年 9 月 8 日。

⑤ 王小明、常正：《圣辉法师荣膺北京灵光寺方丈》，《法音》2003 年第 9 期，第 45 页。

⑥ 可潜：《一诚会长出席斯里兰卡康提佛牙节盛典》，《法音》2007 年第 9 期。

家，仍保留着可供瞻拜的佛牙千年遗产"①，在国事访问时在灵光寺发表演讲，旨在通过两国悠久的佛教交流历史来促进两国关系，推进各领域的合作。

圣物舍利在当代国家交往及"文明冲突"中所起到的作用，在1990年代已被学者讨论过。学界认为政府对此事重视不够，未能清楚地了解此与"佛教与和平"这一重大时代课题直接联系，没有把握其中所蕴含的重要意义。② 以当下国际形势研判，固然绝大多数地区在相当长的时间维持着和平，而矛盾与冲突依旧存在每一个国家利益交叉地区。冷战结束之后，全世界经历了数十年的全球化，而中国逐渐崛起并一跃为全世界第二大经济体，综合国力与日俱增，引起了部分国家的关注与忌惮。中国如何处理与战略国家的关系，关系到国家战略实施的顺利与否。

因此，中国与斯里兰卡以圣物佛牙舍利为中心的互访不应被视为一种常规的制式活动，而应当被看作一种由圣物崇拜钩联的特殊文化往来模式。从佛教徒的信仰层面而言，佛陀涅槃后肉体已灭，而佛牙舍利成为其在人世间形象及形体的遗物，成为一种佛及佛法的物质符号。基于宗教信仰，佛舍利崇拜是世俗谛的具体呈现，是接引凡夫入门的方便，佛牙舍利被佛教徒视为有灵魂、意识的圣物，因此吸引了宗教情感，以增强慰藉。这本是佛教徒（尤其古代佛教徒）对命运无从把握而滋生的对超验事物的依赖与崇拜，却也在不同国别的交往中勾联着共同的真挚情感与记忆，形成一种跨国性的"强认同"③。2007年初，斯里兰卡总统及代表团亲访灵光寺并赠送佛像，其表示："我们与其视中国为一个国度，不如视为一种文明。

---

① 常正：《斯里兰卡总统赠送佛像仪式在北京灵光寺隆重举行》，《法音》2007年第3期，第70页。

② 谢慈悲：《佛牙何所指佛指何所言——试论佛教在当代"文明冲突"中的特殊价值》，《佛教文化》1995年第2期。

③ 徐以骅：《宗教在1979年》，《宗教与美国社会》2016年第1期，第13页。

这座古老寺院则是唤起我们对这种文明之感觉的一种境界。"① 两国
同时保留着可供瞻拜的佛牙舍利，圣物唤起的是和平、友谊与互尊，
以及逾越千年的共同记忆与对当下及未来的理解。

近十余年来，灵光寺亦积极与斯里兰卡开展多种形式的文化交
流活动。如召开有关佛牙舍利与中斯佛教文化交流的座谈会，2016
年 6 月 21 日，应中国佛教协会邀请，斯里兰卡阿斯羯利派副导师万
达路维·乌帕里长老率团抵达北京灵光寺，两国佛教团体在佛牙舍
利塔前举行"祈祷世界和平法会"，随后举行"佛牙舍利与中斯佛
教文化交流"座谈会。会谈中，除就两国佛教文化交流的历史传统、
现世价值及发展前景等话题深入交流之外，也提出了新时期的愿景：
"以佛教交流增进两国人民的友谊，促进两国友好关系发展，共同为
建设'21 世纪海上丝绸之路'作出新的贡献。"②

在这一宏观目标的观照下，康提佛牙寺与北京灵光寺将成为发
展两国关系的重要平台，佛牙舍利作为增上圣物，不仅推动着中斯
两国的佛教友谊，而且在两国的整体外交关系中也起到意义匪浅的
作用。

第四节　比丘尼戒律的传承与当代延续

佛门有四众之说：出家男女二众，在家男女二众；其中出家男
众名为"比丘"，出家女众名为"比丘尼"。女性被允许出家，佛陀
提出八个条件："今列其名，一、百岁比丘尼见初受戒比丘，当起迎
逆，礼拜问讯，请令坐。二、比丘尼不得骂谤比丘。三、不得举比
丘罪说其过失，比丘得说尼过。四、式叉摩那已学于戒，应从众中
得摩那？六、尼半月内当于僧中求教授人。七、不应在无比丘处夏

---

① 常正：《斯里兰卡总统赠送佛像仪式在北京灵光寺隆重举行》，《法音》2007 年第 3
期，第 69—70 页。
② 陈长松：《"佛牙舍利与中斯佛教文化交流"座谈会在北京灵光寺举行》，《法音》
2016 年第 7 期，第 59 页。

安居。八、夏讫当诣僧中求自恣人。"① 其中"即成出家，受具足戒"是为比丘尼出家受具足戒之本源。

公元 3 世纪，当佛教传入斯里兰卡之时，即建立起比丘僧团及比丘尼僧团，有完备规整的比丘戒及比丘尼戒。印度孔雀王朝的阿育王派其子摩晒陀前往斯里兰卡弘扬佛法，随后摩晒陀又邀请妹妹僧伽蜜多带领十余位比丘尼来到斯里兰卡，为斯里兰卡王后阿努拉等五百多位女人传授戒法，创建比丘尼僧团。② 僧伽蜜多所居住寺庙被称为"比丘尼寺"（Bhikkhuni-Passaya），僧伽蜜多比丘尼自释尊成道之地，持大菩提树之分枝至锡兰种植，并为锡兰比丘尼授戒。③ 斯里兰卡比丘尼在历史上久负盛名，素来以品行高洁、德才兼备而称名天下。如成书于公元 4 世纪后半期的《岛史》，为斯里兰卡现存最早的编年体史书，便被认为是阿努拉达城陀罗迦尼寺一些比丘尼所书写而成，④《岛史》中也记载了若干位斯里兰卡比丘尼，其中不少来自当时社会上的最高阶层家族。

东汉以来，佛教传入中原大地，一些女性选择皈依佛门，史料中不乏对这些女尼的记载："东汉刘峻女，明帝听其出家，此中国人为尼之始"⑤，"乃汉明帝听阳城侯刘峻等出家，僧之始也；洛阳妇女阿潘等出家，此尼之始也"⑥，《集古今佛道论衡》卷甲《汉明帝感梦金人腾兰入雒诸道士等请求角试事一》记载："《汉法本内传》云：'……时有司空阳城侯刘峻与诸官人士庶等千余人出家，及四岳诸山道士吕惠通等六百二十八人出家，阴夫人、王婕妤等与诸宫人

---

① （宋）释元照：《大正新修大正藏经·Vol. 49，No. 1805·四分律行事钞资持记》，台北：中华电子佛典协会 2009 年版，第 150 页。

② Mahavamsa, ch. 15, vv. 20 - 23.

③ ［斯里兰卡］索毕德：《古代中国与斯里兰卡的文化交流研究》，博士学位论文，山东大学，2010 年，第 60 页。

④ ［斯里兰卡］维班底特法师：《今日中国的比丘尼》，《星期日观察家报》1981 年 2 月 15 日。

⑤ （明）王圻：《续文献通考·仙释考名释》，台北：文海出版社 1979 年版。

⑥ （宋）赞宁：《大正新修大正藏经·Vol. 54，No. 2126·大宋僧史略》，台北：中华电子佛典协会 2001 年版，第 6 页。

妇女等二百三十人出家。至月末以来，日日供设，种种行施，法医瓶器并出所司。便立十寺，七寺安僧，在城邑外；三寺安尼，在雒城内。'汉兴佛法自此始焉。"① 以上古籍中对中国首位出家女尼的记载并不统一，但从中可见佛教在女性群体中的传播与影响。

中国始有比丘尼戒，则与斯里兰卡有关，中国比丘尼的发展可谓与斯里兰卡僧团的帮助有较大联系。依据佛制，女性出家，应从二部僧受戒。既从男僧（比丘僧）受戒，又从女僧（比丘尼）受戒。但是刘宋之前，中国并不具备二部受戒的条件，因此所有的比丘尼仅从男僧受戒。元嘉六年（429），师子国比丘尼八人至南京，询问中国尼僧受戒情况，据载：

> 元嘉六年，有外国舶主难提，从师子国载比丘尼来至宋都，住景福寺。后少时，问果曰："此国先来，已曾有外国尼未？"答曰："未有。"又问："先诸尼受戒，那得二僧？"答："但从大僧受得本事者，乃是发起受戒人心，令生殷重，是方便耳。故如大爱道八敬得戒，五百释女以爱道为和上，此其高例。"果虽答，然心有疑，具咨三藏，三藏同其解也。又咨曰："重受得不？"答曰："戒定慧品，从微至著，更受益佳。"②

但师子国海商竺难提得知中国尼众未受比丘尼戒，生发协助中国尼众重受二部戒之愿。尼慧果曾向求那跋摩寻求传戒：

> 到元嘉六年，西域沙门求那跋摩至。果问曰："此土诸尼，先受戒者，未有本事。推之爱道，诚有高例，未测厥后，得无异耶？"答："无异。"又问："就如律文，戒师得罪，何无异耶？"答曰："有尼众处，不二岁学，故言得罪耳。"又问：'乃

① （唐）道宣：《大正新修大正藏经·Vol. 52，No. 2104·集古今佛道论衡》，台北：中华电子佛典协会 2009 年版，第 3 页。

② （梁）释宝唱著，王孺童校注：《比丘尼传校注》，中华书局 2006 年版，第 88 页。

可此国先未有尼，非阎浮无也?"答曰："律制十僧，得授具戒；边地五人，亦得授之。正为有处，不可不如法耳。"又问："几许里为边地?"答曰："千里之外，山海艰隔者是也。"①

求那跋摩告之。此期，求那跋摩已于元嘉元年（424）来华，因其精通戒品，恰逢师子国比丘尼八人在建业，介于此，景福寺尼慧果、净音等共请求那跋摩为诸尼受戒。但当时在刘宋的师子国尼僧只有八名，况且其中又有人不足十二年的戒腊，尚不具备受戒的条件。旋即，求那跋摩示寂，受戒一事终未成行。

元嘉十年（433），海商竺难提自师子国第二次返回中国，带回铁萨罗等比丘尼十一人至建康（南京），《广陵僧果尼传十四》记"到十年，舶主难提复将师子国铁萨罗等十一尼至。先达诸尼已通宋语，请僧伽跋摩于南林寺坛界，次第重受三百余人"②。《普贤寺宝贤尼传二十一》有更详细记载，"慧果等后遇外国铁萨罗尼等至，以元嘉十一年，从僧伽跋摩于南林寺坛重受具戒，非谓先受不得，谓是增长戒善耳"③。于是二部僧受戒条件都具备，众僧请僧伽跋摩为戒师，为慧果等尼举行二部僧传戒仪式。

虽然之前祇洹寺沙门慧义持异议，与僧伽跋摩反复辩论，但僧伽跋摩持"标宗显法，理证明允，既德有所归，义遂回刚，靡然推服"④，众人皆服。后于元嘉十一年（434）在南林寺设坛传戒，请僧伽跋摩为传戒师，为三百余尼僧重受具足戒，从"宋彭城（今江苏徐州）王义康，崇其戒范，广设斋供，四众殷盛，倾于京邑"⑤句可知当时的空前盛况。此次师子国僧尼向中国尼众传二部戒，中

① （梁）释宝唱著，王孺童校注：《比丘尼传校注》，中华书局2006年版，第43—44页。
② （梁）释宝唱著，王孺童校注：《比丘尼传校注》，中华书局2006年版，第88页。
③ （梁）释宝唱著，王孺童校注：《比丘尼传校注》，中华书局2006年版，第109页。
④ （梁）慧皎撰，汤用彤校注，汤一玄整理：《高僧传》，中华书局1992年版，第119页。
⑤ （梁）慧皎撰，汤用彤校注，汤一玄整理：《高僧传》，中华书局1992年版，第119页。

国佛教始有正式、合乎佛法的比丘尼戒。净检为有史可考的第一个比丘尼。①《比丘尼传》中还有对师子国比丘尼传戒之事的记载，多在德乐、净秀、僧敬等人的传记中，详细记载了关于中国比丘尼二部受戒的历史。而当时师子国十九位比丘尼住在一所御封的尼寺中，为了表示对师子国比丘尼的纪念，寺名就称"铁萨罗寺"②。

相较中国史料中对海商竺难提及僧伽跋摩、铁萨罗等僧尼为中国尼众传二部戒的广泛记录，斯里兰卡古籍中所记较少，盖因斯里兰卡历史资料远没有中国发达，流传下来古籍为数不多。但值得一提的是，曾两次携僧尼来华的海商竺难提亦见于斯里兰卡本国史料中。如斯里兰卡著名的民间故事合集《千篇故事》（*Sahassavatthup-pakarana*）便记录了从事远洋贸易的商人竺难提，此书编者为僧侣 Ratthapala，全书宣教的意味浓厚，寓佛法于故事中，以期让信众更好地解读佛法奥义。斯里兰卡的主流学术界普遍认为，《千篇故事》中的竺难提便是历史中曾两度携比丘尼来华传二部戒的海商竺难提：如学者 S. G. M. Weerasinghe 撰文论证《比丘尼传》中的竺难提便是《千篇故事》中的竺难提③，斯里兰卡学者索毕德在其博士学位论文中也持此观点，"后汉末年西域商人、居士竺难提（Nandi）在《千篇故事》的第二十七④作品中记载了一个名字是难提的出洋贸易商人，笔者认为此处的居士竺难提就是斯里兰卡人，因为难提曾两次带斯里兰卡的比丘尼到达中国"⑤。由此可见，斯里兰卡将比丘尼戒传至中国一事在两国皆有较大影响，成为两国佛教文化交流史上的一大创举。

---

① 此说见（梁）释宝唱著，王孺童校注《比丘尼传校注》，中华书局 2006 年版，第 13 页。另有说法，认为中国人为尼之始源于东汉明帝时期的刘峻之女、洛阳妇女阿潘等人——此说见《大宋僧史略》，本源于《汉法本内传》，但《汉法本内传》已佚失，此援引过于简略。

② 邓殿臣：《南传佛教史简编》，中国佛教协会 1991 年版，第 33 页。

③ S. G. M. Weerasinghe, *"A History of the Cultural Relations Between Sri Lanka and China"*, Colombo: CCF, 1995, p. 33.

④ 实为《千篇故事》中的第七十二个故事。

⑤ ［斯里兰卡］索毕德：《古代中国与斯里兰卡的文化交流研究——以佛教文化为中心》，博士学位论文，山东大学，2010 年，第　页。

但在佛教发展中，斯里兰卡的比丘尼戒律中断，原因较为复杂，主要因为僧伽罗佛教受到了印度教的影响，开始重视种姓制度及歧视妇女。因此，自公元 1017 年南印度入侵，阿努拉特布拉陷落之后，比丘尼僧团便被废止。[①] 波隆纳鲁沃时期之前的声名一时的比丘尼僧团便已不复存在，长期以来，斯里兰卡只有比丘僧，没有正式的比丘尼。

近代以降，斯里兰卡佛教派别大致可分为三派，一派源于泰国，两派源于缅甸：源于泰国的为暹罗派（Sian Nikaya），僧伽多为高种姓；源于缅甸的两派为阿摩罗波罗派（Amarapura Nikaya）及罗曼纳派（Ramanna Nikaya），打破了种姓垄断，吸纳了许多低种姓的僧伽。因自 16 世纪起，锡兰受到欧洲国家殖民，佛教破坏严重，戒律不全。僧团忧心佛教无法传承，便派人前去泰国与缅甸求经、受戒。1802 年，锡兰僧侣到达缅甸阿摩罗波罗，得缅甸僧王传授具足戒，1803 年，三位缅甸高僧亲赴锡兰传戒，始有阿摩罗波罗派。1861 年，锡兰仰巴卡哈瓦德长老在缅甸罗曼纳地区受戒，受戒后回到锡兰，始有罗曼纳派。由此可知，斯里兰卡现存的比丘戒传承也不到两百年，来自泰国及缅甸。

比丘戒传承不过百余年，比丘尼戒则早已断绝。因此，近代以来，锡兰尼众地位低下，虽大量存在尼庵，而尼众佛教正统身份得不到正名，生活得较为拮据，尼庵数量也较少。

20 世纪早期，为与基督教争抢教徒，及吸引女信众，锡兰佛教界开始建设尼庵，重视尼众群体。1937 年，在锡兰毕耶格玛尼庵成立盛会上，印度农地大臣 D. S. Seranayake 演讲，其称"吾辈佛子，本慈悲之旨，最重不杀生，然而未注意于女子之救济人类病苦教育，未予提倡，此洵美中不足，应极谋改进"[②]，坦陈对女子佛教教育的缺失，但其根本是为了应对基督教徒在锡兰行救济之事，以求超越

---

① ［斯里兰卡］阿摩罗西里·维拉拉特尼著，朱映华译：《中国与斯里兰卡的比丘尼传承》，《法音》1996 年第 2 期，第 18 页。

② 《毕耶格玛尼庵成立盛会》，《海潮音》1937 年第 18 卷第 8 期，第 93 页。

基督教。Mr. SinVissanka 居士更是直言不讳："现在一般人士，建设尼庵之本意何在？无非欲住庵尼众，领导诸优婆夷修行二利"①，因此，筹建尼庵有让尼众助力宣传佛教之意，未考虑尼众受戒之事。

1940 年代，法舫在锡兰调研时，发现该国比丘戒律较为完备严格，但无比丘尼戒：

> 全锡兰三派僧人，每派只有一个戒坛，故受戒者，只许到一处受戒，他寺不许传戒。非满二十岁者不可受比丘戒，决没有像中国的和尚，今天穿上和尚衣明天就可以去受三坛大戒！即使三十岁出家，也得在寺内服役几年，最少一年，师长许可后，才去受戒。受戒的时候，是一个人一次，不像中国一次三人、六人至九人的。受戒的世家，两个钟点就完，无需几十天，因为他们早在寺内受过训练了，已学会了比丘戒的一切，受戒不过是证明你加入比丘僧团，取得比丘资格而已，他们只受比丘戒而决定没有受菩萨戒的，因为释迦佛没有制下什么菩萨戒。②

中国的比丘尼戒，相较比丘戒，已经迟了一百八十年。③ 而斯里兰卡的比丘尼戒则相差更远。在英国殖民期间，曾有锡兰贵族女性凯瑟琳·德·古纳帝纳哥（De Alwis Gunatillaka）为出家为尼，前去缅甸受戒。但缅甸亦无具足戒，只有守十戒的沙弥尼。因此，锡兰女性自缅甸受沙弥尼十戒，成为沙弥尼，但无从受比丘尼戒，只能建立式刹摩那僧团，是为十戒女僧团，地位不高，往往生活困苦。

至 1980 年代中国求法僧前去斯里兰卡交流学习时，发现"全国没有一个受过具足戒的比丘尼，只有守持十戒的沙弥尼"④，斯里兰

---

① 《毕耶格玛尼庵成立盛会》，《海潮音》1937 年第 18 卷第 8 期，第 93 页。
② 法舫、石香：《锡兰佛教僧众的生活》，《海潮音》1948 年第 28 卷第 8 期，第 216 页。
③ 净慧：《比丘及比丘尼的起源》，《法音》1988 年第 11 期，第 15 页。
④ 慕显：《佛国见闻》，《法音》1982 年第 4 期，第 43 页。

卡人将这些沙弥尼称为十戒女，她们和比丘一样剃度出家，着袈裟、住寺院。这些出家女众人数较少，仅有两千人左右，"她们也剃光头，批黄衣（一块黄布）"①，生活非常清苦，依靠周围信众的布施度日。作为一个佛教古国，与遍布古老尼庵的中国相比，斯里兰卡的沙弥尼寺明显数量较少，且在历史传承性上较弱，最古老的一座沙弥尼寺成立于 1905 年，距今仅百年余。

斯里兰卡想恢复比丘尼僧团的念头由来已久，但有现实困难：在整个南传佛教区域内部，"没有一个遵奉南传佛教波罗提木叉也即是 311 条比丘尼戒规的比丘尼僧团存在"②，因此无处可受戒。因此，一部分斯里兰卡佛教徒因此将目光转向了中国，原因有三：其一，中国的比丘尼戒是由斯里兰卡比丘尼所授，由来在汉文古籍述录甚详，脉络较为明晰。其二，中国虽然不是传统意义上的南传佛教国家，其佛教主流应是大乘佛教，但国内佛教体系齐备，不仅有大乘佛教，还有南传上座部及金刚乘。在南传上座部佛教的主要流传地区云南省，僧侣们依旧沿用巴利文三藏经典，持四分律。其三，中国的比丘尼僧团依旧完整地保存了古老的仪轨及戒律，并留下了相应的记录文字。

1978 年改革开放之后，中斯佛教恢复往来，斯里兰卡佛教界向中国佛教协会提出让斯里兰卡比丘尼前来中国受戒的设想，希望得到中国的帮助。此时的中国佛教，虽处于"文化大革命"之后的重建之中，但比丘尼"二部僧受戒"则曾在历史中传承千年，已有制式仪轨。以 1981 年四川成都文殊院举行的"二部僧受戒"法会为例，参加受戒的女众从 1981 年 12 月 9 日进堂学习律仪，由比丘僧宽霖任得戒师，由隆莲任羯磨师，由定静任教授师，由果戒等七人任尊证师。法会持续四十天，直至次年 1 月 18 日正式结束。③ 此为

---

① 方之：《斯里兰卡的佛教概况》，《法音》1986 年第 1 期，第 37 页。
② ［斯里兰卡］D. 阿摩那斯里·威尔那特拉作，王晓东译：《式叉摩那、中国比丘尼和戒律》，《佛教专刊》1992 年第 1 期。
③ 《成都文殊院举行二部僧受戒法会》，《法音》1982 年第 2 期，第 21 页。

新中国成立后，我国第一次按照二部僧戒来传授比丘尼，整体仪式正式，延续古律，有章可循。

1981 年，斯里兰卡拉维班底特法师来华调研中国比丘尼发展情况，首站去四川成都，访问隆莲法师之后，再去河北、北京、安徽、山西等地，调研众尼庵，发现这些中国比丘尼所持的戒律，依旧是巴利文大藏经所设定的古戒律，"他们所遵循的戒律，与巴利文大藏经中所规定的比丘尼戒律完全相同"①。与此同时，中国正拟为比丘尼建佛学院，以培养青年比丘尼。访华的斯里兰卡高僧见中国比丘尼戒保存完好，十分欣喜，向中国再次提出，希望斯里兰卡尼众前来中国受戒。

斯里兰卡尼众来中国受戒一事其实已在斯里兰卡佛教界讨论多时，虽许多高僧大德赞同来中国受戒，但亦有一些反对的声音，认为斯里兰卡南传上座部佛教当为最纯正的佛教，向中国受戒不妥。斯里兰卡佛教界融合两种意见，采取了一种折中可行的方式，以律部《小品》中允许比丘向比丘尼授具足戒的方式，希冀重建斯里兰卡比丘尼僧团，让式刹摩那受到更高的教育与律规。②

此后，对比丘尼受戒及培养的调研成为斯里兰卡访问团出访中国的一项工作内容。1983 年，斯里兰卡"全民繁荣运动"领导人、斯中协会主席阿里亚拉特纳博士访问中国，在参观广济寺期间，谈到中国与斯里兰卡的比丘尼传承，并再度向中佛协理事净慧法师提出，希望中国佛教界延续两国的比丘尼因缘，接受斯里兰卡比丘尼来华受戒。③ 中方就此与斯里兰卡佛教界交换过意见，同意待各条件具备时，满足斯方的夙愿。1985 年 4 月，以胡鲁拉为团长的斯里兰卡政府文化代表团在访华期间，来到位于四川成都的四川尼众佛学

---

① ［斯里兰卡］维班底特法师：《今日中国的比丘尼》，［斯里兰卡］《星期日观察家报》1981 年 2 月 15 日。

② ［斯里兰卡］D. 阿摩那斯里·威尔那特拉作，邓殿臣校：《式刹摩那、中国比丘尼和戒律》，王晓东译，原载科伦坡青年佛学会《佛诞专刊》1992 年号，《法音》1994 年第 1 期。

③ 章庆：《斯中协会代表团访问中国佛教协会》，《法音》1983 年第 5 期，第 48 页。

院访问调研。胡鲁拉团长发表讲话，鼓励在校尼众发扬铁萨罗精神，为中斯交流做出贡献。①

　　1992 年 7 月，斯里兰卡佛教会会长维普拉萨拉长老访华期间，与四川尼众佛学院院长隆莲法师交谈，双方再次讨论如何将比丘尼僧团介绍到斯里兰卡，及斯里兰卡尼众来华受戒的具体事宜。② 在此之前，中国佛教协会已经在位于成都的铁像寺内建造起一栋小别墅，是为即将来中国受戒的斯里兰卡尼众而准备。维普拉萨拉长老进入别墅观看，高度赞赏中国佛教为恢复比丘尼戒传承而做出的努力。

　　长期以来，中国被认为是佛教的第二祖国，因为除了阿育王朝之外，中国对佛法的传播有极大的贡献。这种评价的形成与中国保存完好的比丘尼戒的传承有极大关系，被认为是"更没有其他地方能与相比了"③。

第五节　方外之人研究——以法显、法舫为中心

　　在中斯两国漫长的佛教交流史中，僧侣群体无疑是沟通连结中国与斯里兰卡两国佛教文化交流的主要群体，出现了数位在两国佛教交流中做出过突出贡献的高僧。这一群体或亲至中国或斯里兰卡去弘法或传法或在著作中详细记录了斯里兰卡的佛教文化状况，为了解和研究古代中斯佛教文化交流情况提供了可靠的依据。其中一些关键僧侣，成为在当代中斯佛教交流中起到积极作用的中心人物：前有东晋高僧法显以私人身份前去斯里兰卡求法，开启千年佛缘；后有法舫法师两度出国讲学传教，不仅使大乘佛教在东南亚和南亚得到进一步弘扬，并且为中斯文化交流做出了巨大贡献。

---

　　① 郑建邦：《访问四川尼众佛学院》，《法音》1985 年第 5 期，第 44 页。
　　② 净因：《斯里兰卡维普拉萨拉长老访华》，《法音》1992 年第 10 期，第 41 页。
　　③ ［斯里兰卡］诺尼瑟罗：《佛教的社会责任》，《法音》2006 年第 5 期，第 16 页。

一 当代法显研究

法显作为有史可考的首位踏上斯里兰卡土地的中国僧侣，在斯里兰卡一直有着极高的知名度，可谓是无人不知无人不晓，无疑是中斯佛教文化交流的一座丰碑。法显对师子国（斯里兰卡）佛教文化记载甚详，以自身经历和实地见闻记述了一千五六百年前斯里兰卡的历史、地理和宗教状况，具有极高的真实性，亦是研究斯里兰卡佛教的重要史料来源。《佛国记》中所记关于斯里兰卡的部分，大概占全书的八分之一。书中所记，皆是法显所到之地和所见所闻之事，行文朴实无华，无浮夸华丽之词；此外，作为一名谨守戒律、严格实行雨季安居的僧人，其文中所记的日期真实不虚，可信度极高，为学界研究当时的中斯佛教交流提供了方便，还可以据此推断某件与此有关的斯里兰卡历史事件的年代。

> 佛至其国，欲化恶龙。以神足力，一足蹑王城北，一足蹑山顶，两迹相去十五由延。于王城北迹上起大塔，高四十丈，金银庄校，众宝合成。
> 塔边复起一僧伽蓝，名无畏山，有五千僧。[1]

法显就自己在斯里兰卡的亲历见闻，记录下这一则具有奇幻色彩的传说，从侧面说明了当时斯里兰卡民众借助佛足迹崇拜和供养，给予佛教巨大热情。法显所记，也是将佛足迹崇拜与度化恶龙联系起来的最早文献实证，后世玄奘在《大唐西域记》中也记载西北印度佛足迹与降伏毒龙之事，应受到法显记录的影响，或者"当初可能有一个共同的源头"[2]。

又如"王宫侧有佛牙精舍，高数百尺。莹以珍珠，饰之奇宝。

---

[1] （东晋）沙门释法显撰，章巽校注：《法显传校注》，中华书局2008年版，第128页。

[2] 李静杰：《佛足迹图像的传播与信仰——以印度与中国为中心》，《故宫博物院院刊》2011年第4期，第33页。

精舍上建表柱，置钵昙摩罗伽大宝，宝光赫奕联晖，照曜昼夜，远望烂若明星。王以佛牙日三灌洗，香水香末，或灌或焚，务极珍奇，式修供养"① 等，斯里兰卡的著名历史文献《大史》记载了许多关于佛教历史的内容，其中对中国人到锡兰岛上寻访建立的寺庙和僧侣住所亦有所记录。② 法显所著《佛国记》首被阿贝尔勒缪瑟（Abel Remusat）翻译成法文，勒缪瑟对其进行了评论。勒缪瑟去世之后，Klaproth 和 Landresse 又加入一些新的材料，于 1836 年在巴黎将这部译著及评论进行了修订并出版。《佛国记》为了解和研究公元 5 世纪初斯里兰卡的佛教情况提供了可靠的依据，同时也弥补了《岛史》《大史》等斯里兰卡本国历史著作的不足。

　　斯里兰卡学者 S. G. M. Weerasinghe 在《中国与斯里兰卡文化交流史》一书中对法显高度赞扬，不吝褒奖，认为法显大师是历史上中斯两国和睦关系的缔造者。③ 1980 年代，斯里兰卡佛教会会长维普拉萨拉长老访华时，对法显也曾有此类的表述，"1500 年前，法显法师到师子国游学，开创了中斯两国友好交往之先河"④。这一观点基本可以代表斯里兰卡学界及整体社会，法显取经之事被刊印入该国国民刻本，斯里兰卡民众对其保有尊崇之情。

　　这种尊崇之情主要分为两个层次。其一基于信众视角："（法显）是伟大的僧人，是百折不挠的菩萨，他全身心奉献给了佛教，他的光辉人格为世人树立了楷模。"⑤ 斯里兰卡自古便是佛国，民众多为佛教徒，以教徒自我情感投射审视法显事迹。法显为求佛法，年逾花甲而舍身西行，不仅具有虔诚、自律、忘我、坚韧等美德，

　　① （唐）玄奘、辩机原著，季羡林等校注：《大唐西域记校注》，中华书局 1985 年版，第 880 页。
　　② Mhanama，XV，p. 99.
　　③ S. G. M. Weerasinghe, *A History of the Cultural Relations between Sri Lanka and China*, *An Aspect of the Silk Route*, Colombo：Ministry of Cutural Affairs，1995，p. 103.
　　④ 净因：《斯里兰卡维普拉萨拉长老访华》，《法音》1992 年第 10 期，第 40 页。
　　⑤ Balangoda Ananda Maitreya Maha Thero, *Fa-Hsien*, Maharagama：Saman Press，1958，p. ii.

且译经救度世人，使佛教在中土得到进一步传播。其二是基于他者视角：法显作为万里之外异域而来的大乘佛教僧人，对当时所见的斯里兰卡佛教社会种种现象如实记载，尤其是对遇到的小乘僧侣的品格与德行都有着高度评价①。文字中丝毫没有因派系、国别带来的偏狭，令被记录的斯里兰卡族群感动。

改革开放之后，赵朴初会长在访问斯里兰卡时，亦发现法显在该国声名远播，"法显法师在中国很多人还不知道他的名字，而他在斯里兰卡则是妇孺皆知的人物"②。斯里兰卡人对法显的尊崇体现在各个方面。据文献所载，法显曾于东晋义熙六年（410）至七年（411）在无畏山寺（Abhayagiri Vihara）研习佛经，在其每次从圣城阿努拉德普勒出发去圣足山礼佛时，需在宝石城附近的一个可容纳千人的山洞停留修整、诵经坐禅。当地人感于法显的虔诚与坚韧，将这一洞穴以法显命名，史称"法显石洞"；法显洞所在的山下村庄被称为"法显石村"，村中寺庙被称为"法显庙"。

法显洞位于今斯里兰卡西部省份卡鲁塔热区的布拉特辛哈（Yatagampitiya）村，距离首都科伦坡约五十英里。1940 年 2 月，由太虚、苇舫、惟幻等法师组成的中国国际佛教访问团曾前去法显洞参观，向当地佛教界提出希望保护此历史遗迹。③ 太虚大师作《法显洞仿古》一诗，并手书"法显洞"三个汉字，请当地僧人将字镌刻在洞口的上方。但因种种原因，此事最终未能如愿。

1968 年，斯里兰卡考古学会相关负责人 S. U. Deraniyagala 首次对该洞穴遗址进行实地考察，在 1968 年至 1988 年担任考古调查部主任的 W. H. Wijepala 则主持了这次发掘工作。1980 年代，中斯佛教界恢复往来之后，重建法显村一事被提上日程。法显庙主持维沃

---

① Wimal G. Balagalle, *Fahienge Deshatana Vartava*, Boralesgamuva: Visidunu, 1999, p. 21.

② 赵朴初：《在中国佛学院本科毕业典礼上的讲话》，《法音》1984 年第 5 期，第 15 页。

③ 太虚：《从锡兰佛教的和合说到中国佛教会的整理》，《太虚大师全书》（第二十七卷），宗教文化出版社 2004 年版，第 591 页。

罗·昙摩朗西长老生前与当时的财政部长罗尼·德梅尔联名向中国政府写信，提出要修复法显遗留下的文物古迹，重建法显石村，中国政府因此调拨二百万卢比的援助专款专用，对法显村进行修复援建。法显村的重建工程始于 1981 年 7 月 16 日，内容包括修建居民住宅、扩建学校、铺设道路、重修法显庙和香客休息室等。①重建工程的开工仪式不仅有财政部部长罗尼·德梅尔、农村及发展部部长维马拉·坎南加拉夫人、中国驻斯大使高锷等双方国家政要人物，还云集了两千多名当地群众与佛教徒，由此可见法显在斯里兰卡的声望。

　　建成后的法显石村被赋予联结中斯两国友谊的神圣使命。这些房子规格统一、规模整齐，一座村落一般由几十所至上百所住房组成。房子采用砖墙瓦顶，内外墙四白落地，褚红色瓦顶，十分漂亮。住房建筑形式仍是传统式，由两间居室、一间门厅和厨房、厕所组成，窗子还是开在山墙两侧或后面。②时任斯里兰卡总统亲自为其立碑，用中文和僧伽罗文铭刻"斯中友谊村——法显石村"，置于村口。在昔年法显栖身山洞基础上建成的大卧佛寺，如今香客络绎不绝，寺中常年驻有僧侣四十余众，也有在读的高校学生在此学习佛法。

　　斯里兰卡佛教界对法显的研究与纪念也一直持续。早在 1960 年 10 月，中斯两国政府就举办了以纪念晋代高僧法显法师赴斯里兰卡取经一千五百周年为主题的中国佛教图片展，法显俨然被视为中斯两国人民友谊的代名词。③ 1992 年，时值法显圆寂一千五百周年，在华访问的斯里兰卡佛教会会长维普拉萨拉长老提出，年底将在斯里兰卡举行盛大佛教集会，以纪念法显法师。④ 中斯两国佛教代表团互访时，也都强调法显在两国佛教交流中的重要意义，不仅认为

---

① 慕显：《斯里兰卡的法显洞》，《法音》1983 年第 6 期，第 77 页。
② 赵定成：《斯里兰卡民居一瞥》，《北京房地产》1994 年第 3 期，第 52 页。
③ 光泉：《中斯佛教界友好交流源远流长》，《中国民族报》2016 年 11 月 15 日。
④ 净因：《斯里兰卡维普拉萨拉长老访华》，《法音》1992 年第 10 期，第 41 页。

"应以法显法师为榜样，共同为巩固和发展中斯两国人民的传统友谊作出新的贡献"①。

在法显所处的公元5世纪，佛教无疑是一条最坚牢的密切中斯关系的纽带；即使在当下，佛教依旧若一条金线贯穿着整个交流史。法显以私人身份前去斯里兰卡求法，不仅为中国带来了宝贵的经书，也留下动人故事，对两国皆有特别的意义。在国家间的政治外交中，往往以佛教文化作为互信的基础，2015年，也就是"21世纪海上丝绸之路"倡议提出后的第二年，习近平主席出访斯里兰卡，在演说中从"法显开启的千年佛缘"②谈起，畅谈友好相处、互利合作的愿景，阐述了从历史纽带到实现未来伟大梦想的美好期待。而四年前的2011年，正值法显西渡斯里兰卡一千六百周年，由中国佛教协会、斯里兰卡驻华使馆联合主办，中国佛教文化研究所、北京灵光寺承办的"法显的足迹——纪念法显西渡斯里兰卡1600周年学术研讨会"已在北京灵光寺隆重举行。时任斯里兰卡驻华大使K.阿穆努伽玛亲自参会并致辞，将佛教的友好往来视为中斯之间政治互信的文化前提，表示"通过这个活动来纪念法显将中国与斯里兰卡建立联系，希望踏着法显古老的足迹进一步密切中国与斯里兰卡之间的关系"③。两国政府间借佛教文化交流进一步加强国家间全面合作的意图已不言而喻。

二　当代法舫研究

法舫法师不仅是我国现代僧人走向国际弘法讲学的先驱者，也是现代佛教国际化的推动者。民国时期，受当时世界上佛教复兴运动的影响，太虚大师萌发创办世界佛教联合会的思想，并于1923年于大林寺做尝试践行，"初以严少孚竖一'世界佛教联合会'牌于

---

① 张开勤：《中国佛教代表团访问斯里兰卡》，《法音》2001年第5期，第31页。

② 习近平：《做同舟共济的逐梦伙伴》，[斯里兰卡]《每日新闻》2014年9月14日。

③ 中国佛教文化研究所：《佛学研究·在"法显的足迹——纪念法显西行斯里兰卡1600周年学术研讨会"上的致辞》，《佛学研究》2011年总第20期，第3页。

讲堂前"①。太虚大师高足法舫撰写《世界和平与佛教新运动》，号召全世界佛教徒联合起来，成立佛教组织，宣传救世主义，反对战争。② 抗战爆发后，太虚大师率佛教团体出访东南亚、南亚等国，宣扬佛教理念及抗日主张。其主办世界佛教联合会的想法与锡兰佛教会会长马拉拉塞克拉博士不谋而合，然而由于日本帝国主义对整个亚洲的侵扰，此事搁浅，直至太虚大师圆寂，世界佛教联合会也未能如愿建成。

1943 年，法舫自印度转道锡兰，受马拉拉塞克拉博士邀请，在锡讲学、校对中文《阿含经》，同时协助马拉拉塞克拉博士筹建世界佛教徒联谊会。1946 年，法舫法师离开锡兰返回印度时，锡兰报纸给予大规模报道："（法舫）给锡人，尤其是佛教徒的印象极好，所以他在离锡之时，锡兰数家报纸均会刊登他的照片和著问介绍赞叹。"③ 法舫法师被认为是继东晋法显之后的第一人。

世佛联自太虚大师而起，却由法舫法师协力承办；太虚法师所希望的 "增进这两个佛教国家的亲密的关系"④，法舫承师夙愿，得到了结果：1950 年 5 月 22 日，首届世佛联大会于科伦坡召开，法舫不仅参与筹备，且作为中国佛教代表参会，成为中国首位世佛联执委会成员。会议中，法舫向各国僧众讲述中国佛教理念、介绍新中国的宗教政策。之后，法舫留在锡兰（斯里兰卡）智严东方学院，为高校学子讲授《中国佛教史》与《中国大乘佛教文化》，直至 1951 年病逝于此。

法舫一生致力于将中国佛教推向世界，被学界称为是 "玄奘以来第一人"⑤。且与锡兰有着极为深厚的渊源，颇受锡兰佛教界尊重："法师谈笑风生，诲人不倦，在锡兰享有极崇高之盛誉，为中国增光

---

① 释印顺：《太虚大师年谱》，中华书局 2011 年版，第 160 页。
② 法舫：《世界和平与佛教新运动》，《海潮音》1933 年第 14 卷第 5 期。
③ 了参、光宗：《上太虚大师书》，《海潮音》1946 年第 27 卷第 11 期，第 36 页。
④ ［斯里兰卡］马拉拉塞克拉：《世界佛教徒联盟》，《海潮音》1946 年第 27 卷第 9 期。
⑤ 梁建楼：《世界佛教徒联谊会的建立——太虚与法舫对世佛联的贡献》，《世界宗教研究》2014 年第 4 期。

不少。"① 若说法显大师代表古代中斯间的深厚情谊，尚属单线式的往来；则法舫法师便意味着现代中斯佛教携手走向国际舞台，着眼于全球，扎根于未来。

当代佛教交流不止于僧团往来，而是应将佛教之博爱宣传于全世界；不止限于狭义的宗教往来，亦应包括慈善文化、教育宣传等。因此，法舫法师与马拉拉博士所传导的佛教国际化与包容互鉴精神契合当代文化特质，"世佛联"为中斯两国搭建的国际舞台成为当代中斯佛教交流的中心点。

新世纪以来，与高僧法舫相关的部分活动在中斯佛教交流中展开：2014年，法舫法师诞辰110周年学术研讨会在北京举行，中斯佛教代表参会讨论；次年，法舫法师逝世六十六周年之后，"法舫大师舍利返乡迎送法会"在斯里兰卡举行，河北佛协副会长明勇法师率团赴斯里兰卡凯拉尼亚大学智严佛学院，迎请法舫法师舍利回国安奉。感于法舫法师对两国佛教乃至对世界佛教的贡献，凯拉尼亚大学校长、智严佛学院院长善法长老亲自迎接迎请团一行。②

由法舫法师与马拉拉博士倡议成立的世佛联（World Fellowship of Buddhists——WFB）更是成为两国僧侣交流乃至佛教交流的中心。斯里兰卡籍"世佛联"秘书长攀洛每年均到访中国，参与多项佛教活动；此外，2014年10月16日至18日，第二十七届世界佛教徒联谊会大会在释迦牟尼佛指骨舍利供奉地——陕西宝鸡隆重召开，多名斯里兰卡僧团长老及政界要人亲临或电贺。2010年，第二十五届世佛联大会上，中国佛教协会副秘书长张琳作为执委成员，加入了"世佛联"执委会，这将更有利于世佛联和中国佛教界之间的互动与合作。

法舫法师圆寂多时，而其为中国佛教所作的贡献却经久不衰，留芳至今。其倾注了毕生心力的世佛联不仅成为凝结两国佛教徒来

---

① 冯公夏：《忆法舫法师》，《无尽灯》1951年第1卷第2期。
② 梁峰霞：《"法舫大师舍利返乡迎送法会"在斯里兰卡举行》，《法音》2005年第12期。

往的关键点，并且对世界佛教团体的友好合作与协同发展产生了难
以估量的巨大影响。

历史上的友好往来，尤其中华知名僧侣如法显、义净给斯里兰
卡佛教徒及一般民众带来美好的历史文化记忆。民国时期，华侨撰
文记载锡兰社会文化现状，曾提及岛上至今仍广泛流传着法显大师
取经的故事，"锡兰人当他是一个贵宾"①，且在书中对他有较为详
细的记载。

时至民国时期，锡兰民众还对赴锡求法的中国僧侣投射了历史
累积形成的好感，"博得此间新哈利斯（Sinhalese）民族热烈欢迎与
爱护，盖新族约四百万人，几无不信佛法者，彼等目吾人为法显、
义净"②，古代求法高僧的历史影响力可见一斑。

---

① 张庆彬：《华侨在锡兰》，《西风（上海）》1945 年第 75 期，第 227 页。
② 慧松：《致隆定法师书》，《佛教日报》1936 年 7 月 27 日。

第 四 章

古代中斯方外交流的
海洋人文因素

在中国与斯里兰卡逾越千年的文化交流史中，佛教交流始终占据着主要地位。两国僧人频繁往来，或师子国僧侣入华持戒、传法，或中土僧侣西去求经，为两国交流史书写了许多动人的篇章。海上丝绸之路倡议为当代学人拓展了视域，足以窥见海洋文化观照下的中斯佛教交流，以及其中鲜明的海洋人文因素。

前人们对中斯佛教交流的认识往往只是以时间为序，分割为古代段、现代段和当代段——这种分类有其内在逻辑性，但若只以时间为序做考察，则会陷入一种思维定式中，将两国佛教文化交流的认识分割为"时空段"，忽略了中斯佛教交流的整体特征与脉络。古往今来，中国与斯里兰卡之间的佛教文化交流一直依赖海洋而进行，海洋不仅是地理空间，更是让我们有机认识中斯佛教交流的背景空间，中斯佛教交流也由此生发出鲜明的海洋人文因素。

第一节　海上交流路线

中国与斯里兰卡佛教文化交流途径大致分为海路与陆路，取海道时多属自中国去印度的中转站：学界素有"古代中国与印度之交通线有三：一为由四川经云南，入缅甸，然后至印度；一为由新疆，出葱岭而南下；一为由海道而往，多在锡兰（斯里兰卡）登陆，然后北上"① 之类的观点。

在阐释海上交流路线之前不得不先提及陆路，以期做较为明显的对比。陆路东起渭水流域，向西通过河西走廊，经过西域诸国抵达南亚印度，再取海道，乘舟驶向斯里兰卡。法显等僧侣自中土前去斯里兰卡时，所行的路线乃是通过河西走廊及西域诸国等，南下印度、斯里兰卡等国家。以法显所行为例②：

表4—1　　　　　　　　　　　法显取经路线一览

时间	地点	本事
隆安三年（399）	西秦国都（兰州西部）	进行"夏坐"
隆安四年（400）	南凉（青海西宁东）	
	北凉·张掖	"张掖大乱，道路不通"，得凉王段业帮助，驻留于此与智严、宝云、慧简、僧绍、僧景等相遇，共行"夏坐"
	敦煌	受太守李暠供给
	鄯善（新疆若羌）	居住一月
	焉夷（新疆焉耆）	与宝云等僧再度会合
隆安五年（401）	于阗（新疆和田）	停留三月，观看佛诞节佛像游行
	竭叉国（新疆喀什）	观看国王做般遮越师"汉言五年大会也"、佛唾壶
	子合国（新疆叶城）	
	于麾国（新疆塔什库尔干）	夏安居
	罽宾国瓦罕走廊	

---

① 方豪：《中西交通史》，上海人民出版社2008年版，第121页。

② 表格中的地点一栏内，括号里为现今地名。

续表

时间	地点	本事
元兴元年 （402）	北天竺·陀历国 （巴基斯坦北达的 斯坦附近）	"此国僧人，皆奉小乘"，观木刻弥勒佛像"佛像 立于佛祖涅槃后三百年"
	乌苌国（印度河上游及 瓦斯特区）	"此国寺庙五百，皆小乘学"，夏坐安居
	竺刹户罗国 （巴基斯坦拉瓦尔品第西北）	
	弗楼沙国 （巴基斯坦白沙瓦）	起塔建寺供养"佛钵"，有僧七百余人
	那竭国	礼拜供养"佛顶骨"……瞻礼城南石室中"佛影"
元兴二年 （403）	罗夷国 （巴基斯坦拉基）	夏坐安居
	跋那国（腊江腊尔）	
	毗荼国 （巴基斯坦乌奇）	佛法兴盛，兼奉大小乘教
元兴三年 （404）	僧伽施国 （印度卡瑙季）	夏坐安居
	中天竺各国	瞻礼多处佛陀遗迹
义熙四年 （408）	多摩梨帝国 （西孟加拉邦米德纳普尔的 塔姆卢附近）	"寺广僧众，佛法亦兴"，居住两年写经、描画 佛像。 "载商人大船，泛海西南行，得冬初信风，昼夜十 四日到师子国"①。
义熙五年 （409）	狮子国 （斯里兰卡）	自多摩梨帝国海口搭乘商船离开天竺抵师子国

① （东晋）沙门释法显撰，章巽校注：《法显传校注》，中华书局2008年版，第125页。

　　法显一路翻山越岭，所行甚苦，但自天竺各国前去师子国时，亦需搭载商船抵达。盖因师子国天然孤岛的地理特征，所以僧侣往来无论是取海路还是陆路，都需乘舟进出。由此可知，海路是中斯佛教交流所无法替代的途径。兼之相比海路，陆路所耗费时间、精力更多，一路行来苦不堪言，因此，在两国交流发展中，海路逐渐替代了陆路，成为友好往来的最重要的途径。

　　南海海上通道是中国古代与域外贸易交通及文化交流的海上管道，在历史上，有"海上陶瓷之路"及"海上香料之路"等称呼，行至19世纪，亦命名为海上丝绸之路。海上丝绸之路虽于近代得名，但其内涵概念却是古已有之，在寻求其现代意义的同时，须对其进行究本溯源，以期能够全面把握。

　　19世纪70年代，德国地质学家李希霍芬（Ferdinand von Richthofen）将在中国科考的见闻研究写入《中国，亲身旅行的成果和以之为根据的研究》一书，书中首次提出丝绸之路这一概念，德文作Die Seidenstrasse①，自此该名称被中外学界接受，一直沿用至今。此处李希霍芬所指丝绸之路，专指陆地之道路，即汉武帝时张骞出使西域所开辟的，经西域将中国与中亚的阿姆河—锡尔河地区以及印度连接起来的丝绸贸易道路。1913年，法国汉学家沙畹（Edouard Chavannes）做突厥史研究时，又提出"丝绸之路有海、陆两道，北道出康居，南道为通印度诸港之海道"②的论点，三十年后，瑞典人斯文·赫定以国民政府"铁道部西北公路查勘队"队长的身份重走丝绸之路，完成《丝绸之路》一书，中有"在楼兰被废弃之前，大部分丝绸贸易已开始从海路运往印度、阿拉伯、埃及和地中海沿岸城镇"③之类的论述，可视为对沙畹观点的继承。至20世纪60年

---

　　① Ferdinand von Richthofen, *China, Ergebnisse eigener Reisen und darauf gegründeter Studien*, Berlin, 1877, Bd. Ⅰ.

　　② ［法］Edouard Chavannes：《西突厥史料》，冯承钧译，中华书局2004年版，第137页。

　　③ ［瑞典］斯文·赫定：《丝绸之路》，江红、李佩娟译，新疆人民出版社1996年版，第212页。

代，布尔努瓦夫人将公元 1 世纪中国货物运入印度至罗马的道路分为三条，其一途经西亚，其二为"缅甸之路"，其三为海路："它从中国广州湾（今湛江市）的南海岸出发，绕过印度支那半岛，穿过马六甲海峡，再逆流而上，直至恒河河口……"① 此后，日本学者三杉隆敏在其学术著作《探索海上丝绸之路——东西陶瓷交流史》中，明确提出"海上丝绸之路"的概念②，后"海上丝绸之路"得到诸多学者沿用。

就宏观背景而言，佛教传播与海上丝绸之路的变迁密不可分，僧人沿海路来到各国沿海城市，继而传播佛教，因此这些沿海地区往往成了宗教中心，拥有一批最早的佛教传播者。③ 这种情况在海上丝绸之路的沿线国家甚为常见，尤其论及印度洋宝渚斯里兰卡。

早在西汉时期，汉朝使者便乘船至已程不国（斯里兰卡），《汉书·地理志》中也记录了当时从中国到马来半岛、印度东部及斯里兰卡的路线。学界普遍认为，以当时的自然条件及科技水平，印度及锡兰一带是中国所能到达的最远地域，"当时中国商船已由南中国大港出发，沿途访问东南亚一些国家，最后到印度和锡兰"④。虽可乘舟至锡兰，但海路辗转危险，因风波艰阻而致沉溺之舟不可计数，所以陆路依旧是僧侣往来的第一选择。或由四川经云南入缅甸，然后再去锡兰；或向西北而行，越过葱岭而南行至印度，再取海道到锡兰。海上丝绸之路于东汉时期彻底贯通，桓帝延熹九年（166），中国丝绸等物又经越南与缅甸等地，由海路传至印尼、印度等南亚地区，再传至欧洲。

锡兰在中国与罗马航线的中间地带，古罗马作家盖乌斯·普林

---

① ［法］布尔努瓦：《丝绸之路》，耿昇译，山东画报出版社 2001 年版，第 45 页。

② ［日］三杉隆敏：《探寻海上丝绸之路——东西陶瓷交流史》，大阪创元社 1968 年版。

③ ［越南］社会科学院历史研究所：《越南古都市》，越南社会科学院 1989 年版，第81 页。

④ 朱杰勤：《中外关系史论文集》，河南人民出版社 1984 年版，第 3 页。

尼·塞孔都斯（Gaius Plinius Secundus）在《自然史》中，曾提到一位在红海旅行遭遇暴风雨，在海上漂流 15 天后到达斯里兰卡的一位监税官，其人在斯国居住半年后，同斯国使节 Rachias 一起返回罗马，而据斯国使节说，自己的父亲曾到过"赛里斯国"[①]。另据公元 1 世纪著名文献 *Milindapanaha* 所记载，斯里兰卡南部的曼泰海峡联结着中国与红海的海洋线路，可以到达包括中国东部沿海在内的远东港口城市。[②] 由此可知斯里兰卡在相当长的一段时间，在中国与罗马之间起到了连接东西方航线的作用。可见早在两千年前，斯里兰卡已是远洋航线上不可或缺的一环，对水手、航海者、宗教与政治外交群体都有着巨大的吸引力。[③]

魏晋六朝时期，南海海上通道得到了较大的发展，中国远洋路线最远到印度与斯里兰卡。此期间，一些求法僧人自中国去斯里兰卡，一般选择从内地来到临近南海的南方港口，如广州、交州或爱州等等，在那里等候秋冬季风，搭乘商舶出海。航程若从广州始，则出珠江口后，经过占婆、室利佛逝、诃陵等南海大国，穿越马六甲海峡，进入印度洋末罗瑜等国，抵达师子国；航程若从交州始，则下北部湾，过占婆海域，进入南海，继而到达师子国。以东晋高僧法显为例，其取经时经由陆路，从中亚取道印度，又在孟加拉湾登船，经过十四天的航行，最终抵达师子国。在师子国居住两年之后，法显又经由海路返回中原。因此，法显是"我国第一个从陆上丝路出国去印度取经，由海上丝绸之路回国的高僧"[④]。相较经过西域各国的陆路，海路虽较为便捷，但亦有千难万险，据统计，海路、陆路西行求法，能学成归国者约占西行僧人总数的

---

① "赛里斯国"意为中国。罗马地理学家托勒密在其《地理学》一书中，记载过马其顿商人遣使到达彼时中国（Seres）首都 Sera（洛阳）一事，故 Seres 成为战国至东汉时期古希腊古罗马人对中国的称呼。

② Prasad P. C., *Foreign Trade and Commerce in Ancient India*, 1977, p. 31.

③ Bandaranayake S., *Sri Lanka and Silk Road of the Sea*, Introductory Note, Colombo: UNESCO, 1990, p. 9.

④ 陈炎:《海上丝绸之路与中外文化交流》，北京大学出版社 1996 年版，第 32 页。

四分之一，死于途中者亦四分之一，中途折回者似甚多，留外不归者颇少。①

据何方耀《晋唐南海丝绸弘法高僧群体研究》一书统计，六朝与隋唐时期沿海路往来中国与南海诸国的僧侣人数逐渐增多，但六朝时期域外僧侣入华者经海路的人数远远多于中华僧侣赴天竺取经者。其中域外传法僧如求那跋陀罗，先自中天竺行至斯里兰卡，再乘舟赴华，"皆传送资供，既有缘东方，乃随舶汎海"②，后于元嘉十二年（435）抵达广州。这一情况直到唐代麟德年间（664）之后才有所变化，此阶段中华僧侣经海路求法人数有较为明显的增长，人数多于异域来华弘法僧。③这种情况的形成有其特殊的历史背景：其一，此一时期，中华僧侣由被动接受域外僧侣来华传授佛法，变成赴国外引进佛法，此为"双向互动的全新阶段"。其二，至唐代，西域各国兴灭与前朝不同，自咸亨元年（670）安西四镇被吐蕃攻陷之后，唐王朝对西域的控制有所减弱；至大食军队横扫中亚，于天宝十载（751）与唐军在怛逻斯发生战争，唐军败退，陆上丝绸之路不复之前那般通行无碍。此时由中国前去斯里兰卡的求法僧，若选择陆路出行，则行程大致如下：

凉州——玉门关——高昌（今吐鲁番）、阿耆尼（今焉耆）——屈支（龟兹，今之库车）——逾越天山——大清池（今特穆尔图泊）——飒秣建（中亚细亚之 Samarkand）——铁门（在今 Derbent 之西八英里）——大雪山（今之 Hirdu Kush）

① 梁启超：《千五百年前之中国留学生》，载《中国佛教研究史》，生活·读书·新知三联书店1988年版，第65页。

② （梁）释慧皎撰，汤用彤校注，汤一玄整理：《高僧传》，中华书局1992年版，第131—134页。

③ 何方耀：《晋唐南海丝绸弘法高僧群体研究》，羊城晚报出版社2015年版，第21—22页。

东南行至犍陀罗（Gandhara 为印度境）。[①]

不仅耗时较久，且经历国家较多，极易生出波折。到达天竺之后，再自天竺境内搭乘商船抵达师子国。因此，海路成为彼时僧侣出行的第一选择，随着造船技术的日益提升，海上丝绸之路已逐渐成熟，是为"广州通海夷道"：

> 广州东南海行，二百里至屯门山（今广东深圳南头），乃帆风西行，二日至九州岛石（今海南东北海城七洲列岛）。又南二日至象石（今海南东北海城独珠石）。又西南三日行，至占不劳山（今越南岘港东南占婆岛），山在环王国东二百里海中。又南二日行至陵山（今越南燕子岬）。又一日行，至门毒国（今越南归仁）。又一日行，至古笪国（今越南芽庄）。又半日行，至奔陀浪洲（今越南藩朗）。又两日行，到军突弄山（今越南昆仑山）。
>
> 又五日行至海硖，蕃人谓之质，南北百里，北岸则罗越国（今马来西亚南端），南岸则佛逝国。佛逝国，东水行四五日，至诃陵国（今印度尼西亚爪哇），南中洲之最大者。又西出硖，三日至葛葛僧祇国（印度尼西亚苏门答腊东北岸伯劳威斯），在佛逝西北隅之别岛，国人多钞暴，乘舶者畏惮之。其北岸则个罗国。个罗西则哥谷罗国。又从葛葛僧祇四五日行，至胜邓洲（今印度尼西亚苏门答腊日里附近）。又西五日行，至婆露国（今印度尼西亚苏门答腊北部西海岸大鹿洞附近）。又六日行，至婆国伽蓝洲（今印度尼科巴群岛）。又北四日行，至师子国（今斯里兰卡），其北海岸距南天竺大岸百里。[②]

---

① 汤用彤：《隋唐佛教史稿》，武汉大学出版社 2008 年版，第 69 页。
② （宋）欧阳修、宋祁：《新唐书》，中华书局 1957 年版，第 1153 页。

据《新唐书·地理志》可知，唐朝的南海交通航线大致分为四段：广州至马六甲海峡为第一段；马六甲海峡至斯里兰卡为第二段；由印度半岛西部沿海西北行，至波斯湾为第三段；从东非沿海北溯至波斯湾为第四段。中世纪时期，此为印度洋上的主要航线之一，日本学者认为，这也是海路进入波斯湾的两航路之一，① 彼时的海上丝绸之路，"是八九世纪世界最长的远洋航线，也是东西方最重要的海上交通线"②。斯里兰卡成为沟通东西方海洋贸易的中转环节：从广州出发到斯里兰卡，单程历时一个半月左右；阿拉伯旅行家苏莱曼在《中国印度见闻录》中，也提及从故临（斯里兰卡）前行两月至占不牢山，再前行一月余至广州的事。

海路出行的唐朝义净法师曾详细记载了中印之间的航海路线，斯里兰卡为其中重要一环：

> （耽摩立底国）即是升舶入海归唐之处，从斯两月泛舶东南，到羯荼国，此属佛逝。舶到之时，当正二月。若向师子洲，西南进舶，传有七百驿。停此至冬，泛舶南上，一月许到末罗游洲，今为佛逝多国矣。亦以正二月而达，停止夏半，泛泊北行，可一月余，使达广府，经停向当年半矣。③

由此可知，唐朝通往斯里兰卡的海上丝绸之路，主要是南海航道，即经由广州、交趾（今越南河内附近）等地前往印度，且大多需经过室利佛逝至末罗瑜、羯荼国，然后才能到达斯里兰卡。至斯里兰卡之后，一部分僧侣继续向东印度进发，斯里兰卡成为中印之

---

① ［日］三上次男：《陶瓷之路》，李锡经、高善美译，文物出版社1984年版，第90页。

② 李庆新：《海上丝绸之路》，五洲传播出版社2006年版，第39页。

③ （唐）义净著，王邦维校注：《南海寄归内法传校注》，中华书局1988年版，第14页。

间必经之地。另一条海路航程则是经由诃陵国（今印度尼西亚爪哇岛），向末罗瑜，最后到达斯里兰卡。

从唐朝时起，赴斯里兰卡的僧侣多由海路出行，而又由于唐朝佛教的繁荣，亦吸引着斯里兰卡从海路乘船来中原弘法：因此，海路已经成为中斯僧侣出行的第一选择。开元三大士之一的金刚智与弟子不空来华亦通过海路，"南印度摩赖耶国人，婆罗门种，幼而出家，游诸印度。……闻大支那佛法崇盛，遂泛舶东逝，达于海隅。……（于）师子国勃支利津口，逢波斯舶三十五只。……又计海程十万余里，逐波泛浪，约以三年，缘历异国种种艰辛，方始得至大唐圣境"①。由此可知，南印度人金刚智亦是从师子国勃支利津口乘船而来中土弘扬佛法，途经室利佛逝等二十余国，历时三载方至广州。

这一航线的开辟，突破了以往航线以斯里兰卡为中转站的局限，海上远洋东西相连，中国与欧洲直接产生文化贸易往来，但这一时期，斯里兰卡依旧属于海上丝绸之路上重要的一站。唐代南海通道的成熟使得中斯交通较之陆路可节省大量时间，因此，海路代替陆路，成为中斯僧侣往来的主要选择。以同样亲赴师子国取经的东晋法显与唐代义净两位僧人为例：法显去程为陆地，经过河西走廊及西域诸国，南下至天竺，再乘舟抵达师子国（斯里兰卡）；回程为海路，搭乘商船泛海东行，一路辗转颠沛，遇风暴在海上漂流三月之久，至耶婆提（苏门答腊）又长期停留，直到义熙八年（412）四月入青州，旅程近一年。而到了唐朝，义净两度渡海取经，往返皆是海路：首次西渡，于咸亨二年（671）自广州出发，远航至包括师子国在内的南海诸国，后于垂拱元年（685）乘船东归；永昌元年（689）第二次出海，至长寿元年（694）返回大唐。

---

① （唐）释圆照：《贞元新定释教目录》卷一四，《大正藏》第49册，第875页上—876页中。

据统计，仅有唐一朝，中华僧侣前往师子国求法者即有十三人，师子国僧侣赴华传法者有四人。① 此处所统计的求法僧及传法僧均在师子国逗留过一段时间，而若算上在师子国中转的中华僧侣及天竺僧侣，则数量更多。这些僧侣出行、赴华港口多选南方港口——除义净之外，唐代僧侣沿海路求法，所选择的出行港口除了广州之外，以交州为多。如曾在师子国意欲盗取佛牙的明远法师，"届于交址，鼓舶鲸波，到诃陵国。次至师子洲，为君王礼敬"②；无行禅师与智弘律师为伴，"东风泛舶，一月到室利佛逝国。……从此泛海二日，到师子洲，观礼佛牙"③ 等等。此外亦有选择广西等地港口，如义朗律师与智岸法师、义玄法师三人，自乌雷（今广西钦州附近）乘船求法，"既至乌雷，同附商舶。挂百丈，陵万波，越舸扶南，缀缆郎迦。……与弟附舶向师子洲，披求异典，顶礼佛牙，渐之西国"④。诸此种种。中国与斯里兰卡之间的海路在《大唐西域求法高僧传》中多有记载，经此海道去斯里兰卡者人数众多，据其《大唐西域求法高僧传》所记，求法僧往返次数约 72 次，走海路次数占比约 70%，可见当时的南海交通已较为成熟完善。

宋代因与西北诸国长期处于敌对关系，陆上丝绸之路基本已成为一纸空谈，而海上贸易异常兴盛。而此时在南海诸国，佛教已不处于鼎盛时期，因此，中斯佛教往来已不似唐代频繁。但域外商贸往来较之前朝更加频繁，至宋代，中国商船从泉州、广州等南

---

① ［斯里兰卡］索毕德：《古代中国与斯里兰卡的文化交流研究》，博士学位论文，山东大学，2010 年。

② （唐）义净著，王邦维校注：《大唐西域求法高僧传校注》，中华书局 1988 年版，第 68 页。

③ （唐）义净著，王邦维校注：《大唐西域求法高僧传校注》，中华书局 1988 年版，第 182 页。

④ （唐）义净著，王邦维校注：《大唐西域求法高僧传校注》，中华书局 1988 年版，第 73 页。

方口岸前往孟加拉湾、波斯湾沿岸及东非各港口的航线，大多以斯里兰卡为中转站。因此，斯里兰卡逐渐成为除沿安达曼海东岸航行的线路之外，中国前往次大陆的必经之地。得益于重要的战略位置，中世纪时期中斯交往之密切在中国与南亚地区的交往中首屈一指。

至元代，汪大渊由西亚返回时，至印度半岛西岸古里佛（今科泽科德一带）后，改由陆路至印度东海岸。元朝汪大渊两次进出斯里兰卡的路线基本如下①：

第一次：至顺元年（1330）——元统二年（1334）

去程：马六甲海峡——尼科巴群岛——斯里兰卡——马尔代夫——奎隆——柯钦——科泽科德——果阿——孟买——印度西北部——巴基斯坦——波斯地区。

返程：基本原路返航，返归南海

第二次：至元三年（1337）——至元五年（1339）

去程：尖喷——（横跨马来半岛）——克拉地峡——麻力温——丹老——莫塔马湾——孟加拉——马德拉斯——斯里兰卡——印度南端——奎隆——波斯地区。

返程：波斯地区——巴基斯坦——卡奇湾——孟买——科泽科德——（横跨印度半岛）——纳加帕蒂南——斯里兰卡——尼科巴群岛——凌加卫岛——（横跨马来半岛）——宋卡。

可见斯里兰卡印度洋中转站的重要位置更加突出，又因海上航线的日益成熟，人们对季风变化、航道信息的掌握更加全面，加之船舶制造工艺的发达，中斯两国的通行海路时间较之前有所减少。而明代费信在《星槎胜览》中所记载海上丝绸之路的路线及时间则更为详尽：

---

① 池齐：《汪大渊的南亚旅行及其记载的价值》，《铁道师院学报》1986年第1期，第118—124页。

表4—2　明代费信《星槎胜览》所载海上丝绸之路的路线及时间一览

航段	启程地	到达地	所费时间	备注
1	中国	占城	顺风十昼夜可至	于福建五虎门开洋，张十二帆①
2	占城（灵山）②	暹罗	顺风十昼夜可至	
		真腊	顺风三昼夜可至	
		交栏山	顺风十昼夜可至	
		爪哇	顺风二十昼夜可至	
3	爪哇③	旧港	顺风八昼夜可至	
4	旧港④	满剌加	顺风八昼夜可至	
5	满剌加⑤	苏门答剌⑥	顺风九昼夜可至	
		淡洋	顺风三昼夜可至	
		阿鲁	顺风三昼夜可至	
		锡兰山⑦	顺风十昼夜可至	
6	麻逸冻⑧	龙牙加貌	顺风三昼夜可至	
7	龙涎屿⑨	翠兰屿	五昼夜可至	
8	苏门答剌	龙涎屿	西去一昼夜可至	
		锡兰山	顺风十二昼夜可至	
		榜葛剌国	顺风七昼夜可至	
9	锡兰山（别罗里）	溜洋山	南去顺风七昼夜可至	
		卜剌哇	顺风二十一昼夜可至	
		古里	顺风十昼夜可至	

---

① （明）费信著，冯承钧校注：《星槎胜览校注》，中华书局1954年版，第1页。
② （明）费信著，冯承钧校注：《星槎胜览校注》，中华书局1954年版，第1页。
③ （明）费信著，冯承钧校注：《星槎胜览校注》，中华书局1954年版，第13页。
④ （明）费信著，冯承钧校注：《星槎胜览校注》，中华书局1954年版，第18页。
⑤ （明）费信著，冯承钧校注：《星槎胜览校注》，中华书局1954年版，第19页。
⑥ （明）费信著，冯承钧校注：《星槎胜览校注》，中华书局1954年版，第22页。
⑦ （明）费信著，冯承钧校注：《星槎胜览校注》，中华书局1954年版，第39页。
⑧ （明）费信著，冯承钧校注：《星槎胜览校注》，中华书局1954年版，第58页。
⑨ （明）费信著，冯承钧校注：《星槎胜览校注》，中华书局1954年版，第26页。

航段	启程地	到达地	所费时间	备注
10	古里①	忽鲁谟斯	顺风十昼夜可至	
		剌撒	顺风二十昼夜可至	
		佐法儿	顺风二十昼夜可至	
		阿丹	顺风二十二昼夜可至	
11	忽鲁谟斯②	天方③	顺风二十昼夜可至	
12	小喃喃④	木骨都束	顺风二十昼夜可至	

以此观之，按照费信当年航线，从中国福建五虎门出发，至斯里兰卡大约需花费三个半月（一百零五天）。而到了印度半岛附近，"商船风信到迟，则波涛激滩，乃载货不满，盖以不敢停泊也。若风逆，则遇巫里洋险阻之难矣，及防高郎阜沉水石之危"⑤。此处"高郎阜"即斯里兰卡现首都科伦坡之旧译。以上可看出，占城、满剌加、苏门答剌、锡兰山、古里等为重要航程中转站。据马欢所记载的航线，从帽山南面出洋，向东北航行三日经过翠蓝山，再由此向西航行七日至莺歌嘴山，再航行三两日至佛堂山，这时才到达锡兰国的码头别罗里，由此登陆，再北行四五十里即到王城。

中国古代舆图是古代中国出洋路线图最直观的证明之一。以现存的古代舆图来看，涉及海外国家的不在少数，但明确绘有斯里兰卡的则不多见，且多绘制于明代嘉靖以后，前期流传下的地图较为稀有。

在《混一疆理历代国都之图》中，印度并不很清晰，但在外形上还是大致可以识别出来。斯里兰卡就像印度脚尖上的一个圆球。⑥

---

① （明）费信著，冯承钧校注：《星槎胜览校注》，中华书局1954年版，第34页。
② （明）费信著，冯承钧校注：《星槎胜览校注》，中华书局1954年版，第35页。
③ （明）费信著，冯承钧校注：《星槎胜览校注》，中华书局1954年版，第73页。
④ （明）费信著，冯承钧校注：《星槎胜览校注》，中华书局1954年版，第31页。
⑤ （明）费信著，冯承钧校注：《星槎胜览校注》，中华书局1954年版，第64页。
⑥ ［英］菲利普·费尔南多—阿梅斯托：《1492：世界的开端》，赵俊、李明英译，东方出版中心2013年版，第205页。

地图上有关于斯里兰卡岛屿的地理轮廓的描绘，这是包括古代典籍在内的文字资料所不具备的。

表4—3　　　　　　　　　　明代舆图上的斯里兰卡

序号	图名	时间	所记名称	绘制者	备注
1	混一疆理历代国都之图	明·建文四年（1402）	锡兰山	李荟、权近	原图已佚，现存日本佚名1500年摹绘本
2	杨子器跋地图①	明·嘉靖五年（1526）	锡兰山	佚名	原图已佚，此为重绘本
3	皇明舆地之图	明·崇祯四年（1631）	锡兰山	孙起枢	重刊本

　　明朝中后期，政府始禁私人出海。至清朝，政府为防止沿海居民通过海上活动接济反清抗清的势力，在不同阶段均实行海禁政策：第一阶段，顺治年间三次下达"禁海令"，历时二十六年；第二阶段，康熙雍正年间的"南洋海禁"，历时十年；第三阶段，乾隆二十二年之后，陆续颁布了一系列海禁政策。有清一朝，海禁基本贯穿整个朝代。此政策虽自现实出发，但对中外交往起到了极大的阻碍，在这特殊的历史时代背景下，中斯佛教文化交流已难觅踪影。

　　中斯佛教交流与海路息息相关，于整个历史范围内的佛教传播而言，海上通道都是其最重要的途径之一。就地缘因素而言，首先，斯里兰卡作为印度洋海域的一个独立岛国，其经由海路发展与海外各国的关系，实为现实地缘因素下的必然选择。从中国去斯里兰卡，无法仅凭陆上丝绸之路便到达，必须取道海路。

　　其次，相较海路，陆路通行较为艰险。以法显为例，其取求真

---

① 曹婉如等：《中国古代地图集》（明代），文物出版社1995年版，第54页。

经所走的陆上丝绸之路极为艰辛，由西北越过葱岭戈壁、雪山大漠，路阻且长，所经历国家中如发生动乱，势必影响全线的畅通。相形之下，海路较为便捷，虽出没风波恐有性命之虞，但无疑更为方便。

再次，海路出行时间选择较为方便。中国海岸线绵长，南部如广州、泉州等地的出海港口终年不冻，不仅在出行时间选择上较为便捷，并且不受地面上众多国家的牵制，比较能够顺利出行。

最后，晚唐五代之后，陆上丝绸之路逐渐被切断。《唐大诏令集》中有"伊吾（今哈密）之右，商旅相继，职贡不绝"①的记载，唐朝无疑是自两汉以来东西陆路交通最鼎盛的时期。而唐玄宗朝天宝十载（751），唐朝军队与大食军队在怛罗斯（现葱岭以西，接近哈萨克斯坦塔拉兹地区）交战，唐军战败，此后，唐朝对西域控制力急剧下降。尔后的天宝十四载（755），"安史之乱"爆发，"数年间，西北数十州相继沦没，自凤翔以西，邠州以北，皆为左衽矣"②，陇右、河西相继沦陷于吐蕃，唐朝失去对西域地区的控制权，陆上中西通道在相当长的一段时间内被切断。唐五代至北宋建立之前，又经过长达两百余年的封建割据时期，昔日畅达的陆上中西交通不复存在。而有宋一朝，也终究未能摆脱来自北方马背民族的威胁：契丹、女真、党项族等民族先后在北方建立政权，由于西北少数民族政权的连续威胁与挤压，中原王朝的西北陆地丝绸之路的外交空间基本断绝；宋廷南渡后，自散关及淮河中流以北尽割于金，此后至崖山之役的一百五十年间，南北交通为之隔绝，更毋庸论陆上中西交通。

由以上所述可知，中国与斯里兰卡发展东南海路交通实为现实情形下的考量，乃势所必然。宋人已知海路对商贸、外交的重要性，

---

① （宋）司马光编著，（元）胡三省音注，"标点资治通鉴小组"校点：《资治通鉴》卷二二三，唐纪三十九，中华书局 1956 年版，第 7146—7147 页。

② 白寿彝：《中国交通史》，上海书店 1984 年版，第 127 页。

"于时宋已南渡，诸蕃惟市舶仅通，故所言皆海国之事"①。自宋之后，中外交通以海路为主要方式，而中斯海上交通也成为唯一的交流途径。

诚然，斯里兰卡对次大陆存在地缘安全忧虑，且对西方世界留有被殖民的民族集体记忆，但因中斯佛教文化交流所遗留下的历史因缘，使得斯里兰卡人对海上丝绸之路的态度较为正面，"（斯里兰卡人对）以经贸文化交流活动为主旋律的海上丝路采取欢迎态度，且这种态度在斯里兰卡存在广泛的民间和官方基础"②。中国与斯里兰卡的海上交流路线往往伴随着佛教文化交流及经贸活动，因此，古代海上丝绸之路带给中国与斯里兰卡两国的都是文化与经济层面的双重交流。

这种以商贸交往与佛教文化交流为主旋律、以中斯两国礼尚往来为主导的古代海上丝绸之路为两国所高度接受。在民间，经由海上丝绸之路发展的佛教文化交流在大众层面认知度极高，几乎所有斯里兰卡人都知道中国在相当长的一个历史时段中盛行佛教，而高僧法显到斯里兰卡取经的事迹亦是被写入斯里兰卡国民教育读本，家喻户晓。作为主体民族笃信上座部佛教的国家，斯里兰卡最乐于见到的就是推广佛教文化和开展佛教交流。而海上丝绸之路在历史上一直充当着佛教文化交流纽带，对推广发扬佛教起到巨大作用。

正是基于两国以佛教文化交流为主的友好历史往来，斯里兰卡大使及诸多官方人士多次在公开场合表述中国与斯里兰卡的关系是"大国与小国交往的榜样"③，同时也表露出对中国的国际关系理念的认同和支持。"海上丝绸之路的形成与发展使中国与其他国家的佛教交流更加频繁、畅通，这种交流是双向的，早期中国在吸取印度

① （宋）赵汝适著，冯承钧校注：《诸蕃志校注》，中华书局1956年版，第1页。

② 佟加蒙：《海上丝绸之路视域下中国与斯里兰卡的文化交流》，《中国高校社会科学》2015年第4期，第121—122页。

③ 蒋卫武、李建华：《斯里兰卡大使：中斯之交是大国与小国交往的榜样》，2008年5月8日，中国新闻网：www.chinanews.com/gj/kong/news/2008/05 - 08/1243184.shtml，访问日期：2017年4月21日。

佛教的思想后，与中国传统文化结合，形成了各种宗派，这些宗派又影响到其他国家"①，中国与斯里兰卡僧侣借助海上丝绸之路掀起求法、弘法活动的热潮，促进了两国佛教与文化的发展，也奠定了中国与斯里兰卡交流以文化交流为主、和平友好的基调。

第二节　船舶制造工业及航海技术

中国对海洋的研究与探测古已有之，"汉代已经掌握了关于航道、季风、洋流、天象等航海知识，海洋制造技术达到相当水准，海船生产也有一定规模，出土遗物和文献记载均可资证明"②。但在6世纪之前，因为航海技术不甚发达，所以远洋船舶出海时需沿着海岸线航行，以防中途迷路或遇到大风浪，这就导致在旅程中耗费大量时间；7世纪之后，航行者的航海知识与手段都有了明显提高，并在长期实践中积累了丰富的航海经验，因此，远洋船舶出海不再沿着海岸线而行，而是合理利用季风与洋流，以较短的时间通过马六甲海峡，继而到达斯里兰卡。

中斯佛教交流基本沿袭海上路线，往往伴随着经贸活动，因此，古代航海技术与船舶制造水平的提升为中斯两国商贸往来与佛教交流提供了便利条件。魏晋之后，中国出现了一批重要的沿海港口，如登州、扬州、明州、泉州、广州等。这些港口作为海丝之路的重要节点港口，中斯两国传法、弘法僧都随海洋商船至此，或启程或登陆。在魏晋之后，海外贸易日益繁荣，造船工艺与航海技术也日益发达，至宋南渡之后，"诸蕃惟市舶仅通，故所言皆海国之事"③，海外贸易基本全部依赖海路，造船工艺及航海技术也相应得到了进一步的提升。

---

① 陆芸：《海上丝绸之路在宗教文化传播中的作用和影响》，《西北民族大学学报（哲学社会科学版）》2006年第5期，第9—14页。

② 王子今：《秦汉交通史稿》，中国人民大学出版社2013年版，第181页—229页。

③ 冯承钧：《诸蕃志校注》，中华书局1956年版，第1页。

一　斯里兰卡的船舶制造及航海技术

斯里兰卡作为印度文化圈的国家，所遗留的文献史料与汉文史料相比，明显数量较少。古代斯里兰卡对海洋技术、船只制造工艺的记载源自铭刻，鲜少有具体的海洋技术材料及文献可以提供。"（斯里兰卡文献）其中所记大多没有早期船只的实际形状和尺寸，记录中的象征性图案只能在一定程度上反映斯里兰卡当时的港口、海关系统的一些信息，并没有提供相关的具体海洋技术材料。"[①] 在一些石刻中，如公元前 2 世纪在 Duwegala 的婆罗密石刻（Bhahmi）[②] 所显示的船舶图鉴，船头较高，船柁高大、船帆上扬。至近现代时期，部分深埋于河床中的斯里兰卡古代船只也陆续被考古发现，船型较大，且带有内陆水桨，呈现出海河两用船只的特点。又如在斯里兰卡南部港口 Gotapabbatha 发现的石器，经考古学家证实，是为远古时期斯里兰卡先民使用的简易石锚。[③]

除了近现代斯里兰卡考古发现之外，古代的域外旅行者及历史学家们在文献中对斯里兰卡造船水平亦有所记录，早在公元 1 世纪，古希腊历史学家普林尼便记载了印度洋上的船只，当时斯里兰卡船舶体型较大，承载能力较强，"斯里兰卡的船只运载了三千件双耳细颈瓶，重量大约有七十五吨"[④]，同时，普林尼提到斯里兰卡人所使用的远洋船舶在承载能力与船速上都有明显的进步。

相较斯里兰卡文献，中国典籍中对斯里兰卡古代海洋船舶的记载较为广泛。魏晋时期赴斯求法僧侣法显根据自身旅程过往，记述了自师子国乘海舶归国的行程，《佛国记》所记甚详。法显学成后，选择海路归国，其时，法显携带大量梵本佛经，在师子国搭乘一艘

---

① ［斯里兰卡］贾兴和：《斯里兰卡与古代中国的文化交流——以出土中国陶瓷器为中心的研究》，中山大学出版社 2016 年版，第 39 页。

② Paranavithana S. , *Inscription of Ceylon*, Colombo：1970，p. 270.

③ 凌纯声：《中国远古与太平印度两洋的帆筏戈船方舟和楼船的研究》，"中央研究院"民族学研究所 1959 年版，第 105 页。

④ Crindle M. C. , *Ancient India as Descried in Classical Literature*, 1901, p. 103.

客容纳超过两百人的远洋商船，与诸多做海外贸易的商人们同行。值得一提的是，此时远洋航海已经有风险意识，海洋商舶上出现了备用小舟，所谓"得此梵本已，即载商人大船，上可有二百余人。后系一小船，海行艰险，以备大船毁坏"①，可见彼时的海路已较为成熟，中斯往来商舶已有风险管控意识，于大船中装载备用艇，以防海难。且此船容载量颇为可观，能够一次容纳两百位旅客，并提供五十天的食物与淡水，再巧妙利用海洋季风与洋流，于很短的时间之内抵达耶婆提国，"舶任风而去，得无伤坏，经十余日，达耶婆提国"②。学界一般认为，法显所搭乘船舶为斯里兰卡商舶，即"师子国船"，持此观点者以日本学者桑原骘藏为代表，他认为"晋法显自天竺归回，所乘为师子国舶"③，因为当时师子国已海商云集，有能力制造出优质的远洋商船。

斯里兰卡卓越的造船能力及所使用的大型船舶在中国唐代文献资料中也有所展示，在唐代南部最大港口广州港一带——广州港在《道里邦国志》《中国印度见闻录》等阿拉伯文献中被认为是海上丝绸之路东方的终点，此处随处可见来自师子国的商舶。

唐代的广州港外，停靠着来自世界各国的商舶，其中以自南海驶来的商舶为多。杜甫的《送重表侄王砅评事使南海》一诗曰："番禺亲贤领，筹运神功操。大夫出卢宋，宝贝休脂膏。洞主降接武，海胡舶千艘。我欲就丹砂，跋涉觉身劳。"④ 诗句中的"海胡舶千艘"所指便是自南海诸国驶来的诸多船舶，其中师子国的商船不仅占一席之地，而且因船身巨大而为正史称道：

南海舶，外国船也。每岁至安南、广州。师子国舶最大，

①（东晋）沙门释法显撰，章巽校注：《法显传校注》，中华书局 2008 年版，第 142 页。
②（东晋）沙门释法显撰，章巽校注：《法显传校注》，中华书局 2008 年版，第 144 页。
③ ［日］桑原骘藏：《蒲寿庚考》，陈裕菁译订，中华书局 1929 年版，第 3 页。
④（明）朱鹤龄辑注，韩成武等点校：《杜工部诗集辑注》，河北大学出版社 2009 年版，第 818—819 页。

梯而上下数丈，皆积宝货。至则本道奏报，郡邑为之喧闻。有
著商为主领，市舶使籍其名物，纳舶脚，禁珍异，蕃商有以欺
诈入牢狱者。船发之后，海路必养白鸽为信。船没，则鸽虽数
千里亦能归也。①

据李肇《唐国史补》记载，在广州、扬州等中国南部较大的出
海口岸，便有"师子国舶""波斯舶""印度舶"等数十种船舶，悉
被称为"南海舶"，这些异域船舶以师子国商船最为突出，因其船型
较大，分为几层，满载珍贵宝物，"最大，梯而上下数丈，皆积宝
货"。这些船舶主们饲养信鸽，开船之后，以放飞信鸽为信，以备不
时之需；若在船舶远航过程中遭遇风暴，信鸽可以飞越千里前来
报信。

赴东瀛传法的鉴真大师在乘商舶出海时，也曾见广州港"江中
有婆罗门、波斯、昆仑等舶，不知其数；并载香药、珍宝，积载如
山。其舶深六七丈，师子国、大石国、骨唐国、白蛮、赤蛮等往来
居住，种类极多"②，其所记录的海湖舶千艘中不光有以师子国舶为
代表的南海舶，还有更远的波斯舶、昆仑舶、西域舶、蛮舶、南蕃
海舶、婆罗门舶等。师子国商舶不仅可见于中国古代文献，亦在来
华外国人的记录中出现，记录广州港千艘竞帆的繁华。

因往来商舶络绎不绝，唐玄宗年间始在沿海地区设立市舶司，
以期对海外贸易进行严格有效的管理。至宋，更是不断颁布和修订
管理措施，设置并逐步完善市舶司，据《宋会要辑稿》载："市舶
司，掌市易南蕃诸国物资航舶而至者"③，而元丰三年（1080），宋
朝正式颁布《广州市舶条》，率先在外贸重镇广州实施，是中国历史

① （唐）李肇等：《唐国史补》，上海古籍出版社 1979 年版，第 63 页。
② ［日］真人元开著，汪向荣校注：《唐大和上东征传》，中华书局 1979 年版，第 68—
74 页。
③ （清）徐松著，刘琳、刁忠民、舒大刚、尹波等校点：《宋会要辑稿·职官四四》，上
海古籍出版社 2014 年版，第 4203 页。

上第一个航海贸易法规。由此可知沿海贸易的发达，这些海洋商船
为中斯求法、弘法僧侣的出行提供了较为便利的条件。

　　先进的航海技术及船舶制造无疑为中斯两国人的出行提供了物
质支持。据唐代文献记载，此一时期聚集在广州城的外国居民多有
林邑人、爪哇人和僧伽罗人，三者分别对应当今的越南南部、印度
尼西亚爪哇岛一带与斯里兰卡民众，这些外国居民中便有"番僧"
群体。相比较同期在都城长安的外族居民主要是突厥人、回鹘人、
吐火罗人及粟特人等，更能体现出广州这一中国南部港口城市的特
点。至宋朝，政府在沿海城市中划出特别区域，设立蕃坊，为外国
人居住。

二　中国的船舶制造及航海技术

　　中国人着手船舶制造及探究海洋的时间都比较早。早在殷商时
期，甲骨文中已有关于"舟"字的记载，现存的八种象形文字
"舟"，均能体现出上古时期人们对船舶形态的观察，[①] 足见其时已
经有形式较为成熟的舟楫，但无法断定此为海舶。而早在三国时期，
吴人严峻便就海洋潮汐现象写就《潮水论》，虽原书散佚，现存文献
俱不载其内容，但依旧可从此书看出中国人对海洋的实践与探究。

　　中国的船舶制造情况于古代文献中记述较多，自诸子文章起，
便不乏对船舶的记载，更将船舶的出行上推至传说中的三皇五帝时
期，如"刳木为舟，剡木为楫"[②]"山海经曰：番禺始作舟"[③]"轩辕
变乘桴以造舟楫"[④]"古者观落叶，因以为舟"[⑤] 等等，无不将舟楫
的发明与远古人类联系在一起，然因时代久远，无史料或文物佐证。
行至战国，巴蜀一带已出现规模可观的大船，《史记》对此有详细记

---

① 杨熔：《中国古代的船舶》，《大连海运学院学报》1957 年第 2 期。
② （魏）王弼撰，楼宇烈校释：《周易注》，中华书局 2011 年版，第 363 页。
③ （唐）徐坚：《初学记》，中华书局 2004 年版，第 610 页。
④ （清）马骕撰，王利器整理：《绎史》，中华书局 2002 年版，第 41 页。
⑤ （汉）宋衷注，（清）秦嘉谟等辑：《世本八种》，中华书局 2008 年版，第 16 页。

载："秦西有巴蜀，大船积粟，起于汶山，浮江已下，至楚三千余里。舫船载卒，一舫载五十人与三月之食，下水而浮，一日行三百余里，里数虽多，然而不费牛马之力，不至十日而拒扞关。"① 可见战国时期，中国人已经能够制造出载重较大的内陆船舶，不仅用于交通运输，也用于水战，"襄公二四年（前550）……楚子为舟师以伐吴"②，"定四年（前517），吴伐楚，舍舟于淮汭，自豫章与楚夹汉"③，如是记录者，颇多。此阶段船舶基本为内陆通行船舶，海洋船舶较少。

秦汉时期，中国所制造的船舶不仅用于江河湖泊，也发展于海洋贸易及海洋活动之中。《后汉书》曾记吕母事：

> 琅琊海曲有吕母者，子为县吏，犯小罪，宰论杀之。吕母怨宰，密聚客，规以报仇。……其中勇士自号猛虎，遂相聚得数十百人，因与吕母入海中，招合亡命，众至数千。吕母自称将军，引兵还攻破海曲，执县宰。诸吏叩头为宰请。母曰："吾子犯小罪，不当死，而为宰所杀。杀人当死，又何请乎？"遂斩之，以其首祭子塚，复还海中。④

吕母为子报仇，因而纠集数千人乘船入海，杀县宰，完成复仇后又回海上躲避朝廷缉捕，由此可见当时海舶规模与体量。而元封三年（前108），楼船将军杨仆率水军五万人，自齐地经渤海攻打朝鲜，足见此一时期，"船舶已经冲过只适内河航行的技术条件，而成群结队地，大规模进行海洋活动了"⑤。此时期海外商船对中国海洋

---

① （汉）司马迁撰，（南朝宋）裴骃集解，（唐）司马贞索隐，（唐）张守节正义：《史记》，中华书局1982年版，第2290页。
② （宋）吕祖谦著，黄灵庚、吴战垒整理：《左传类编》，浙江古籍出版社2017年版，第202页。
③ （清）焦循：《春秋左传补疏》，凤凰出版社2015年版，第607页。
④ （南朝宋）范晔撰，（唐）李贤等注：《后汉书》，中华书局1965年版，第477页。
⑤ 杨熔：《中国古代的船舶》，《大连海运学院学报》1957年第2期。

船舶制造亦有促进，《汉书·地理志》对海外商船有所记载，所谓"蛮夷贾船，转送致之"①；至三国时期，扶南国所制作的海船已颇为壮观，"长者十二寻，广肘六尺，头尾似鱼，皆以铁镊露装。大者载百人"②。以"长者十二寻"观之，长度超过 22 米，相较其时的技术条件，已称得上先进。而这些在南海往返行使的域外商舶，"其形制必然会对汉地造船技术产生影响"③。

降至唐代，船舶制造水平及远洋航海技术都有了较大的提高。唐代远洋船舶的型号较大、出海物资配备较为齐全，不仅在中文文献记载较多，8 世纪的阿拉伯航海者对此亦有记述：《中国印度见闻录》中，曾讲述在海上丝绸之路中，中国船员善于利用季风与洋流，驾驶船舶的技术高超，然而因为中国船只通体巨大，在平均深度只有四十米左右的波斯湾行进时，需要在西拉夫以西换成阿拉伯的小船来运送货物。④ 此言不虚，唐代宗朝宝应至大历年间，窦叔蒙系统研究海洋潮汐，撰写出《海涛志》，成为我国存世最早的潮汐学著作。

宋代之后，更将战国时期已发明的司南运用于远洋航海中，先进的船舶制造工业无疑也为中斯佛教文化交流提供了技术支持。如《岭外代答》所记，中国赴南海国家所用海舶巨大：

大食国（阿拉伯）之来，以小舟运而南行，至故临国易大舟而东行，至三佛国乃复如三佛齐之入中国。⑤

中国舶商欲往大食，必自故临易小舟而往。⑥

浮南海而南，舟如巨室，帆若垂天之云，柂长数丈，一舟数百人，中积一年粮，豢豕酿酒其中，置死生于度外。……盖

① （汉）班固撰，（唐）颜师古注：《汉书》，中华书局 1962 年版，第 1671 页。
② （宋）李昉等：《太平御览》，中华书局 2011 年版，第 3411 页。
③ 王子今：《秦汉海洋文化史》，北京师范大学出版社 2021 年版，第 157 页。
④ 穆根来、汶江、黄倬汉译：《中国印度见闻录》，中华书局 1983 年版，第 8 页。
⑤ （宋）周去非著，杨武泉校注：《岭外代答校注》，中华书局 1999 年版，第 126 页。
⑥ （宋）周去非著，杨武泉校注：《岭外代答校注》，中华书局 1999 年版，第 90 页。

其舟大载重，不忧巨浪而忧浅水也。又大食国更越西海，至木兰皮国，则其舟又加大矣。一舟容千人，舟上有机杼市井，或不遇便风，则数年而后达，非甚巨舟，不可至也。[①]

《梦粱录》也记其时海舶规模：

　　且如海商之舰大小不等，大者五千料，可载五六百人。中等二千料至一千料，亦可载二三百人。余者谓之"钻风"，大小八橹或六橹，每船可载百余人。[②]

如文所述，宋代赴南海诸国的远洋商舶装备齐全、容量巨大，不仅满载数百人，还可以在舱中养猪、酿酒、积一年粮，从文中所述船的形制推断，海船的体积巨大。因宋代（尤其南宋）商品经济高度发达，海外贸易活动活跃。须得有实力雄厚的船舶基础，才能拓展海上活动范围，故其时中国海舶制造之发达，亦闻名于世。域外文献也记载了中国船只的巨型规模，据9世纪的阿拉伯文献记载，中国船只因体积庞大，未能驶至波斯湾头，而在波斯湾之尸罗夫（Siraf，今伊朗西南塔黑里 Taheri）停泊装货东运。[③] 其中，斯里兰卡是重要的中转站。

如上所言，宋代已将指南针应用到远洋航海中，元代更是普遍使用此项技术，航线定位也愈发精准，并将之运用于内河航船与海洋商舶中。与此同时，元代造船术在宋代造船技术上愈加发展，有了极大提高，元世祖准备攻打南宋及东征扶桑期间，曾命令高丽门下侍郎李藏用制造"（尔主当造舟）一千艘，能涉大海可载四千石

---

① （宋）周去非著，杨武泉校注：《岭外代答校注》，中华书局1999年版，第216页。
② （宋）吴自牧：《梦粱录》，《全宋笔记》（十四），大象出版社2019年版，第330页。
③ 《中国印度见闻录》，中华书局1983年版。参见马苏第《黄金草原》，载［法］费琅编《阿拉伯波斯突厥人东方文献辑注》，耿昇、穆根来译，中华书局1989年版，第114页。

者"① 的大船，用以做战舰。一次造一千艘可用于海战的战舰，制造能力由此可知。此一时期，大型远洋海舶的载重量最高已经达到一千两百吨，"船大者八九千，小者二千余石。岁运三百六十万石至京师"②，可见商舶装载、承重能力之强。域外远航者对中国远洋船舶体量之巨大、设计之先进，也有过较为详细的描述：

> 中国船只共分三大类：大的称作艟克，复数是朱努克；中者为艚；小者为舸舸姆。大者有十帆至少是三帆，帆系用藤篾编制，其状如席，常挂不落，顺风调帆，下锚时亦不落帆。每一大船役使千人：其中海员六百，战士四百，包括弓箭射手和持盾战士以及发射石油弹战士。随从每一大船有小船三艘，半大者，三分之一大者，四分之一大者，此种巨船只在中国的刺桐城③建造，或在穗城④建造。……船上造有甲板四层，内有房舱、官舱和商人舱。官舱的住室附有厕所，并有门锁，旅客可携带妇女、女婢，闭门居住。……水手们则携带眷属子女，并在木槽内种植蔬菜鲜姜。船总管活像一大长官，登岸时射手黑奴手执刀枪前导，并有鼓号演奏。……中国中拥有船只多艘者，则委派船总管分赴各国。世界上没有比中国人更富有的了。⑤

足见此时的中国船舶不仅体积巨大、船身牢固，且远洋经营理念超前，部分海商在通商国家安排代理人，负责当地生意。船上不仅携带足够的粮食与淡水，并可以种植新鲜蔬菜，"表明当时我国海员已了解长期航行中所患坏血病的治疗方法，而欧洲人在三百年之

---

① （明）宋濂：《元史》，中华书局1976年版，第4614页。
② （清）顾祖禹：《读史方舆纪要》，中华书局2005年版，第5504页。
③ 刺桐城为今福建省泉州市。
④ 穗城为今广东省广州市。
⑤ ［摩洛哥］伊本·白图泰：《伊本·白图泰游记》，马金鹏译，华文出版社2015年版，第357页。

后哥伦布远航美洲时还不知道此事"①。足以说明当时造船技术之发达、远洋船舶之精巧，以及远洋商舶管理水平都为彼时世界之冠。

伊本·白图泰认为，此时间中国到印度之间的海商交通掌握在中国人的手中。斯里兰卡留世古文献存量不多，而同时期的印度文献中，则频繁提及中国船舶，"在十三与十四世纪的南部印度文学作品中，经常提到中国的大船与舢板"②。

明代海运事业较前朝更为发达。以永乐与宣德年间郑和七下西洋为例，其一行所乘的海舶在《瀛涯胜览》《星槎胜览》等笔记，及《明史》中都有所记载。虽在各种记载中，船只大小、所载人数多少的具体数据有所不同，但其远洋航队的庞大不容置疑。

先进的航海技术与船舶制造工业为中斯两国的求法、弘法僧侣穿梭南海提供了便利条件。僧侣们利用海洋商舶容量大的运输优势，从师子、天竺等国携带大量佛教经典至中土，再行译经、传法之事。

第三节　海商群体

"自汉迄晋佛法盛行，其通道不外乎西域、南海两道。当时译经广州或建业之外国沙门疑多由海道至中国"③，事实确实如此。在中国与斯里兰卡两国佛教文化交流中，僧侣求法、弘法皆与商人贸易结伴而行，海路作为中斯佛教文化交流的重要孔道，从事域外贸易的商人对沟通两国佛教文化交流也起到了特殊作用。海商（尤其商舶主）群体提供交通载体，使得佛教互动在现实中成为一种可能。

关于商人在佛教东传过程中的作用，以往学者较少论述，更毋庸论述商人在中斯佛教交流中起到的作用。汤用彤先生在《汉魏两晋南北朝佛教史》中指出，其教因西域使臣商贾以及热诚传教之人，

① 汶江：《元代的开放政策与我国海外交通的发展》，《海交史研究》1987年第2期。
② K. M. Panikar, *India and China*, pp. 14-15.
③ 冯承钧：《中国南洋交通史》，商务印书馆1998年版，第21页。

渐布中夏，流行于民间。① 学界普遍认为，佛教自印度向中国的传播，是和两国贸易的活跃相应的。② 商船应是海上丝绸之路最主要的交通工具，通过海上丝绸之路来到中土的异域僧侣，大都应该是搭乘商船，与商人结伴同行。因而往来于海上丝绸之路的商船和商人，实际上成为佛教向中土传播的重要媒介。日本学者桑原骘藏认为，唐代中西海路交通与贸易主要掌握在阿拉伯商人之手；但在南海区域，信仰佛教的海商群体依旧有一席之地。海商们相信僧人随船时诵经祈福，保佑渡过危难，获取钱财，因此"商人重番僧，云渡海危难祷之，则见于空中"③。以史料所载首位经由海路返华的中国僧人法勇为例，他曾经由西域陆路赴印度学习佛法，返回时沿海路，乘坐商人船舶返华，"后于南天竺随商舶泛海达广州"④。

　　早期《摩诃僧祇律》中对比丘僧及比丘尼出行当与商人结伴有过明确论说，如：

　　　　佛告大爱道："依止舍卫城比丘尼皆悉令集，乃至已闻者当重闻。若比丘尼无商人伴向异国行，波夜提。"比丘尼者，如上说。无伴者，无商人伴。余国者，异王境界。去者，波夜提。若比丘尼欲行时，当先求商人伴。⑤

　　从此说可知，僧侣传教与商人同行乃是早期佛教规定。海商同僧侣结伴而行穿梭中斯之间，在满足自身宗教需要的同时，实际上也支持、资助了僧侣的传教活动。

　　中斯之间的海商群体有其存在的经济背景及历史必然，在中国与西方之间复杂的海洋交通网络中，斯里兰卡因其独特的地理位置、

---

① 汤用彤：《汉魏两晋南北朝史》，中华书局1983年版，第120页。

② Liu Xinru, *Ancient India and Ancient China：Trade and Religious Exchange AD 1—600*，Delhi：Oxford University Press，1988，p. 2.

③ （宋）朱彧：《萍洲可谈》，中华书局2007年版，第134页。

④ （梁）释慧皎著，汤用彤校注：《高僧传》，中华书局1992年版，第94页。

⑤ （东晋）佛陀跋陀罗、法显译：《摩诃僧祇律》，《大正藏》第22册，No. 1425。

丰饶的资源物产及优越的港口条件，长期以丝绸之路中转站的形式存在；同时，因斯里兰卡盛产红宝石、珍珠、象牙与玳瑁等奇珍异宝，亦是海洋丝路上的重要贸易国。[①] 因海上贸易的发达，唐代即有很多僧伽罗人（斯里兰卡主体民族）聚集在广州城，多数是从事远洋贸易的海商，他们运来白豆蔻、木兰皮、檀香、龙脑等南亚特产，换取中国的丝绸与瓷器。南海商人为佛僧之旅途伴侣和主要资助者，其中有佛门弟子。[②]

南朝著名译经师、罽宾僧人求那跋摩二十岁即出家受戒，"后到师子国，观风弘教，识真之众，咸谓已得初果"[③]，后又至阇婆国（爪哇）传道。后，求那跋摩见国内道化已毕，为了传播佛教，"不惮游方"[④]，便随海商竺难提的船舶出发，本拟去一海上小国传法，但巧遇顺风，其遗文曰"业行风所吹，遂至于宋境"[⑤]，转道来到了南朝，于刘宋元嘉元年（424）经海路至广州。整个行程中，海商竺难提一直陪同着求那跋摩。求那跋摩至中国从事译经多年，译有《菩萨善戒经》《四分比丘尼羯磨法》《优婆塞五戒相经》《沙弥威仪》等，共计十部十八卷。此外，刘宋元嘉三年（426），徐州刺史王德仲请伊叶波罗翻译《杂心经》，后遇难处，便无法继续；复请求那跋摩翻译后半部，以补足伊叶波罗未译完之部分，足成十三卷，并先所出《四分羯磨》《优婆塞五戒略论》《优婆塞二十二戒》等，凡二十六卷，并文义详允，梵汉弗差。

除翻译经书，来到中原以后，求那跋摩在南林寺设立戒坛，"时影福寺尼慧果、净音等，共请跋摩云：'去六年，有师子国八尼至

---

① Bandaranayake S., *Introductory Note: Sri Lanka and the Silk Road of the Sea*, Colombo: UNESCO, 1990, pp. 8 – 10.

② 何方耀：《晋唐时期南海求法高僧群体研究》，宗教文化出版社 2008 年版。

③ （梁）释慧皎撰，汤用彤校注，汤一玄整理：《高僧传》，中华书局 1992 年版，第 106 页。

④ （梁）释慧皎撰，汤用彤校注，汤一玄整理：《高僧传》，中华书局 1992 年版，第 107 页。

⑤ （唐）智升撰，富世平点校：《开元释教录》，中华书局 2018 年版，第 305 页。

京，云宋地先未经有尼，哪得二众受戒，恐戒品不全。'……诸尼又恐年月不满，苦欲更受。跋摩称云：'善哉，苟欲增明，甚助随喜。但西国尼年腊未登，又十人不满，……更请外国尼来，足满十数。'"① "到（元嘉）十年（433），舶主难提复将师子国铁萨罗等十一尼至，先达诸尼已通宋语，请僧伽跋摩于南林寺坛界。"② 可见海商竺难提在比丘尼传戒中起到了极大的作用，铁萨罗等十一位师子国比丘尼受求那跋摩的邀请，搭乘竺难提的商船来中土。而在此之前，已有师子国比丘尼前来汉地，据载，元嘉六年（429）亦有八位比丘尼自师子国前来，同样亦是搭乘竺难提的船舶，"有外国舶主难提，从师子国载比丘尼来至宋都，住景福寺"③。

由此可知，海商竺难提不仅拥有自己的船舶，且信仰佛教，经常往来师子国与刘宋之间，他的商船除运载货物外，还经常搭乘拥有传法志向的异域僧侣，将其送至中土。而这些异域僧侣来到中土以后，或译经，或说法，或传戒，进一步促进了佛教在中土的传播和发展。

这些海商中部分如竺难提，为虔诚的佛教徒，但并非所有海商都如此，更多的是一些将佛教视为功利性信仰，以期在海洋中旅途平安。法国宗教社会学奠基人涂尔干（Emile Durkheim）认为，"任何宗教都是真实的，任何宗教都是对既存的人类生存条件作出的反应，尽管形式有所不同……都承载着人类的某些需要以及个体生活和社会生活的某些方面"④。海商群体来自东西各国，信仰不一，通过对海商群体的考察，可清楚地发现，他们中相当一部分人虽可被认为是佛教徒，但其在实践中的举止却带有较为明显的逐利倾向，所谓佛教信仰可理解为一种功用性信仰，非纯粹的宗教性信仰。另

---

① （梁）慧皎撰，汤用彤校注，汤一玄整理：《高僧传》，中华书局1992年版，第109页。

② （梁）释宝唱著，王孺童校注：《比丘尼传校注》，中华书局2006年版，第88页。

③ （梁）释宝唱著，王孺童校注：《比丘尼传校注》，中华书局2006年版，第88页。

④ ［法］爱弥尔·涂尔干：《宗教生活的基本形式》，渠东、汲喆译，上海人民出版社1999年版，第3页。

有部分海商信仰婆罗门教等其他宗教，将佛教及佛教徒视为"外道"。东晋法显自师子国归中土，分段搭乘商舶，留下几段相关文字：

> 得此梵本已，即载商人大船，上可有二百余人。后系一小船，海行艰险，以备大船毁坏。得好信风，东下二日，便值大风。船漏水入，商人欲趣小船，小船上人恐人来多，即斫绳断，商人大怖，命在须臾，恐船水漏，即取财货掷著水中。法显亦以君墀及澡罐并余物弃掷海中，但恐商人掷去经像，唯一心念观世音及归命汉地众僧："我远行求法，愿威神归流，得到所止。"如是大风昼夜十三日，到一岛边。潮退之后，见船漏处，即补塞之。于是复前。
>
> 海中多有抄贼，遇辄无全。大海弥漫无边，不识东西，唯望日、月、星宿而进。若阴雨时，为逐风去，亦无准。当夜暗时，但见大浪相搏，晃然火色，鼋、鼍水性怪异之属，商人荒遽，不知那向。海深无底，又无下石住处。至天晴已，乃知东西，还复望正而进。若值伏石，则无活路。①

法显自斯里兰卡搭乘商舶，开始第一段返乡行程。师子国为传统佛国，居民基本信仰佛教，商舶主及水手也不例外，因此在此段航程中，并没有人对法显的佛教僧侣身份质疑或直接做出排斥行为。纵如此，在遭遇海风，船身漏水之后，法显积极自救，将自身所带存储水的器皿等物品丢入海中，唯恐商人将其所携带的佛经及佛像丢弃。法显搭乘佛国商舶，却有此担心，足见海商的逐利性。

在海上航行三个月之后，法显所乘商舶到达耶婆提国，即今苏门答腊附近，此国民众普遍信仰婆罗门教，视佛教为外道。停留此

---

① （东晋）沙门释法显撰，章巽校注：《法显传校注》，中华书局2008年版，第142页。

国五个月之后，法显在耶婆提国搭乘另一艘商舶，开启第二段返乡行程：

> 停此国五月日，复随他商人大船，上亦二百许人，赍五十日粮，以四月十六日发。法显于船上安居。东北行，趣广州。
>
> 一月余日，夜鼓二时，遇黑风暴雨。商人、贾客皆悉惶怖，法显尔时亦一心念观世音及汉地众僧。蒙威神佑，得至天晓。晓已，诸婆罗门议言："坐载此沙门，使我不利，遭此大苦。当下比丘置海岛边。不可为一人令我等危险。"法显檀越言："汝若下此比丘，亦并下我！不尔，便当杀我！汝其下此沙门，吾到汉地，当向国王言汝也。汉地王亦敬信佛法，重比丘僧。"诸商人踌躇，不敢便下。①

同样遇到海上风暴，因商舶主及搭乘旅客多为婆罗门教徒，视佛教为外道，对法显的佛教僧侣身份较为抵制，认为是异教徒法显带来的灾难，所以要将法显丢弃在海岛边，不允许他继续搭乘此商舶。最终，与法显同行的一位檀越以东土国王重佛教为由，竭力护住法显。婆罗门教商贾们再三权衡，同意了法显随船前行。

法显的两段经历足以说明海商群体的多样性，以及以海商为代表的涉海群体信仰的特殊性。长期在海洋中生存的商人群体形成了海洋生活方式，以及海洋宗教信仰——因为商人们为牟利而冒险出海，所以往往会通过宗教信仰来乞求平安，而以佛教为信仰的海商群体，或持多种信仰的海商群体，往往会邀请僧侣们同船，获得心理上的安全感。如法显搭乘商舶归国，在第一段航程遭遇风暴时，心念观世音；在第二段航程遭遇风暴时，依旧心念观世音，并认为海上风暴停止是因为得到了观世音等神灵的庇佑。

唐代之后，海上丝绸之路较之前朝更为繁华，到了开元天宝年

---

① （东晋）沙门释法显撰，章巽校注：《法显传校注》，中华书局2008年版，第145页。

间，唐王朝与超过七十个国家有往来，而中国与天竺一带的僧人往来日益增多，他们多以中国南部的广州港与交州港为起迄点，搭乘商舶往来。

昔开元三大士之一的金刚智（跋日罗菩提 Vajjrabodhi），曾于开元四年（716）于南天竺搭乘海舶来华，途径师子国、佛誓、裸人等南海诸国。在师子国南部曼泰海峡，金刚智看见港口停泊着三十五艘波斯商舶，等待着前来中国做商品交易，"师子国登舟，共三十五舟，一月至佛誓，留五日，复由此登舟赴支那"①。之后，金刚智及其弟子受到波斯商舶舶主的邀请，一起自师子国起航，后于开元七年（719）到达广州港。邀请金刚智及其弟子乘船的波斯商舶舶主显然非佛教徒，此时波斯正处于萨珊王朝灭亡之后的混乱时期，其国所主要信仰的宗教有琐罗亚斯德教、摩尼教及伊斯兰教等，而波斯商舶舶主以异教徒身份邀请佛教僧侣搭乘自己商舶，其行为显然带有海洋文化影响的泛神论特征。

搭乘商舶来华，受到商舶舶主礼遇、照顾的僧侣远不止金刚智一人。再以中斯佛教交流史中重要的僧侣不空法师为例，其亦是多次搭乘商舶往来中斯两国。开元二十九年（741），不空奉旨前往天竺及师子国，至广州，南海郡采访使刘巨邻请求灌顶，"乃于法性寺相次度人百千万众"②，后于当年十二月搭乘商船昆仑舶离开广州。在启程前，刘巨邻"召诫番禺界藩客大首领伊习宾等曰：'今三藏往南天竺师子国，宜约束船主，好将三藏并弟子含光、慧辩等三七人、国信等达彼，无令疎失。'"③ 刘巨邻作为岭南节度使，以封疆大吏的身份召见外国海商，要求他们通知商舶主，要一路妥善照顾不空与诸位弟子，将他们安全送达师子国。不空依止普贤阿阇梨，重开灌顶。其后学无常师，广求《密藏》及诸经论，获陀罗尼教《金刚顶瑜珈经》等八十部，大小乘经论二十部，共一千二百卷。

---

① （唐）慧超原著，张毅笺释：《往五天竺国传笺释》，中华书局2000年版，第105页。
② （宋）赞宁：《宋高僧传》，中华书局1987年版，第6页。
③ （宋）赞宁：《宋高僧传》，中华书局1987年版，第7页。

又游五天竺。天宝五载（746），不空携带大批佛经及师子国国王赠予唐王的礼物，再度乘商舶返回长安，在净影寺译经，开坛灌顶，翻译《金刚顶瑜珈真实大教王经》等经卷，在两京地区大弘密教。

南海区域所蕴藏的丰厚资源，是古代中国人参与、构建海洋活动的必要支撑，海洋人文在此多元交汇。便捷的海上交通使僧侣出行成为寻常事，而频繁往返的僧侣又进一步在交流中影响了海商群体；海商同僧侣结伴而行穿梭中斯之间，在满足自身宗教需要的同时，实际上也支持、资助了僧侣的传教活动。因此，在千年的历史中，中斯佛教文化交流与海洋经贸并行不悖，相互衬托。

第四节　航海旅行者群体

在中国古代，涉及中斯佛教交流，兼对斯里兰卡佛教情况作详细记述的群体大致可分为三类：

其一是中外僧侣群体。有关中外僧侣在中斯交流中的具体事件及成就，已在第一章以朝代为线专章细述，此章节暂不展开。简而言之，他们往返中国与斯里兰卡、印度之间，直接促进了佛教流布，并留下许多著名的僧人游记，详细记录了相关史实，僧侣群体是中斯佛教交流最主要也是最直接的载体。

其二是航海旅行者群体。航海者与古代中文语境较为疏离，在西方的定义里，航海者被认为是"参加过许多次远航，有航海技术及航海经验的航海人员，尤其特指早期的探险家"①，虽然此词汇主要启用于大航海时代，但究其内涵与外延，亦适用于中国，尤其能体现出航海在中斯佛教交流中的地位与作用。在不同文明的互动中，旅行是一种重要的方式，他们或以官方使节的身份驾船出洋，或以私人身份航海，探究海洋与异域，对中斯交通做出了突出贡献，也

---

① A. S. Hornby, *Oxford Advanced Learner's Dictionary of Current English*, London, 1974.

留下了关于斯里兰卡佛教情况的第一手资料。他们有别于僧侣的身份，使他们对斯里兰卡佛教情状有着不同的直观感受，所记述内容与僧侣所撰有所差异。在他们留下的有关异域的记述中，有对斯里兰卡佛教情状的具体描述，既可以补充斯里兰卡本土记载、记忆所未囊括的视野，亦丰富了中斯佛教交流的内容，且有助于还原中国与斯里兰卡的交往史，是十分珍贵的资料。

其三是东南一带沿海官员群体。自宋代起，远洋航海业十分发达，建立了较为完备的市舶制度，通航国家及地区较之前朝更为广泛。这一时期，出现一批记录海外国家风土情貌、文化传统的作品，东南沿海的官员是为此类书籍的作者。值得一提的是，他们通常并没有海外出访经历，往往是在参阅大量前人著作的基础上，利用自身所处东南沿海的有利位置，结合远航商贾、航海者的见闻，记录斯里兰卡国内佛教遗迹保存情况，以及当地人的佛教信仰等。这些作者中，如撰写《岭外代答》的周去非并未有过出洋经历；《诸蕃志》的作者赵汝适也只是在阅览大量海图的基础上，结合对海内外商贾的咨询调研，对远洋航海线路、南海诸国的异域风貌等做了记述。《诸蕃志》卷上有"细兰国"，记录斯里兰卡佛教遗迹留存，云"有山名细轮叠，顶有巨人迹，长七尺余，其一在水内，去山三百余里"①，记录细轮叠山顶巨人痕迹等等。这一群体的优势与劣势皆较为突出：论及优势，这些人有较好的文学素养与文字功底，博览群书，且因职务之便，与出海群体有较为密切的接触，获得信息途径较为全面。劣势便是他们并没有亲自出海的第一手的见识，因此记载有时流于"空谈无征"②。

这三类人，除僧侣群体外，以航海旅行者群体最为直观且重要，这些有着丰富航海经验的旅行者成为中国与斯里兰卡佛教文化交流的群体。他们出海后将所闻所见记录成书，成为上述沿海一带官员

---

① （宋）赵汝适著，冯承均校释：《诸蕃志校释》，中华书局1956年版，第21页。
② （清）永瑢等：《四库全书总目》，中华书局1965年版，第632页。

著书的重要参考资料。本章拟以官方派出的航海者亦黑迷失、马欢及以私人身份航海的汪大渊为中心，从官方航海者及私人航海者两个向度阐述航海者群体。

一　官方身份航海者

作为有官方身份、以行使外交事宜为目的的中国古代航海者，此群体不仅扩大加强了与斯里兰卡国在内的南海各国的海上交通与联系，更是直接建立了与当地居民的友好往来及关系，他们所留下的可靠的域外行纪文字，成为正史资料的补充及中斯交通史研究的重要依据。

（一）亦黑迷失

元朝的航海技术沿袭了宋代的较高科技发展水平，并在此基础上有所提升。

元朝时期，畏吾儿人亦黑迷失，亦称"也黑迷失"及"亦黑弥什"等，为元代著名航海者，在元仁宗时封"吴国公"。亦黑迷失作为元朝初年的西域航海家，屡使绝域，至元年间为元世祖四谕海外。据《元史·亦黑迷失传》记，自元世祖至元九年（1272）开始至之后的十几年中，他先后五次奉命出使海外，其间曾往僧伽剌国（斯里兰卡）。

元世祖至元九年（1272），亦黑迷失首次奉命出使海外，目的地为八罗孛国（今印度西南濒阿拉伯海的马拉尼尔），此次出访历时两年，至元十一年（1274）"偕其国人以珍宝奉表来朝"①。忽必烈因此赏赐其虎符。至元十二年（1275），亦黑迷失再度奉命出访八罗孛国，并于当年与八罗孛国国师携"名药"归国，元朝廷对之赏赐更丰。因为对佛教感兴趣，忽必烈产生派使者赴僧伽剌国礼佛的想法。正因为亦黑迷失丰富的航海经验及成功的出访经历，元朝廷于至元二十一年（1284）命其出使僧伽剌国，此为其第三次出使海外。至

---

① （明）宋濂等：《元史》，中华书局1976年版，第3198页。

元二十一年（1284），忽必烈命令亦黑迷失率船队前往僧伽刺国，途经印度支那半岛、马来半岛进入印度洋，最终到达僧伽刺国，其间观佛钵、佛牙舍利，参与一系列佛教活动，所谓"至元二十一年，（亦黑迷失）召还。复命使海外僧伽刺国，观佛钵舍利，赐以玉带衣服鞍辔。二十二年，自海上还"①。

"元代派往海外的使臣可分为两类，一是执行政治使命（如招谕）的外交使臣，二是为皇室采办番货的使臣"②，亦黑迷失以官方使节身份出访，其身份更倾向于第二类，是为皇室采办海外货品的"商使"。但除此官方身份之外，亦黑迷失亦有佛教徒这一特殊的私人身份，因此，亦黑迷失的几次下西洋，并非纯粹出于经济目的或政治外交目的，而是多与宗教信仰相关。

亦黑迷失是畏吾儿人，亦称回鹘人，佛教在回鹘群体中兴盛的时间大约从公元 8 世纪到 15 世纪，在此时段之后，伊斯兰教才逐渐扩张。由此，在亦黑迷失所处的元代早期，在畏吾儿人中通行的宗教是佛教，世面流通有多种回鹘文版的佛经刻本，"目前已知的回鹘佛经刻本有《金刚经》《八十华严经》《圣救度佛母二十一种礼赞经》《文殊所说最胜名义经》《佛说北斗七星延命经》《观无量寿经》《佛说天地八阳神咒经》《法华经观音成就法》《佛说大白伞盖总持陀罗尼经》《佛顶心大陀罗尼》《入菩萨行疏》等"③，达十一种以上之多，可知佛教信仰在畏吾儿人群中的盛行。从个人信仰而言，畏吾儿人亦黑迷失是一名虔诚的佛教徒，他曾为全国百座大寺各施中统钞一百锭，居住泉州期间，多次参加佛教活动，支持刊刻《毗卢大藏经》等佛教经典，积极宣扬佛教文化。④

同时，亦黑迷失在海外出使时，在当地的行动多与佛教有直接

① （明）宋濂等：《元史》，中华书局 1976 年版，第 3199 页。
② 高盛荣：《元代海外贸易研究》，四川人民出版社 1998 年版，第 172 页。
③ 王红梅、杨富学、黎春林：《元代畏兀儿宗教文化研究》，科学出版社 2017 年版，第 21 页。
④ 李玉昆：《亦黑迷失与"一百大寺看经碑"》，载少林文化研究所编《少林文化研究论文集》，宗教文化出版社 2001 年版，第 112—117 页。

关系，不仅在出使僧伽剌国时"观佛钵舍利"，单纯向僧伽剌礼佛，出使马八儿国，其目的为"取佛钵舍利"。亦黑迷失的南航，实质上是一次宗教性质的活动，与元世祖崇佛抑道的思想高度统一，同时"也丝毫不能排斥忽必烈的猎奇心理而导致的劳民伤财"①。但确实也在一定程度上加强了元朝与僧伽剌在政治、经济、文化上的联系，扩大了元朝在海外的影响——亦黑迷失访问印度半岛的八罗孛国、马八儿国和僧伽剌国后，这几个国家纷纷"奉表称藩"②。因此，亦黑迷失不仅是一位功勋卓著的航海家，亦是一位中国与斯里兰卡佛教文化交流使者，促进了两国佛教文化的交流。

（二）马欢、费信及巩珍

论及中国古代航海史上规模最大、持续时间最长的航海活动，当属明代郑和率船队七下西洋。

永乐五年（1407），郑和一行在筹备下西洋之前，曾在南京设立四夷馆，用以培养出访西洋所需的翻译人才，其中有 16 名翻译曾随郑和下西洋，使得郑和可以同说阿拉伯语、波斯语、印地语、泰米尔语和其他语言的统治者交流。③ 然而此次行动的官方档案并没有被完整地保存下来，且郑和作为这次大规模航海活动的组织者及领导人，并没有留下自己的著述。永乐七年（1409）郑和再奉成祖之命进行第三次出访的时候，决定"简文采论识之士，颛一策书，备上清览"④。因此，郑和远航之后，今人对郑和一行的航海过程研究，主要参考郑和随员们的著述，如马欢的《瀛涯胜览》、费信的《星槎胜览》以及巩珍的《西洋番国志》，这三部书乃是出自亲历下西洋之人手笔，撰写了关于海外的民间记述，构成了后世对郑和下西洋主要参考的史料文献。马欢、费信及巩珍的著述相比，以马欢所

---

① 王校闿：《〈元史·亦黑迷失传〉三国笺证》，《学术论坛》1986 年第 3 期。

② （明）宋濂等：《元史》，中华书局 1976 年版，第 4669 页。

③ ［英］加文·孟席斯：《1421 中国发现世界》，师研群译，京华出版社 2005 年版，第 19 页。

④ 连德英、赖丰熙修，李传元总纂：《昆新两县续补合志》卷 30《文苑·费信传》，载《江苏府县志辑（第 17 册）》，江苏古籍出版社 1991 年版。

著《瀛涯胜览》内容最为详尽：作为此次远洋航行的通事，马欢较为翔实可据地记录了南海及印度洋各国的情状。费信在《星槎胜览》一书亦将所闻所见录于书内，但凡所涉及国家在《瀛涯胜览》中也有记载的，篇章、内容都不如《瀛涯胜览》记载详细；若有《瀛涯胜览》中所不曾记载的，则基本沿袭元代汪大渊《岛夷志略》，原创内容较为稀少。而巩珍的《西洋番国志》虽亦记载海外二十余国，但所述所记依赖通事的翻译记录，所谓"汉语番言，悉凭通事转译而得，记录无遗"①，内容体例则基本全面沿袭《瀛涯胜览》，创新处不多，且内容较之更简洁，可视为对《瀛涯胜览》的全面借鉴，研究性略逊一筹。由此可见，马欢《瀛涯胜览》所著述内容最为详细且重要，具有极大的可信度及参考价值。

《瀛涯胜览》的作者马欢，字宗道，别字汝钦，自号会稽山樵，会稽人（今浙江省绍兴市）。马欢本人通晓阿拉伯语，曾以通事身份参与永乐七年（1409）的第三次、永乐十一年（1413）的第四次、永乐十九年（1421）的第六次，以及宣德六年（1431）的第七次西洋远航，跟随郑和船队四下西洋，所见颇多。

《瀛涯胜览》成书于代宗景泰二年（1451），书中《天方国》一篇章中有"景泰辛未秋月望日会稽山樵马欢述"②，时间较为清晰。在序言中，马欢谈及自己因通晓阿拉伯语——即"番书"而被收纳，成为远洋船队的一员，且此书创作时沿用了汪大渊《岛夷志略》的体例及部分内容：

> 余昔观《岛夷志》，载天时、气候之别，地理人物之异，慨然叹曰：普天下何若是之不同耶？永乐十一年癸巳，太宗文皇敕命正使太监郑和，统领宝船，往西洋诸番开读赏赐，余以通译番书，亦被使末。随其所至，鲸波浩渺，不知其几千万里。

---

① （明）巩珍著，向达校注：《西洋番国志·自序》，中华书局1961年版，第1页。
② （明）马欢著，冯承钧校注：《瀛涯胜览校注·瀛涯胜览序》，中华书局1985年版，第90页。

历涉诸邦，其天时、气候、地理、人物，目系而身履之，然后知《岛夷志》所著者不诬，而尤有大可奇怪者焉。于是采摭各国人物之丑美，壤俗之异同，与夫土度之别，疆域之制，编次成帙，名曰《瀛涯胜览》。①

由此可知，马欢坦诚汪大渊《岛夷志略》对自己书写游记的影响，并认为此书是自己亲自调查后所得，涉及异域国家的各种风土民情及社会风俗。在《瀛涯胜览》中，所记西洋国家与地区超过二十个。

费信《星槎胜览》作于正统元年（1436），所记西洋各国家地区最多，达45个。《星槎胜览》所记斯里兰卡之佛教圣迹与汪大渊《岛夷志略》基本接近，如锡兰山有"一磐石上印足迹长三尺许，常有水不干，称为先世释加佛从翠兰屿来登此岸，足摄其迹，至今为圣迹也"② 等等。但增加对斯里兰卡风土民俗的记载，"色段色绢之属男女缠头，穿长衫，围单布"③，斯里兰卡当地民众缠头和穿单布衣明显受到印度文化的影响。值得一提的是，费信在诗歌中记载了郑和锡兰山立碑一事，在此碑未被发现之前，留下文献记载："地广锡兰国，营商亚爪哇。高峰生宝石，大雨杂泥沙。净水宜眸子，神光卧释迦。池深珠灿烂，枝茂树交加。出物奇偏贵，遗风富且奢。立碑当圣代，传诵乐无涯。"④ 诗歌记录郑和一行立碑之事，同时也观察到了佛教对斯里兰卡的影响等等。

二　私人身份航海者

相较曾赴斯里兰卡的中国官方身份航海者，私人身份航海者无

---

① （明）马欢著，冯承钧校注：《瀛涯胜览校注·瀛涯胜览序》，中华书局1985年版，第1页。

② （明）费信著，冯承钧校注：《星槎胜览校注》，中华书局1954年版，第30页。

③ （明）费信著，冯承钧校注：《星槎胜览校注》，中华书局1954年版，第31页。

④ （明）费信著，冯承钧校注：《星槎胜览校注》，中华书局1954年版，第30页。

疑人数较少。

为了垄断远洋贸易，元朝廷曾经一度下令禁止私自出海，但效果并不明显。元成宗继位之后，禁海令逐渐放开，不再拘捕私自出洋的海商；至元英宗至治年间，更是将出海限制取消，"（行省官人每、行泉府司官人每、市舶司官人每），不拣甚么官人每、权豪富户每，自己的船只里做买卖去呵，依著百姓每的体例与抽分者"①，任何人都可以出海。

航海技术的提升，以及航海禁令的放开，无疑促使大批的人出海远航。在亦黑迷失之后，以私人身份远洋航海的汪大渊亦曾前往斯里兰卡。据考，汪大渊，字焕章，隆兴路人（治所在今江西省南昌市），元至大四年（1311）生，曾两次随海舶出洋，浮海远游。汪大渊为中国历史上著名的航海家，据其所撰的《岛夷志略》序言内容可知，其人生而好奇负气，以司马迁为榜样，"当冠年，尝两附舶东西洋，所过辄采录其山川、风土、物产之诡异，居室、饮食、衣服之好尚，与夫贸易费用之所宜，非其亲见不书，则信乎其可征也"②。

汪大渊将两度远洋航行的经历及所闻所见撰写成《岛夷志略》一书，所谓"其目所及"，涉及东南亚、南亚、非洲等处的两百余国（地区）。此书成书于元顺帝至正九年（1341），因汪大渊文笔简洁质朴、叙事翔实，故而有较高的历史价值，是一部重要的历史地理文献。清人对此书的信实做出高度评价，"诸史外国列传秉笔之人，皆未尝身历其地，即赵汝适《诸蕃志》之类，亦多得于市舶之口传，大渊此书则皆亲历而手记之，究非空谈无征者比"③，清人的论断，无疑是阐述亲历航海者及东南一带沿海官员所记述的不同，而前者内容无疑更加笃实可信。当代学界普遍认为，"汪大渊所著《岛夷志略》是上承宋代周去非的《岭外代答》、赵汝适的《诸蕃志》，下接

---

① 洪金富校定：《元典章》，台北"中研院"历史语言研究所2016年版，第840页。
② （元）汪大渊著，苏继顾校释：《岛夷志略校释》，中华书局2009年版，章序。
③ （清）永瑢等：《四库全书总目》，中华书局1965年版，第71卷，第632页。

明朝马欢的《瀛涯胜览》、费信的《星槎胜览》等的重要历史地理著作"①。

汪大渊的身份现已无法确定，"很可能是商人"②，其书特点是"汪氏于其本人所访问诸地，作有记载者共九十九条"③。元至顺元年（1330），汪大渊首次出洋远航，由泉州港附舶出海，经昆仑（今越南南部昆仑岛）、苏邦（今泰国湄南盆地西境）、须文答剌（今印度尼西亚苏门答腊）等南洋国家，到达波斯（今伊朗）、伊拉克等中东国家，又至非洲大陆的肯尼亚及坦桑尼亚等国。返回途中，沿原线返航到印度半岛西南岸的安金戈，随后南行到北溜（今马尔代夫群岛），折向东北达僧加利（斯里兰卡）的高郎步（科伦坡）。

在《岛夷志略》中，汪大渊对斯里兰卡的佛教文化有所着墨：

> 其山之腰，有佛殿岿然，则释迦佛肉身所在，民从而像之。迄今，以香烛事之若存。海滨有石如莲台，上有佛足迹，长二尺有四寸，阔七寸，深五寸许。迹中海水入其内，不咸而味淡甘如醴，病者饮之则愈，老者饮之可以延年。

> 大佛山界于迓里、高郎步之间。至顺庚午冬十月十有二日，因卸帆于山下，是夜月明如画，海波不兴，水清澈底，起而徘徊，俯窥水国，有树婆娑。④

> 土人长七尺余，面紫身黑，眼巨而长，手足温润而壮健，聿然佛家种子，寿多至百有余岁者。

迓里即今斯里兰卡南部加勒，高郎步即今斯里兰卡首都科伦坡，

---

① 吴远鹏、洪泓：《汪大渊与海洋文化——纪念航海游历家汪大渊诞辰 700 周年》，海峡两岸海洋文化研讨会，2011 年 10 月 28 日。

② 陈高华：《元代的航海世家澉浦杨氏——兼说元代其他航海家族》，《海交史研究》1995 年第 1 期。

③ （元）汪大渊著，苏继庼校释：《岛夷志略校释·叙论》，中华书局 2009 年版，第9 页。

④ （元）汪大渊著，苏继庼校释：《岛夷志略校释》，中华书局 2009 年版，第 311 页。

大佛山位居斯里兰卡岛西海岸科伦坡以南之别罗里，即今贝鲁瓦拉。学界普遍认为，汪大渊于至顺庚午年（1330）冬十月十二日在斯里兰卡西海岸大佛山停留过夜，而此时正是东北季风期间，不利于返航中国，汪大渊在斯里兰卡停留，显然是等待来年春天西南季风起后，再扬帆回国。① 因此，汪大渊在斯里兰卡岛至少居住半年余。汪大渊对海滨莲台佛足迹的记载不见于以往史料，推测此为前一段时间遗迹，表明到 14 世纪，斯里兰卡佛足迹崇拜和信仰盛行不衰。而饮用该足迹存水能够祛病延年，亦反映了其时佛足迹信仰已经完全民俗化。② 而之后的明人严从简《殊域周咨录》卷九有"锡兰"条，曰"锡兰国，古狼牙须也，在西洋。……佛堂山海边有一盘石，上印足迹，长三尺许，常有水不干，称为先世释迦佛从翠蓝屿来登此山，足蹑其迹，至今尚存，故名佛堂山"③，其中记录的佛堂山海边佛足迹石，可视为对汪大渊所记录佛足迹的引申。

汪大渊亦提及中国派遣使臣前往斯里兰卡迎取佛钵一事。斯里兰卡以佛教立国，佛牙、佛钵等佛陀遗物在国内不止遗留一处，这些宗教圣物在斯国的地位极其重要，信众对之崇拜之至，常常聚集盛大的队伍迎送圣物，一连举行数日的朝圣庆典。汪大渊记载"佛前有一钵盂，非玉非铜非铁，色紫而润敲之有玻璃声，故国初凡三遣使以取之"，此为中国与斯里兰卡佛教文化交流史上的重要史料。上文所述，《元史》载亦黑迷失于至元二十一年（1284）"使海外僧伽刺国，观佛钵舍利"④，另外两次记录不见史料。而据史料记载亦黑迷失另有一次为佛钵出使南洋，为至元二十四年（1287）"使马八儿国，取佛钵舍利，浮海阻风，行一年乃至"，苏继顾认为，此

---

① 许永璋：《汪大渊生平考辨三题》，《海交史研究》1997 年第 2 期。

② 李静杰：《佛足迹图像的传播与信仰（上）——以印度与中国为中心》，《故宫博物院院刊》2011 年第 4 期，第 33 页。

③ （明）严从简著，余思黎点校：《殊域周咨录》，中华书局 1993 年版，第 312、313 页。

④ （明）宋濂等：《元史》，中华书局 1976 年版，第 3199 页。

次出洋与锡兰（斯里兰卡）佛钵相关。① 然支撑史料不足，学界对此意见不统一。《元史》中另记录中国出使斯里兰卡三次，具体见表：

表4—4　　　　　　　　《元史》记录三次出使斯里兰卡

	时间	本事	出访缘由
第一次	至元十年（1273）春正月己卯	"诏遣扎术呵押失寒、崔杓持金十万两命诸王阿不合市药狮子国"②	买药"市药"
第二次	至元二十八年（1291）冬十一月壬寅	"遣左吉奉使新合剌的音"③	
第三次	至元三十年（1293）冬十月己丑	"遣兵部侍郎忽鲁秃花等使阁蓝、可儿纳答、信合纳帖音三国，仍赐信合纳帖音酋长三珠虎符"④	

　　第二次出使地点"新合剌的音"与第三次出使地点"信合纳帖音"据冯承钧考证，均为斯里兰卡的别称。⑤ 但史书中并未详细阐述此二次出使的目的，根据正史无法断定是否亦为佛钵而去斯里兰卡。部分学者结合汪大渊《岛夷志略》的记载，推断后两次亦为汪大渊所指，为迎回佛钵而去。⑥《岛夷志略》对元朝时期斯里兰卡的社会风俗、佛教遗迹有了进一步的描摹，后人感此实录精神，"窃尝以诗记其山川、风俗、风景、物产之诡异，与夫可怪可愕可笑之事，皆

---

　　① （元）汪大渊著，苏继顾校释：《岛夷志略校释·叙论》，中华书局2009年版，第246页。

　　② （明）宋濂等：《元史》，中华书局1976年版，第148页。

　　③ （明）宋濂等：《元史》，中华书局1976年版，第352页。

　　④ （明）宋濂等：《元史》，中华书局1976年版，第374页。

　　⑤ 冯承钧：《西域地名》，中华书局1982年版，第27页。

　　⑥ 池齐：《汪大渊的南亚旅行及其记载的价值》，《苏州科技大学学报》1986年第1期。

身所游览，耳目所亲见。传说之事，则不载焉"①，肯定《岛夷志略》对海外风土人情记述的真实性与可靠性。清朝《四库全书总目提要》亦称赞"大渊此书，则皆亲历而手记之，究非空谈无征者比"，《岛夷志略》是一部被后世学者极为重视的研究元朝中西交通的重要文献。

值得一提的是，明朝万历年间来中国的意大利传教士艾儒略（Giulio Aleni）曾航行经过斯里兰卡，在《则意兰》条有云："印第亚之南，有岛曰则意兰，离赤道北四度。人自幼以环系耳，渐垂至肩而止。海中多珍珠，江河生猫睛、昔泥、红金刚石等。山林多桂皮、香木，亦产水晶，尝琢成棺，以敛死者。相传为中国人所居，今房屋殿宇亦颇相类。西有小岛，总名马儿地懽，不下数千，悉为人所居。"② 文中马儿地懽为马尔代夫的旧译，而意兰则为斯里兰卡的旧译。"相传为中国人所居，今房屋殿宇亦颇相类"不知何据，大致意指中国与斯里兰卡古代商贸交往频繁。

航海本身便是一种对未知事物、未知世界探求的活动，其过程充满危险、刺激及不确定性，汪大渊等人作为民间参与者，以极大的好奇心关注所到之地社会生活的各个方面，以实录精神对海外世界给予真实客观的详尽描述，相对于官方正史，航海者的民间记述无疑是一种有价值的重构。

中国与斯里兰卡佛教文化交流史上，从郑和下西洋前汪大渊撰写《岛夷志略》，到郑和七下西洋期间，马欢、费信等人撰写《瀛涯胜览》《星槎胜览》等一系列作品，无不说明民间记述为主线的海外知识的传承与递进。表明中国人对斯里兰卡的认识向前迈进了一大步，达到了一个新的高度。

---

① 李修生主编：《全元文》，凤凰出版社 1998 年版，第 301 页。
② ［意大利］艾儒略原著，谢方校解：《职方外纪校释》，中华书局 1996 年版，第58 页。

第五节　斯里兰卡古史叙事与
中国海客文学

斯里兰卡古史叙事与佛教有着千丝万缕的关联，尤其佛陀本生故事，更可视为斯里兰卡民族古史的根荄。

佛陀本生故事乃是佛教文学中一大门类，所讲述佛陀释迦牟尼佛成佛之前的故事。在印度文化圈及佛教思维中，有轮回转世一说，业力因果是有情众生转生后遭遇好坏的根源。虽说其主旨是宣扬佛陀的伟大及佛法的神异，而其能在民间流布为民众接受，除信仰原因外，还因本生故事生动灵活的叙事及情节转折的故事性。本生故事与泛印度文化圈的寓言、谚语、童话等民间文学息息相关，其叙事模式既可能从民间文学中来，得其根荄脉络，又影响、改造了原本的寓言与童话，使其承载着宗教的意图，传播着佛学教义。

中国人对本生故事并不陌生，汉译佛经中有许多佛本生故事，集中体现在《贤愚经》《杂宝藏经》《撰集百缘经》等经书中。值得一提的是，这些故事并非从巴利文佛教经典中直接翻译而来，但所述故事往往在情节与结构上有相似之处。而在当代新疆的考古发掘中，也在古代语言残卷中发现许多佛本生故事，如吐火罗文等古代语言文字。① 古往今来，本生故事作为"最古老、最完整、最重要的民间文献汇集"，受到民众的极大关注与热爱，尤其在信仰南传上座部佛教的国家，如"斯里兰卡、缅甸、老挝、柬埔寨、泰国等等，任何古代的书都比不上《佛本生故事》这一部书这样受到欢迎。一直到今天，这些国家的人民还经常听人讲述这些故事，往往通宵达旦，乐此不疲"②。对学界而言，佛本生故事同样是研究者的宝库，

---

① 季羡林：《关于巴利文〈佛本生故事〉》，郭良鋆、黄宝生翻译：《佛本生故事选》，人民文学出版社1985年版，第4页。

② 季羡林：《关于巴利文〈佛本生故事〉》，郭良鋆、黄宝生翻译：《佛本生故事选》，人民文学出版社1985年版，第1页。

引发东西方学界对此的热烈关注，研究成果可谓汗牛充栋。西方学术界对佛教国家古史叙事与佛教之间的关联的探究由来已久，如俄国东方学者 B. 瓦西里耶夫、德国印度学家赫·奥登贝格、法国东方学者奥·巴尔特等。他们一方面认为佛教国家的古史叙事确有其事，同时不似神话学派的拥趸那般对所有传说亦步亦趋、认为一切都真实不虚，而是承认其中艺术虚构的成分——甚至许多传说并无蓝本，演绎、创造、虚构的部分可能是巨大的。

这些关于佛陀前生的浩如烟海的故事中，一方面流于模式化，[①]有许多相同范式的叙事，叙事元素、链条高度吻合；一方面则与当时印度文化圈的社会生活、民族风貌相映衬。以斯里兰卡古史为例，其直接受到佛教故事的启发，演绎出自己的民族史话，而又在佛教流布过程中，给中国文学以滋养。作为主体民族为农耕民族的国度，在古代中国人的主流视域中，海洋所占比重较少，也正因如此，海洋文学才显得不那么丰沛。在中国的海洋文学中，海客入海求宝遇险，后得异类婚为其中十分重要的一类小说叙事。细究其来源脉络，则与斯里兰卡古史叙事有极大关联。

一 "罗刹女"母题的源流

佛经、僧侣行记中关于斯里兰卡（亦称师子国、僧伽罗国，下文同）"罗刹女"的故事颇多，其中以《承事胜已经·师子有智免罗刹女》所记的版本最为细致详尽，同时又以玄奘《大唐西域记·僧伽罗国》所记"五百罗刹女国"最广为人知。

所谓"罗刹国"系列佛本生故事，是指关于海客出海遭难，遇罗刹女，后得马王庇佑逃难的经典佛教叙事内容。海洋在佛教中为常见叙事背景，"常为引导一切有情生死海中，渡诸沉溺。今以释迦舍利附光远上进"[②]。

---

① [俄] B. 瓦西里耶夫：《佛教及其教义、学说与典籍》，圣彼得堡，1857 年版，第22—36 页。

② （元）脱脱等：《宋史》，中华书局 1985 年版，第 14104 页。

因古印度文化圈无编年史传统，故此处按照佛经佛典汉译本与僧侣宗教地理史记等为蓝本，依次梳理如下：

表4—5　　　　　　　佛经与僧侣宗教地理史记中的"罗刹国"

时间	译经僧/记录者	国籍	所出佛典与题名	叙事情节
东汉	支娄迦谶（译）	月氏	《杂譬喻经·悭长者入海妇施佛绢众商》	夫入海——遇鬼——五百同伴被鬼食——妻虔心向佛——夫得善终——笃信佛教
东汉	安世高（译）	安息	《承事胜己经·师子有智免罗刹女》	商人入海寻宝——与荒岛美人（罗刹）结婚生子——得知美人乃罗刹女——马王庇佑飞天返乡——罗刹女找寻至其国——国君贪恋美色被食——智者成为新国君——建立师子国——国中人事佛虔诚
东晋	僧伽提婆（译）	北印度	《增一阿含经·马王品第四十五》	普富与五百商人入海寻宝——遇风暴——罗刹相诱——普富不为所动——马王庇佑独自还乡——罗刹找寻至其国——国君贪恋美色被食——普富成为新国君
同上	同上	同上	《中阿含经·大品商人求财经第二十》	商人入海寻宝——摩羯鱼王破坏船——遇罗刹女——智慧商人发现异端——马王庇佑还乡
东晋	鸠摩罗什（译）	龟兹	《妙法莲华经·观世音菩萨普门品第二十五》	商人入海寻宝——遇狂风——至罗刹国——念观世音菩萨名号——遇难者从罗刹国中解脱
东晋	昙无谶（译）	天竺国	《大般涅槃经·圣行品第七之一》	商人入海寻宝——遇海中罗刹——乞浮囊——得佛庇佑
东晋	竺佛念（译）	凉州	《出曜经·念品第六》	男人之子为罗刹所持——昼夜忧思——罗刹还子——男子喜——如是再三——遂成忧疾

续表

时间	译经僧/ 记录者	国籍	所出佛典与题名	叙事情节
隋朝	阇那崛多 （译）	北印度	《佛本行集经·五百比丘因缘品第五十》	五百商人入海经商——遇恶风——至罗刹国——与罗刹结婚生子——商主遇马王得救
唐朝	玄奘	汉地	《大唐西域记·僧伽罗国》	僧伽罗一行人入海寻宝——遇风浪——至罗刹国结婚生——得知罗刹本面目——遇马王庇佑返乡——罗刹追至其国其父处——国君贪恋美色被食——僧伽罗成为新国君——僧伽罗国就此成立
唐朝	义净（译）	汉地	《根本说一切有部·毗奈耶卷第四十七》	商主师子等入大海寻宝——摩竭鱼碎船——至罗刹国结婚生子——识破罗刹身份——马王婆罗诃庇佑还乡——罗刹追至其国其父处——国君贪恋美色被食——师子成为新国君——师子洲就此成立
宋朝	天息灾（译）	北天竺	《佛说大乘庄严宝王经》	摩诃萨与商人入海经商——剧暴大风——漂至师子国——遇五百罗刹女——得马王庇佑返乡

如上表所记录，汉译佛经、佛典中主要出现"罗刹国"系列故事十余次，内容虽增减有余，但主线基本相同。巴利文《小部》的本生经中已有《云马本生》一节，对海客出海后为风浪所误，流落罗刹国并与罗刹女婚配，后得马王相助一事叙述甚详。其内容与上述诸多汉译版本基本一致，由此可以推断，此类型本生故事起自部派分化之前便已形成，之后为各部派继承并加以改造。此系列故事以罗刹女迷惑商人为主题，汉译本最早出现于《杂譬喻经·悭长者入海妇施佛绢众商》，为东汉时期月氏国佛经译师支娄迦谶所译：

昔人大富而悭。其妇好法欲施不敢。婿临入海。先以铁蒺
藜三重绕舍。妇碍之不能得出。一心念佛。诸铁关阃变成鹄毛。
取绢一匹寄人施佛。佛受咒愿。夫与五百伴共在海中。为鬼所
啖。唯留其夫。诸鬼相语。是人妇事佛。不可近也。伴侣死尽
独得宝还。问妇何事。妇具告之。二人欢喜。即请佛僧设会
得道。①

较其他版本，此则故事情节简单、线索单一，据推测，应属
"罗刹国"母题的滥觞之作。以夫富而不礼佛、妻虔心向佛为意念对
立的矛盾双方，随后，三重铁蒺藜被妻佛心而化为鹄毛，妻"取绢
一匹"为供奉，破解了夫在海中被鬼所食的悲惨命运，自此，矛盾
双方欢喜，夫即刻事佛。此本意虽是以宣传信佛可避祸端来劝诫世
人信佛，但叙事中"夫与五百伴共在海中""诸鬼相语"等则成为
后世"罗刹国"之主旨因素来源：与夫出海的五百人皆被鬼食、群
鬼相议论两个情节要素在佛本生传说叙事中慢慢流变，在《师子有
智免罗刹女》，海中之恶鬼被直接定义为"罗刹女"。

安息国僧人安世高所译《师子有智免罗刹女》②，内容曲折、张
弛有度，将先前故事进一步丰满，"鬼啖人"的单纯凶险加入"精
魅迷人"情节：罗刹女幻化成美女接待入海寻宝的客商，并与之生
儿育女。后，智者发现海岛中有一铁城，关押着之前流落至此的客
商，客商哭诉如何被罗刹女骗入牢城，且"前有五百人渐渐取杀"。
智者寻来马王，带被困众人飞天逃离，罗刹女追赶，以夫妻儿女之
情相诱惑，"心意恋著者"皆被罗刹所食，独留智者一人幸免于难。
尔后，罗刹女跟随智者师子去其国，因姿容过人为国君所纳，随即
吞食国王。智者被诸臣推选为新国王，带兵攻入海岛杀尽罗刹，下
令全国信佛，"若一人不事佛者当送山西付鬼啖之"，且后代诸王子

① （南朝·梁）宝唱：《经律异相卷》，上海古籍出版社 1998 年版，第 193 页。
② （南朝·梁）宝唱：《经律异相卷》，上海古籍出版社 1998 年版，第 226—227 页。

"凡诸不通经籍不举则不得陟王位也"。

至此，罗刹鬼国的故事基本完整，叙事模式已成熟，"罗刹国"雏形即现，情节要素在以此为主题的佛本生故事中一以贯之。不仅如此，《师子有智免罗刹女》将罗刹女与师子国联系起来，斯里兰卡首次成为罗刹国系列故事的演发背景。

此主题也陆续见于东晋北印度译经僧僧伽提婆所译《增一阿含经·马王品第四十五》（卷第四十一）和《中阿含经·商人求财处》（卷三十四）、竺佛念译《出曜经·如来品之二》、龟兹国鸠摩罗什译《妙法莲华经·观世音菩萨普门品第二十五》；隋朝北印度译经僧阇那崛多译《佛本行集经·五百比丘因缘品》等，情节或有增减，人物或有变动，但基本沿袭五百商人入海寻宝遇罗刹女，后得佛法救赎模式。

《大唐西域记》所记略有不同，本是对僧伽罗国传说的记载。唐朝僧人玄奘西行取法，在印度居住学习佛学多年，因彼时斯里兰卡战乱且无名僧，故并未踏足斯国，但于《僧伽罗国》章节下依次详细记录此国传说，"五百罗刹女国"也由此广为人知。相较上述佛本生系列，《大唐西域记》出现诸多不同：其一，将五百商人入海、海岛遇罗刹的固定情节要素杂糅后改变，成为五百个鬼居于海中之国——五百罗刹国，并以之为叙事背景。其二，入海寻宝主人公名为僧伽罗（simhala），"招募黎庶，迁居宝洲，建都筑邑，遂有国焉。因以王名而为国号"①，将此"五百罗刹国"作为斯里兰卡开国传说留存。

斯里兰卡佛本生罗刹国系列亦见于唐朝僧人义净所译《根本说一切有部·毗奈耶卷第四十七》，与北宋北天竺译经僧天息灾所译《佛说大乘庄严宝王经》等，虽与玄奘所记内容略有不同，但都不约而同地突出了"师子国""师子洲"的具体方位。因此，不

---

① （唐）玄奘、辩机原著，季羡林等校注：《大唐西域记校注》，中华书局1985年版，第875页。

容置疑，斯里兰卡为与"罗刹国"系列佛本生故事紧密关联的一个国度。

二　"罗刹女"传说与僧伽罗族群的价值认同

"罗刹国"系列佛本生故事本是宗教叙事，宗教叙事与现实叙事在基本视角和价值取向上有所不同，但"罗刹国"与斯里兰卡《大史》中所记载的古史传说有极大的相似性，溯源僧伽罗民族入主斯里兰卡岛的历史，则可以体察"罗刹国"宗教叙事中的现实所指。

（一）僧伽罗与罗刹——外族与土著居民

斯里兰卡有数目众多的族群，其主体民族僧伽罗人所占全国人口比例超过70%，但并非斯里兰卡原生民族，"斯里兰卡所能追寻到的最古老的民族是雅卡人与那加人，虽然二者已不复存在"[1]。《佛国记》中，法显对斯里兰卡有"其国本无人民，只有鬼神及龙居之，诸国商人共市易，市易时鬼神不自现身，但出宝物题其价值，商人则依价值直取物"[2] 的记载，学界普遍认为此中"鬼"与"龙"族，指的就是原始民族雅卡人与那加人。其中，雅卡人因"信奉鬼神"[3]，被称为"鬼族"及"魔鬼部落"。

而僧伽罗人入斯里兰卡的历史远晚于土著居民，研究者普遍认为，僧伽罗人的祖先是印度雅利安人或者"采用雅利安方言作为自己语言的非雅利安民族"[4]，而历史学家们也认为，在公元前1000年中期印度雅利安人和达罗毗荼人在斯里兰卡岛上出现的时候，原生民族土著人有巩固的居住地，部落有首领，从事非灌溉农作。[5] 这与编年史《大史》中对僧伽罗民族起源的记载基本吻合，所言僧伽罗人祖先自印度次大陆北部渡海来到斯里兰卡岛时，首先遇到的是雅

---

① 王兰：《斯里兰卡的民族宗教与文化》，昆仑出版社2005年版，第2页。
② （东晋）沙门释法显撰，章巽校注：《法显传校注》，中华书局2008年版，第125页。
③ 净海：《南传佛教史》，宗教文化出版社2002年版，第15页。
④ ［斯里兰卡］门季斯：《锡兰古代史》，加尔各答出版社1947年版，第7页。
⑤ ［英］帕克：《古代锡兰：关于土著居民和早期文明部分的报告》，伦敦，1909年版，第31页。

卡人，其女王为拘婆那。① 由此可以推断出，此时的雅卡还处于母系社会阶段。而雅利安人来斯里兰卡则是"由先驱商业航海者的冒险行为所引起的"②，与罗刹国传说中的主人公群体身份相同。因此，古史与罗刹国传说的叙事要素有较多相似之处，具体对应比较，得列表如下：

表4—6　　　　　斯里兰卡古史与罗刹国传说的叙事要素比较

来源	地点	原住居民	首领	情节	新移民
大史	楞伽岛	"魔鬼部族"雅卡人	鸠吠妮女王	移民自印度北来，首领与鸠吠妮婚配，后在斯里兰卡繁衍生息并消灭雅卡人，成为常住民	僧伽罗人祖先
本生故事系列	海中罗刹岛	罗刹	罗刹女	与罗刹女婚配生子，后得佛助逃离，并将罗刹女杀死，占领此岛，此为斯里兰卡开国事	师子、僧伽罗、智者（皆越海而来）

由此可知，古史记载与释典中的佛本生故事叙事源流基本一致，推动要素也十分相同，以此推断：僧伽罗人祖先自印度乘船南下斯里兰卡，岛上的居民是还属于母系氏族的"魔鬼部落"雅卡人，通过联姻及战争，雅卡人消亡，僧伽罗人逐渐成为斯里兰卡海岛的主体民族。

（二）《大史》中的创世记载"执狮子"与"罗刹国"之关联

《大史》是斯里兰卡最重要的编年史之一，历来被本民族历史学家作为国史看待，"《大史》记录了斯里兰卡从一开始到十八世纪中

---

① ［斯里兰卡］摩诃那摩：《大史》，台湾：佛光出版社1996年版，第7章，第1—76行。

② ［锡兰］尼古拉斯·帕拉纳维达纳：《锡兰简明史》，李荣熙译，商务印书馆1964年版，第27页。

期的历史"①。关于僧伽罗的民族史记载具有强烈的神话色彩，以之
阐述僧伽罗人属外来民族入岛。关于斯里兰卡创世之说，佛教典籍
中除"罗刹国"系列佛本生故事与《大史》所记载相同外，"执狮
子"一事也出现在《大史》中：僧伽罗先祖乃是狮父人母之子，被
流放海岛，但本身具有野兽的勇敢与人类的智慧，繁衍出斯里兰卡
人民。因此僧伽罗民族梵语本名 Simhalauipa，意指狮子，汉译佛典
或从意译，如法显译作"师子"；或从音译，如玄奘译作"僧伽
罗"，盖为同一词。

　　无论是"执狮子"还是"罗刹国"，此二者皆讲述了一个异婚
类型的故事，前者与狮子结婚生子，后者与罗刹结婚生子。结合具
体史实，僧伽罗先祖雅利安人入岛时，原生土著雅卡人与那加人被
其征服及同化，"彼此通婚，信仰与语言都逐渐趋于一致"②。无论
是"执狮子"还是"罗刹国"，佛本生故事中的僧伽罗民族创世记
载都有明显的外族入岛说指向，这一指向既源于真实的外族入岛历
史，同时也被之后成书的史书史传吸收容纳，且亦被僧伽罗本民族
人认同。如 19 世纪初期，斯里兰卡僧伽罗佛教主义者阿纳加里卡·
达摩波罗不仅将僧伽罗人共同体的名字加以英语化，写成 Sinhalese
（文字含义"狮族"），并且在规定僧伽罗人的种族性时，主要着眼
于三方面，分别是"1. 与雅利安人的关系；2. 祖先狮子的神话；3.
与佛陀的亲缘关系"，此三点分别自族群血统、创世传说、宗教文化
出发，从不同方面印证了僧伽罗民族对外族入岛说的肯定。不仅如
此，达摩波罗对外来民族赶走土著居民之说补充说明："雅利安人航
海离乡到孟加拉寻求新的活动天地，他们发现了这个岛子并命名为
坦巴旁尼，他们的首领是名叫维贾亚的雅利安人王子，他从土著居

---

① ［俄罗斯］瓦·伊·科奇涅夫：《斯里兰卡的民族历史文化》，王兰译，中国社会科学
出版社 1990 年版，第 307 页。

② ［锡兰］罗睺罗（W. Rahola）：《锡兰佛教史》，三时学会 1962 年版。

民手里夺取了土地。从此，雅利安人移民的子孙就叫做僧伽罗。"①
达摩波罗作为近代斯里兰卡最著名的民族宗教者，其思想在僧伽罗
民族共同体中有极大的影响，这种说法受众甚广，本民族人普遍认
为，自己的祖先乃是来自印度的雅利安人，如佛本生故事中记载一
样，辗转来至此"罗刹国"。

由此可知"罗刹国"系列宗教叙事与僧伽罗民族创世的强烈关
联。罗刹本是恶鬼的一种，而现实中却暗指"鬼族"雅卡人，古史
传说与宗教叙事杂糅，"罗刹国"意蕴与斯里兰卡属地因素、文化环
境等息息相关，地域色彩极强，也正是因为此，此系列传说对先民
影响极大，在塑造民族共同性等方面起到了积极的作用。

三　古史的价值取向与僧伽罗族民族

上古时期，从世界范围而言，古代人对他们的叙述对象究竟该
归属于神话、传说还是历史支系等，并没有严格的区分。尤其是宗
教与神话传说密不可分，彼此相互依赖、相互促进。罗刹国与斯里
兰卡的关系虽记录于诸多佛典，但无法对此传说追本溯源，印度文
化圈本不似中华文化圈对历史极为看重，并且此属上古时期口耳相
传的古史传说，传说的发生和传说的记录并非于同一时间进行，后
者往往极大地晚于前者，因此更无具体时间可考。而斯国编年史
《大史》中，对斯里兰卡现主要民族僧伽罗族人有着较为详细的记
载，其所记与罗刹国系列佛本生故事有较大相通之处。《大史》成书
于公元 6 世纪左右，以《岛史》和宫廷文件为主要资料，从佛教产
生伊始开始叙述。此书极大地晚于"罗刹国"系列佛本生故事，在
这种情况下，佛本生故事与斯里兰卡创世起源类古史传说相杂糅，
斯里兰卡的建国已与佛陀密不可分。

---

① ［斯里兰卡］J. B. 迪萨纳雅卡:《达摩波罗与僧伽罗佛教民族主义》，［日］《思想》
1993 年第 1 期。

（一）"罗刹国"起源的佛教渊源及对僧伽罗民族价值取向的影响

传说的滥觞是人所努力的结果，同人所体验认识的某些事物有关。① 同时，亦同族群的价值取向息息相关，"罗刹国"之僧伽罗国起源说同"狮父人母"之执师子起源说一样，成为僧伽罗民族历史中代代相传的一种重要的祖源记忆，其中隐含着有关僧伽罗民族最早生活状态与起源之密码。"当古史传说之叙事从一个族群传递到另一个族群或代代相传时，一方面，它既把人所经历的直观世界传递下来；另一方面，它又以一系列的专名来构筑一个超越直观经验世界的想象的共同体。"② 以僧伽罗民族与罗刹国系列佛本生创世故事为例，古僧伽罗人之所以将"罗刹女"视为代代相传的远古生活记忆的留存内容，源于早期此类型传说异常丰富。玄奘作为记录者之一，在记录斯国传说之时也会有所选择，依据时代的特殊偏好与其中的宗教元素多寡而进行记录。传说人物仍然被当时的民众所崇信，有关罗刹的叙事依旧在民间传承，这类叙事具有其现实价值与真实价值，且此传说的留存本身便带有僧伽罗民族的价值判断：众所周知，僧伽罗人的祖先入主斯里兰卡岛的历史远早于佛教流传，"在公元前三世纪佛教从印度传入斯里兰卡以前，僧伽罗统治阶层信奉的是婆罗门教，而在民间广泛存在的是起源更为古老的各种原始宗教"③，宣扬世人皆平等的佛教与婆罗门严苛的体系相比，"更容易被人所接受，因此逐渐传入锡兰岛等周别国度"④。因此，此传说极有可能是在佛教传入斯里兰卡的背景下，本国史学家与学佛者基于对佛教的信仰，而衍生出此种说法。在古代社会，古史传说叙事被

---

① ［美］斯蒂·汤普森：《世界民间故事分类学》，郑海等译，郑凡译校，上海文艺出版社1991年版，第14页。

② 邹明华：《古史传说与华夏共同体的文化建构》，《中国人民大学学报》2010年第3期。

③ ［俄罗斯］瓦·伊·科奇涅夫：《斯里兰卡的民族历史文化》，王兰译，中国社会科学出版社1990年版，第2页。

④ ［德］贝克尔：《世界古代神话和传说》，张友华等译，中国青年出版社2002年版，第59页。

认为是全民族的共同知识来源，对民族共同体而言，具有极大的认同价值。而"五百罗刹国"敷衍出的僧伽罗智慧过人、充满佛性，最终消灭罗刹建立僧伽罗国的光荣事迹，直接或间接地表述着僧伽罗共同体存在的依据，那些与僧伽罗民族形成历程相呼应的传说便更容易被传承并记录下来。

斯里兰卡作为印度文化圈中最重要的国家之一，现代的主体民族僧伽罗族笃信佛教。邓殿臣教授曾对僧伽罗文化有三个较为简洁的归纳："第一，源于印度；第二，得于佛教；第三，失之保守。"①阿纳加里卡·达摩波罗因僧伽罗佛教民族主义者身份，旨在竭力摆脱本国本民族与印度的关系，只从与佛教的亲缘上审视本民族的种族性；而邓殿臣教授较为客观地对僧伽罗民族文化追根溯源，指出其受到印度文化的辐射式影响，并与佛教关系密切。具体到"罗刹国"系列佛本生故事中，则可以明显体察到僧伽罗民族与佛教的因缘和与之而来的价值倾向。

（二）世俗化与道德说教

从世界范围内来说，宗教叙事与古史传说往往融为一体，承担起向民众传播任务的两大人群为僧侣与说书人，僧人在法会时讲经，向一众听者诠释佛法教义，通常是由佛本生故事切入；而"逐渐地故事的世俗成分增加，职业说书人从僧侣变为说书人，因此，后来这些故事的流传显示出世俗社会的倾向"②。在斯里兰卡，有一类人以讲述佛陀本生故事为业，他们被称为 Jatakabhanakas，③ 他们作为专业的说书人，是本生故事在民间传播流布的催化剂；而本生故事作为佛教经典的一种，因为故事性强，成为主要宣说的佛教内容之一。

具体到"罗刹国"系列故事，古史传说、佛教乃至民间宗教在

① 邓殿臣：《佛教与僧伽罗民族文化》，《佛学研究》1996 年第 4 期。

② Palliyaguru, Chandrasiri, *Sinhala Budusamayehi natya Laksana*, Guru Nivasa: Author Publication, 1996, p. 27.

③ E. W., Adikaram：《锡兰早期佛教史》，Migoda, 1946, pp. 29 – 30.

对"罗刹"母题进行塑造的同时，民间艺人的口耳相传中，也对此类传说进行改编，因而存在一些演变特征：如在《大唐西域记》中，僧伽罗识破罗刹女面目得马王相助逃回本国后，罗刹女带着一双儿女跟随至僧伽罗家，见僧伽罗父亲并与之沟通，为自己营造一种"弃妇"身份，希望借由其父之力骗回僧伽罗。宗教叙事中带有明显世情成分，故事叙述之所以世俗化处理，是由于族群参与到其中，"不过是在天上重复地上所完成的事情"①，因此便不可避免地出现借宗教传说宣讲民间世俗欲求的现象。

就受众层面而言，"人们希望听故事，并通过娱乐和道德说教来塑造自己的人生"②，"罗刹国"系列佛本生故事曲折离奇，情节展开出人意料，具有较强的可读性与娱乐性；而主人公海商首领（智者、师子、僧伽罗等）不仅智商卓越，面对美艳罗刹女引诱时坚决不回头，且在罗刹女吞噬国君之后带兵攻打罗刹国并占据此岛，最后以"贤人"身份被推举为新国王，其本身便代表着自我约束。僧伽罗将良好的社会秩序带到原本由恶鬼罗刹控制的"罗刹国"，在此开枝散叶，成为今日的斯里兰卡，此佛本生故事本身便暗含美德的准则，更有劝世行善的劝谕。

由此可以说，对僧伽罗民族而言，受到"罗刹国"系列佛本生故事在种族、宗教、心理、地域、文化等方面的影响，在接受、传播的同时，形成特殊的认同感与一些共同特征，使得民族认同更为强烈和牢固。"罗刹国"系列佛本生故事对塑造僧伽罗民族共同体有极大的影响，在时间内涵上使僧伽罗民族共同体得到满足，并成为证明其文明初始期的自我叙事依据，以时间的深度造就族群民众的历史感与认同感，其使斯里兰卡僧伽罗民族共同体的意义得到彰显，成为全球化条件下僧伽罗文化自觉的一个重要组成

---

① ［法］保尔·拉法格：《宗教和资本》，王子野译，生活·读书·新知三联书店1963年版，第53页。

② Singhal. D. P., *India and World Civilization*, Michigan State University Press, 1969, p. 190.

部分。

四　中国"罗刹女"故事论说——以《夷坚志》为中心①

此类型佛典文学叙事流畅，情节清晰：时间——大体囫囵，归为上古时期；地点——海洋孤岛；人物——因寻宝而落难的海客与岛中罗刹。显而易见的是，"寻宝物""异类婚"/"遭磨难""成功逃难"等情节，皆是贯串于此同类型故事中的共同的稳定的因素，而正是这种共同的难以分割的最小叙事单位，共同构成影响故事发展的程式化的情节。佛经故事作为文学之一种，在早期说书僧人的宣扬后，在民间以口耳相传的方式传承下来，此之谓"中国和印度，僧人和学者……全部加入了喜欢好的故事和崇拜故事讲得好的人的行列"②，"罗刹女"式叙事也因此得以在汉地迅速传播发展。同种故事类型以相似环境（海洋—孤岛）为背景在不同时间、地域中流传，虽叙事要点基本相同，却逐渐形成迥异的文本，也因此得以在极大的时间与空间背景下传播生根。本书拟以类型小说分析法，选取《夷坚志》中典型"罗刹女"类小说进行比较对照，试图通过异文对照理清此类小说对佛经故事的接受、发展与演变。

（一）汉地"罗刹女"小说发展及成因

佛教于东汉时期传入我国，之后僧侣往来连绵不绝，所译佛经颇多。这些蕴含着海岛妇人故事的佛经也随之传入中土，彼时汉地诗文中已有所呈现，如《北史》曰："夜叉、罗刹，此鬼食人，非遇黑风，事同飘堕"③，将北魏外戚元叉以食人罗刹、夜叉比拟。言约义丰，然却明确把握住了佛经"海岛妇人"类型故事的脉络："黑风"为海上不可控因素，亦是造成海客漂流孤岛的张力所在，

---

① 本部分内容已作为前期成果刊发，见司聘《简述宋代海岛妇人类小说对释典的继承与流变——以〈夷坚志〉为中心》，《贵州社会科学》2016年第10期。

② ［美］斯蒂·汤普森：《世界民间故事分类学》，郑海等译，郑凡译校，上海文艺出版社1991年版，第2页。

③ （唐）李延寿：《北史》，中华书局1974年版，第598页。

"鬼食人"为岛屿叙事中最显著的故事冲突。另，《三国志》也记"又言有一国亦在海中，纯女无男"①，此女儿国的空间构成明显沿袭佛经故事中唯有女子（罗刹）的孤岛；无独有偶，《博物志》亦记"有一国亦在海中，纯女无男"②，并指出岛国具体所在——"沃沮东"③。南北朝时期，此类佛教故事已广为流传。陈后主叔宝与卢思道曾以此戏谑："因用《观世音经》语弄思道曰：'是何商人，赍持重宝？'思道应声，还以《观世音经》报曰：'忽遇恶风，飘堕罗刹鬼国。'"④ 可见海商流落孤岛遇罗刹女的故事已为彼时的士大夫阶层所熟知，南朝皇帝与北朝臣子俱熟练掌握佛典叙事并以此对答。

如上所言，早在魏晋时期，叙事文学中便已有主人公泛舟海上因遇风暴而漂流至孤岛的情节出现，但早期文学作品中，罗刹岛—女儿国这一特殊的地理空间则仅是叙事背景，中或掺杂创作主体的瑰丽想象，然始终指向志人志怪，无论是作者的创作宗旨还是读者的心理接受，皆将此视为异域风俗与怪谈。究其原因，不外乎三点：其一，彼时航海术不甚发达，安土重迁的中原居民对海洋世界缺乏了解，多有主观臆断，将之虚构成有神人居焉的地方；其二，佛经叙事与本生故事只在士大夫阶层广为流传，没有较好的受众基础；其三，彼时志怪多为言简意赅的短篇，囿于篇幅，无法对之作深刻复杂的描述，遗留下的只言片语远不及佛经故事丰富。虽如此，此类型志怪依旧对后世文学有特殊意义，无形中开启"罗刹女"类小说叙事，将人物、地点、情节限制在特定类型中：人物——海客（海上商人群体）与异类⑤；地点——海洋中某孤岛；情节——风暴引发的种种离奇遭遇，就叙事角度而言，重要元素已被悉数限

---

① （晋）陈寿：《三国志》，中华书局1982年版，第847页。
② （晋）张华：《博物志》，上海古籍出版社2012年版，第13页。
③ 古沃沮位于今图们江东部。
④ （宋）李昉：《太平广记》，中华书局1961年版，第1969页。
⑤ 自宋至清，"海岛妇人"类型叙事中的岛上居民如罗刹、夜叉、猩猩等，与海客所代表的中原群体相比，皆属于另外群体。

制确定。其中海客遭遇的风暴为不可控要素，亦是驱动故事发展的张力所在。

在后世社会发展中，海洋及海商群体逐渐进入国人视域，成为中原居民经验范畴内的事物。唐朝时"广州通海夷道"① 已成为一条成熟的海上贸易路线，自广州西南海行，经越南、马来亚、印尼等至斯里兰卡，再沿印度洋经波斯湾诸国，最终到达缚达城②，单程历时一个半月余。至宋，船只制造业水平进一步提高，"浮南海而南，舟如巨室，帆若垂天之云，拖长数丈，一舟数百人，中积一年粮，豢豕酿酒其中，置死生于度外。……盖其舟大载重，不忧巨浪而忧浅水也"③。如文所言，远洋货轮可载数百人，通过海上丝绸之路进行的贸易已在商业活动中普及，可即使如此，出海者依旧保有今朝有酒今朝醉的末日心态，所谓"置死生于度外"。此外，时人的诗文中对海商群体也多有描摹，如"海贾归来富不赀，以身殉货绝堪悲"④ 等，尽述海商群体在出海贸易中的遭遇，为谋求暴利而出海，遭遇风暴以身殉货。可见海洋这一特殊区域凶险莫测的自然属性已被广泛认知，彼时宋人的涉海小说也因此不再是凭空幻想，而多了切身之感。宋元诗僧有"缠头赤脚半番商，大舶高樯多海宝"⑤之句，更点明部分番商的装扮，依诗中所提及的服饰（缠头）及生活习惯（赤脚）推测，则多为印度文化圈居民。海商群体逐渐壮大的同时，中外客商的交流也带来文化的交融，使得海洋这一在中国文学中相对较为陌生的空间被逐渐熟知，"罗刹女"类故事也相应增加，古人的主观经验赋予空间意象特殊的内涵，继而进行文本诠释，重新塑造空间的意义。

横向对比西方文学，中国古典文学中涉及海洋的作品不甚丰富，

---

① （宋）欧阳修、宋祁：《新唐书》，中华书局 1957 年版，第 1153 页。
② 缚达城在今伊拉克首都巴格达附近。
③ （宋）周去非著，杨武泉校注：《岭外代答校注》，中华书局 2000 年版，第 157 页。
④ （宋）刘克庄著，辛更儒笺校：《刘克庄集笺校》，中华书局 2011 年版，第 691 页。
⑤ （明）宗泐：《全室外集》，台北：明文书局 1981 年版，第 37 页。

除去主体民族汉民族农耕性较强的大陆性文化因素，亦有学者认为这与海禁相关。① 诸种因素累积形成中华文化圈与海洋的疏离，佛经故事传入后，以海洋为背景的传奇志怪数量迅速增加，海洋孤岛这一特殊地域也扩大了小说的叙事空间，海洋已不仅是自然环境供作者状物描摹，而成为一种特殊意象。而海岛妇人类叙事在中国古代小说中的出现也有其内在因缘，如第一部分所述，"海客入海寻宝"乃是推动主人公进入"海洋—孤岛"这一特殊空间环境的契机，对叙事的开展弥足重要。北宋末期，北方少数民族政权的崛起使陆地丝绸之路寸步难行，经年战争也使得经济中心随之自中原腹地移至南方地区，因此，以东南海港为主要据点的海上贸易逐渐兴起。同时，宋代商业发达且海外贸易管理完善，朝廷极力鼓励海外贸易，商人收入极为可观，"京城资产，百万者至多，十万而上，比比皆是"②，有关商业的故事叙事进入部分文学作品中，商业社会的增长与海上丝绸之路的贯通，使得这种海客入海寻宝的佛教故事有了现实基础，并有了新的繁衍。

（二）宋代"罗刹女"类小说特点

如前所述，"罗刹女"类型小说系出释典，并在传播中衍生出异文等等。《夷坚志》中记有"罗刹女"类型故事五则，从表面看，它们的叙事情节、故事格局基本雷同，具有极大的相似之处，似乎只在时代背景方面具有微小差异性。此类型的宋代小说多源自时人口述，相比六朝时期粗陈梗概的志怪，已多丰富性叙事内容，但平心而论，并无"叙述宛转，文辞华艳"③的唐传奇时代品质。若深入探究，则可见宋代"罗刹女"类型叙事内容较之原典的变异。

梳理《夷坚志》所载的海岛妇人类小说本事，得表如下：

---

① 学界多持此观点，见于逄春《中国海洋文明的隆盛与衰落》、吴春明《"环中国海"海洋文化的土著生成与汉人传承论纲》、李宪堂《大一统秩序下的华夷之辨、天朝想象与海禁政策》等等。

② （宋）李焘：《续资治通鉴长编》，中华书局1983年版，第1956页。

③ 鲁迅：《中国小说史略》，人民文学出版社2006年版，第77页。

表4—7　　　　　　　　　　宋代海客遇险类型故事叙事源流

出处	题名	人物	本事			
释典		海客/罗刹	遇风暴至孤岛	与罗刹结婚生子	发现罗刹身份	得佛陀助力，顺利逃出
夷坚甲志	岛上妇人	海贾/妇人	遇风迅舟溺	与妇人结婚生子	妇人每日独出，举止怪异	海客乘舟逃出
夷坚支甲卷	海王三	海王三/妇人	船为风涛所破	与妇人结婚生子	为妇人所囚	海客携儿逃出
夷坚支癸	鬼国续记	海商杨氏	船溺于大洋	为鬼所持	同群鬼赴宴	诵经返人间
夷坚志补	鬼国母	杨二郎	遇盗沉水	与岛妇结婚生子	同鬼母赴宴	重返人间
夷坚志补	猩猩八郎	富小二/猩猩	船遇暴风而溺	与猩猩女婚配生子	为猩猩所囚禁	乘舟携儿出逃

《鬼国续记》中，有"支壬载鬼国母之异，复得一事，颇相类而实不同"① 句，点明《鬼国母》与《鬼国续记》虽故事构成不同，却十分相似。洪迈虽只部分提及，但已按照内容线索发展的不同将海客遇险类小说简略地区分开，惜乎未能针对五则故事完整具体地系统分类。就具体内容而言，宋代笔记小说中的"海岛妇人"类叙事起端皆因海客遇难，而后续在孤岛的展开略有不同，其特征较之释典原型已有明显改变，大抵可归纳为以下几项：

1. 远国异民式的孤岛想象

早在上古时期，我国文学作品中便不乏对海中孤屿及岛民的幻想描述。中国诸多文学作品中，最早以文字记载海洋神话的当属《山海经》，虽对海洋的描写偏于刻板及静态，但却记录了如"大人之国""小人国""君子之国"之类的海外之国并佐以丰富想象。其

———————

① （宋）洪迈：《夷坚志》，中华书局2006年版，第1239页。

中所列诸多岛民，皆有异常之相，如"大人之市在海中"①"海中有
张弘之国，食鱼，使四鸟"② 等，描述近乎玄幻。因此，与平常无奇
的中原居民相比，生理结构及生活惯习的怪异成了海外居民最重要
的标志之一，这些记录是彼时国人对海外世界的幻想，部分源自口
耳相传的海外见闻，而在后世的文学发展中，这种远国异民的传统
心态得以留存，并在传播中不断变形。

宋代类型小说中的"罗刹女"（海岛妇人）与其说是对佛经中
罗刹形象的变异与解构，不如说是中原式远国异民心理在文学上的
投射。海岛妇人的外形衣着皆与中原人相异：《岛上妇人》"有妇人
至，举体无片缕，言语啁啾"；《鬼国续记》"形躯枯悴，生理穷
窭"③；《海王三》"举体无丝缕朴樕蔽形"等，如果说此几则故事
中，岛民尚有人形，到《猩猩八郎》，则有"披发而人形者，遍体
生毛，略以木叶自蔽"④ 之类的描述，直言岛民乃是猩猩，海客所娶
岛女为其中佼佼者。《岛上妇人》虽情节叙事基本沿袭释典，而文中
妇人与原型中的"罗刹"相去甚远，并不带有明显地缘特征及佛教
意味。于彼时的中原人而言，海上贸易虽已属寻常事，而海客们出
海所遇乃是日常经验的意外产物，主人公在某种不可控因素下，被
置于一个与常识经验完全不同的环境中。因此，岛屿上的环境乃是
幻想出的环境，是国人对海洋先天属性的文学解构，同时，这种
"远国异民"式勾勒也来源于中原人对海域敬畏的心理沉淀。

2. "异类婚"母题的变异

就情节叙事而言，无论是释典中的贾客出海遇罗刹女，还是汉
地小说中的海客在孤岛婚配，都涉及"异类婚"母题叙事：自大陆
腹地而来的男性同孤岛中的异族（类）女性婚配，从而引发一些诡
异奇绝之事。此类小说基本秉持汉地男—海岛女的人物设置，就社

①　袁珂：《山海经校注》，上海古籍出版社1980年版，第325页。
②　袁珂：《山海经校注》，上海古籍出版社1980年版，第378页。
③　（宋）洪迈：《夷坚志》，中华书局2006年版，第1239页。
④　（宋）洪迈：《夷坚志》，中华书局2006年版，第1742页。

会现实而言，古代远洋海商团体的参与者基本为男性，因此汉地男子出洋遇险更符合彼时社会情境。而汉地男子与海岛女子的婚配多属被动性质，女子多来历不明行为诡异，二者之间无媒自许，其关系绝大多数是礼法之外的关系。

此类小说虽篇幅短小，但叙述结构基本形成并统一，大多数分为"海难至岛→与岛女婚配→夺舟潜逃"三部分。第一部分为故事前奏，讲述基本背景，其中包括时空场景的设定及故事主人公介绍，布置悬疑伏线等；第二部分讲述汉地男与海岛女婚配生子之事，女子行为举止多有怪异之处，似危机四伏；最后情节急转直下，汉地男子夺舟出逃，远离海岛及女子，而悬疑并未得到解决。

释典与汉地"罗刹女"叙事中的女性皆是非人的形象，中国古代小说涉及异类婚者颇多，自六朝至唐五代，传奇志怪中多有人鬼情缘异类通婚的情节，形象、情调等皆较为稳定。而此类型小说中的异类婚较为特殊，首先，传统中国异类婚叙事中的异类通常为由花、精、狐、魅、幽冥等化身的女子，叙事末段一般解决故事所设置的悬疑，指明女子所系何物；而此类型异类婚中的海岛女子身份多不明晰，形象中始终萦绕着邪魅诡谲的气质。其次，海客多属汉地出海客商群体，在与岛女的婚配中，岛女拥有绝对的主动权及选择权，而海客始终处于被动接受地位，无选择与拒绝的权利。而在漫长的婚配过程中，海客始终不知妻子的背景与来历。再次，海岛妇人类小说并不重视对男女恋情的描摹，宋代笔记、话本中多有异类婚及幽冥情缘情节，其中多重"情"之描摹，海岛妇人类小说与之大相径庭。与汉地海客而言，婚配多有强迫性质。

佛教作为一种有禁欲主义色彩的宗教，在其教义中，将"淫"视为必须守持的戒律，因为"淫欲为死生根本"，在相应的释典叙事中，岛上罗刹形象美艳卓绝，海客等人皆被美色迷惑。而在宋代同类型叙事中，海客与岛女的婚恋过程并无情欲成分使然，毫无自由的爱的气息。究其成因，自与异类婚中的女性群体分不开。"海岛妇人"类小说系源自释典，海岛女子原型乃佛教中的恶鬼罗刹，生而凶残食肉。佛教彼时虽已在中华大地普及开来，而罗刹这一嗜血恶鬼形象并无中国传统志怪中女鬼所固有的怕光①、阴柔等特征，与中华文化较为疏离，故而原型被隐而不谈。

3. 叙事时空结构之变

佛教认为，在轮回转世的圆形时间中，因对我执有所迷惑，因此由"我"而进入"无我"的这种自我觉悟，才是突破时间圆环的途径；而在中国人的宇宙观中，真如并非佛教的观空出世，而是在生活中呈现。《鬼国母》及《鬼国续记》中，海客随鬼蜮中人"赴宴"，发现所赴宴席乃是人间妻子为自己所举办的法会，时逢僧人诵经，海客因此惊醒，自鬼蜮返回人世。海客之所以得以重返人世，得益于法会上佛乐及诵经等仪式，具有极大的偶然性，作为释典故事的中土演绎，此二则故事在表达宗教对人间苦难的救赎上无疑十分敷衍。释典中，海客受天马启发醍醐灌顶的一刹那，即在无始无终的时间中得到"往还自在"的时间，从时间中脱离出来，得到救赎；而宋代"海岛妇人"类小说无一不持"原型回归"②的时空概念，依照原始、历劫、回归的圆形循环的结构开展的，经过一种逆转的时间观念使时间回归原始的轨道上去，一切都是原有秩序的再度呈现。

此外，在以往离魂类③小说中，幽冥鬼世界与现实人间处于生死两极，生人游鬼蜮基本需特殊媒介，通过悠长梦境或者身体暴病/暴毙获得进入另一世界的可能；梦醒意味着回归现实层面，复苏/复活也使其魂魄返回阳世。值得一提的是，在传统"死而复生、如阴还阳"类叙事中，主人公往往身体与魂灵分离，而宋代海岛妇人类小说中，海客肉身与灵魂从未分离，皆同历鬼蜮；而甫闻佛经醍醐灌顶，肉身与灵魂皆自鬼蜮返归，鬼利用超度法会重返阳世，侵入人类空间，人、鬼各自安于自己的生活，自然构成一个有秩序的天地。

① 霍世休：《唐代传奇文与印度故事》，《文学》1934 年第 2 期。
② 王孝廉：《中国神话世界》，台北：洪叶文化出版社 2005 年版，第 120 页。
③ 离魂类故事兴起于六朝志怪，唐传奇深化之，成为一类独特的故事范型。

换言之，海客因海难进入鬼蜮，鬼蜮与人间皆是处于同一空间的不同维度之中，故而可交汇至一处。

（三）宋代"海岛妇人"小说流变成因探析

唐人常在笔记小说中不厌其烦地记载故事发生时间、地点、主人公姓氏云云，以此实证所述故事真实不虚，独立写作意识尚未豁醒。洪迈的撰写态度实难窥究，但同样取材自大量的志人志怪传闻，相较唐朝《酉阳杂俎》之类笔记小说，《夷坚志》并未如前朝那般强调故事的真实性，但作者的小说观念往往出现反复；此外，相较释典渲染虔诚的佛教徒如何在遭遇险难之时得佛庇佑，宋代作者显然未将弘扬佛法无边作为故事主旨，亦无宗教式的道德劝诫及果报等因素，而将关注点落在故事本身的"奇"上。

洪迈一方面对小说创作持有"稗官小说家言不必信，固也"①这样的观点，却又有"若予是书，远不过一甲子，耳目相接，皆表表有据依者"②之说，以证自己所记录皆为实事。至于"《夷坚》诸志，皆得之传闻，苟以其说至，斯受之而已矣，聱牙畔奂，予盖自知之。支丁既成，姑撷其数端以证异……凡此诸事，实为可议。予既悉书之，而约略表其说于下，爱奇之过，一至于斯"③，乃是自述自己如何因贪慕稀奇而在记载他人故事时往往忽略事件本身是否真实，认为"爱奇之过"是导致自己屡屡失察，在集中收录子虚乌有之事的缘由。以此视之，小说观念不免囿于保守与反复，具体例如：

《岛上妇人》——"泉州僧本偈说"④

《海王三》——"今山阳海王三者亦似之"……"绍兴间犹存"⑤

---

① （宋）洪迈：《夷坚志》，中华书局 2006 年版，第 185 页。
② （宋）洪迈：《夷坚志》，中华书局 2006 年版，第 185 页。
③ （宋）洪迈：《夷坚志》，中华书局 2006 年版，第 967 页。
④ （宋）洪迈：《夷坚志》，中华书局 2006 年版，第 59 页。
⑤ （宋）洪迈：《夷坚志》，中华书局 2006 年版，第 787 页。

　　《鬼国续记》——"福州福清海商杨氏"……"秀州天宁长老妙海时在彼县，亲见之"①

　　《鬼国母》——"建康巨商杨二郎"……"杨至绍熙中犹存"②

　　《猩猩八郎》——"金陵客商富小二，以绍兴间泛海"……"小二至庆元时尚存，安国长老了祥识之"③

　　以上，皆可看出其创作态度仍不明朗，较之明清作者直接标榜故事的原创性及虚构性，仍有很大差距。但同时，洪迈肯定作者撰文时的主观情志，"夫齐谐之志怪，庄周之谈天，虚无幻茫，不可致诘。逮干宝之《搜神》，奇章公之《玄怪》，谷神子之《博异》，《河东》之记，《宣室》之志，《稽神》之录，皆不能无寓言于其间"④，此为对小说功用的认识。作者在对"罗刹女"类故事的记录撰写中，虽提及主人公所属年代，但皆发生在属化外之地的海上孤岛，就某种意义而言，故事本身的历史环境及过程被刻意或非刻意地架空，从而不从属于任何历史语境，形成一个独立的时空结构。海岛妇人空间关系的首要特点在其虚幻性，由于某种不可控因素的存在，主人公被置身于与常识经验完全不同的幻想情景之中——人物的行动与情节发展由环境造就，与日常生活经验中的空间相差很远，不同于早期神话及志怪中对风景空间不进行真正叙事的惯习。小说中的世界是幻象世界，与现实世界疏离乃至相悖，"在大多数幻象中，来到一个奇异的环境通常意味着获得幸福的可能"⑤，与以往古典小说中的海外仙乡不同，此类型小说在中国创世伊始，主人公的岛屿岁月便与厄运密不可分，虽最后以得幸逃难而终，但总体而言，叙事

① （宋）洪迈：《夷坚志》，中华书局2006年版，第1239页。
② （宋）洪迈：《夷坚志》，中华书局2006年版，第1741页。
③ （宋）洪迈：《夷坚志》，中华书局2006年版，第1742页。
④ （宋）洪迈：《夷坚志》，中华书局2006年版，第185页。
⑤ 高小康：《中国古代叙事观念与意识形态》，北京大学出版社2005年版，第89页。

基调偏惊悚。

《夷坚志》所记，多是时人倾诉的见闻。留有的佛教痕迹也多见于叙述者，如"泉州僧本偈说""秀州天宁长老妙海时在彼县，亲见之""安国长老了祥识之"等，足见叙述者多为僧侣。然而部分篇章中佛与鬼之间的对立仍在，但冲突张力已大大减弱，小说中僧人出现更有让人鬼各归其位、恢复人世间原有婚恋秩序的意味。此现象产生不仅与汉民族的生活史息息相关，还带有口传文学的特点，看似"个人叙事"，而叙述者、听众及记录者同时在经验与超验之间建立隐喻转换的关系，虽以个体的经历做叙事话语，却构建出契合本国民族心理的故事。由此可见，释典海客故事流传到中土之后，虽大致脉络仍沿袭，但已无浓厚的说教意味。

从严格意义上来说，此系列小说母题虽源自释典，却脱其窠臼，远称不上是辅教小说。虽《鬼国母》《鬼国续记》两则有丰富的佛教情节，但《岛上妇人》等篇目结尾处海客夺舟离岛逃离妇人控制，与释典中摆脱恶鬼罗刹的海客相比，仅凭自救，少了佛陀的助力。显而易见的是，宋代此类小说沿袭了释典中海客遭受磨难后得救赎的叙事脉络，而最后主人公之所以得救，靠的不是佛陀的神力相助，而是陆续到达的中土船只。另，释典中海客识得罗刹真身，得佛庇佑弃子而逃，而在《海王三》中，海客逃离岛屿时仍"急入洞抱儿至"，携子同逃。又，《海王三》同《岛上妇人》结尾处皆有对岛妇见远舟号哭，而海客亦"从篷底举手谢之，亦为掩涕"之类的描述，已明显受到了唐之后浓重的世俗人情濡染，浸入以儒家观念为核心的世俗传统，已不再有纯粹的宗教目的。

"海岛妇人"类小说作为一种叙事文学，其在叙述传播的过程中，与其说是故事内容本身为受众群体所期待，不如说是故事暗含的蕴意符合受众心理。隐藏在"海岛妇人"故事背后的共同意义模式可视为一定文化环境中的叙事核心要素，亦是基本叙述意图。纵观宋朝及宋之前的此类型小说，无论是"海岛妇人"类还是扩大到整个"海客遇险"类小说，作者基本持有的叙述意图乃是对未知可畏世界的一种渲染与宣泄，如洪迈曾有"海于天地间为物最钜，无所不有，可畏哉"的感慨，可视为对自己创作动机的阐明。审视宋代"海岛妇人"类叙事，作者的写作意识游处于"有意"与"无意"之间。从题材的延展及撰述倾向上来看，无意融入了个人的思想感情于其中，字里行间可感受到怀疑主义乃至悲观主义的情绪留存，所以宋代的"海岛妇人"类故事同释典原型相比，显得有所开发，格局情调有较大进步。

此类由宗教叙事而流行起来的小说内容，与生活经验相补充，继而又转换故事传说。"罗刹女"题材在后世反复演绎，明清小说如《聊斋志异》《西游记》中均有类似章节，稳定地沿袭宋代既有的模式去演说同类故事。总的来说，中国"罗刹女"（海岛妇人）类型故事的基本情节格局已经形成，其中有如下共同特征：一、故事冲突：海客同岛女的关系系故事张力所在，其婚恋、束缚关系推进故事衍生发展。二、囚禁情节：以海岛居民想尽办法将海客囚禁于岛屿为叙事主线，行文中充满诡谲气息与压抑情绪。三、异类组合：汉地海客男子与海岛上的异类构成故事人物，海客常处于从属、被动地位。以上几点叙事特征，不仅在宋朝系列小说中明确显现，并且在后世"罗刹女"类型的海岛探险故事中一以贯之，成为此类叙事的贯通特质。由此，唐之前缺少人物活动的地理博物类涉海小说至宋产生演变，人物航行海上，又因一系列事物的发展串联成成熟的海上遇险问题，使之成为真正的叙事文体。

第 五 章

中斯方外交流与海洋文化
战略意义

早在公元前 500 年，古希腊著名的海洋学家狄米斯托克便有了
"谁控制了海洋，谁就控制了一切"这样的论断，可谓是一则精准的
预言。人们对海洋的认识，也经历了漫长的了解与实践的过程，纵
观历史，近现代西方强国无一不是通过海洋商业而实现其强国之
路——大航海时代，欧洲各国因其海洋地缘优势及商业文明的优先
态势，通过开拓海洋航线打破地域的局限，继而勾连全世界，使全
世界在真正意义上体现出联动特征。然而另一方面，西方海上列强
在异域攻城略地，掠夺海外资源，因彼此争抢殖民地发动战争，为
海洋探索的历史抹上了一笔暗色。大航海时期塑造的海洋文化，其
内涵不光是商业与自由，还有征服与劫掠，带有深深的殖民侵略
色彩。

中国是一个海洋大国，东部疆域有着漫长的海岸线，居民自远
古时期便乘舟楫出海、捕鱼晒盐，与海洋产生密切的联系；唐宋时
期，又因远洋航线的成熟、指南针的普及与航海技术的提高，海上
贸易进入兴盛期，也开创了中国航海史的新纪元；明代郑和率船队
七下西洋，在展开对外贸易的同时，亦与丝绸之路沿线国家有了进
一步的文明交流。纵如此，海洋生产方式并不是中国人主要的生产
方式，盖因中国主体民族汉民族及其他大多数民族都属农耕民族，
因此，海洋商贸经济是农耕经济的补充，中国从未通过海洋来扩张

疆域，抑或是掠夺资源。中国传统文化带有鲜明的大陆性特质，海洋文化作为大陆文化的补充，也具有相应的和平性与秩序性。但与此同时，我们不得不承认，在西方列国在大航海时代通过远洋贸易日渐壮大自身、迅速崛起之时，中国逐渐因为海禁而陷入闭关锁国的状态，对海洋的关注度远不如同时期的西方人，海权意识也较为淡薄，曾丰富发展的海洋文明进入衰落期。

而中国毕竟是一个海洋大国，正如 20 世纪早期曾赴华任教的美国地理学家葛德石（George Babcock Cressey）在其论著中说的那样："中国的大门是海洋，而不是内陆。"① 中国不只是一个内陆广阔的大国，而兼有更辽阔浩瀚的海域疆土。时至 21 世纪，人们对海洋的认知已不止于航线及商贸，而是更蕴含着丰富的资源及巨大海域空间。海洋成为人类生存的"第二空间"，关系到国家与民族的发展与未来。近代在海洋经营管理方面已落后西方不止一筹的中国人，逐渐意识到海洋的重要性，将发展视野转移到海洋。在这种战略思路下，斯里兰卡的地位因其海洋战略意义而得到提升。佛国斯里兰卡岛作为印度洋中的一颗明珠，其海洋地理位置在古代已为国人知悉。而若论及以现代国家地缘政治视域审视斯里兰卡的海洋战略意义，则可上溯到晚清末期，这一时期可谓近代中国对斯里兰卡海洋地缘属性的初探。随着西学东渐出洋之风渐起，及日军在印度洋挑起战争，斯里兰卡的地缘战略重要性进一步彰显。及至当下，海上丝绸之路倡议的提出及南海问题成为议论热点，更有域外学者推测，作为世界上最繁忙海上通道之一的印度洋区域，未来将会成为 21 世纪国际冲突与权力转移的中心，在这一区域，中国、印度及美国的利益及影响相互角逐。② 因此，佛教及海洋成为研究斯里兰卡问题的热点，亦是交叉点。

---

① George Babcock Cressey, "Land of the 500 Million: A Geography of China", *Far Eastern Survey*, 1955 (12).

② Robert D. Kaplan, *Monsoon*, *The Indian Ocean and the Future of American Power*, New York: Random House Inc., 2011, p. 2.

既往的中斯佛教交流研究更多地关注陆地上的历史，从而忽略了海洋历史对中斯交流的巨大影响。从记载两国交通史的文献到现存的碑文等文物，都大量记载了中斯之间伴随着海洋贸易的佛教传播。中斯两国交流背后的海洋环境及海洋因素，为两国的佛教文化交往提供了一个完整的图景。在海上丝绸之路上，佛教已形成一条"黄金纽带"①，发挥着黄金纽带应该发挥的作用，亦在中国与斯里兰卡关系的发展与深化方面发挥了桥梁与纽带作用，凸显出佛教在中斯交往中的特殊地位。

第一节　晚清民初文学视域下的斯里兰卡海洋叙事

斯里兰卡的海洋战略意义在清朝已为时人知晓，国人为之勾勒岛屿图绘，光绪十八年（1892）刊登于《画图新报》，题名《锡兰岛图》。附文部分指出，此处"为英国所属，南海中之大海岛也，约二十万方里，户口约三百万，中则崇领高阜"②，虽后文依旧关注气候、花木及多产香料、桂皮等，记录山中古刹大佛及释迦牟尼佛足迹等传说，沿袭传统地理志书写模式，却也看出海滨及出海口的重要性。但在自清末民初至远东战争之前，中国人文字所记录的斯里兰卡的海洋与佛教，总体而言多偏于文学，尚未上升至战略高度。

这一时期，中国人开始走出国门，或是出游海外或是留洋欧美，斯里兰卡的科伦坡港作为重要的航程中转站之一，吸引了旅人目光，引来不少游人驻足。因此，在这一时期，中国人留下不少与斯里兰卡相关的诗文篇章、人物素描及风景照片等。人物素描着重于趣，勾勒斯里兰卡岛上民族的特点，如卷发、着长袍、跣足等——值得一提的是，因斯里兰卡人与印度人皆属南亚人种，"多棕黑色，盖印

---

① "黄金纽带"概念系由赵朴初居士提出。
② 《锡兰岛图（附图）》：《画图新报》1892年第13卷第3期，第116—117页。

度欧罗巴种也"①，且文化类同，所以古代中国人将斯里兰卡人（尤其北部斯里兰卡人）称为"南天竺人"，"师子国，亦曰新檀，又曰婆罗门，即南天竺也。国之北，人尽胡貌，秋夏炎旱"②，此处"胡貌"特指印度人长相。而近代中国依旧沿袭古代中国的观念，继续将两者两题并论，认为斯里兰卡人也属于印度人的一种，"就是约在两千五百年前，跟从印度的阿育王远征而来的亚利安族"③，所以直接用"印度人"来称呼斯里兰卡人。

风景照片主要关乎佛教遗迹，如佛塔④、佛像⑤、佛寺⑥、卧佛足迹⑦等，部分也涉及海港⑧、椰林⑨、城市面貌⑩等特殊南亚风土民情，另有部分着眼于该国经济生活方式，如采珠贝⑪、捕鱼⑫、采茶⑬等。文人诗歌为两国交流的新范式，在这一部分文人诗歌中，斯里兰卡不再只是史书中的师子国，而浸润了亲身登临的真情实感，虽然与中土相比，斯里兰卡风物迥异，一片南国风情，但诗歌作者多撷取佛教及海洋作为书写的意象。

---

① 《印度圣地锡兰略志》，《佛教日报》1936 年 2 月 4 日。

② （唐）杜环原著，张一纯笺注：《经行记笺注》，中华书局 2000 年版，第 10 页。

③ ［英］结城文朗著，侯雪夫译：《锡兰岛的四季》，《中国学生（南京）》1943 年第 2 卷第 2 期，第 86 页。

④ 如《锡兰岛之佛塔遗迹》，《香海佛化刊》1933 年第 5 期，第 8 页。

⑤ 阿咪：《花岗石身锡兰伟大卧佛》，《天津商报画刊》1932 年第 6 卷第 17 期，第 2 页。

⑥ 如《锡兰岛上至根蒂湖滨舍利子庙》，《外部周刊》1934 年第 33 期，第 58 页；任生：《印度锡兰佛殿内观》，《艺风》1934 年第 1 卷第 6/7 期，第 4 页。

⑦ 《锡兰卧佛之足》，《天津商报画刊》1932 年第 6 卷第 17 期，第 2 页。

⑧ 如《锡兰岛科仑波港之狂风巨浪》，《海军杂志》1932 年第 5 卷第 3 期，第 1 页；F. Henle：《锡兰之暴风》，《天津商报每日画刊》1936 年第 18 卷第 44 期，第 1 页；学海：《锡兰岛风景票谈》等。

⑨ 如《锡兰的农村与农民：椰子园》，《农村合作月报》1937 年第 2 卷第 7 期，第 9 页。

⑩ 如朱备畊《锡兰岛哥伦埠牛车》，《中华（上海）》1932 年第 13 期，第 13 页；《锡兰岛——印度洋中的乐园》，《欧亚画报》1942 年第 3 卷第 10 期，第 11 页。

⑪ 如《珠宝商在锡兰秤量真珠》，《家常科学》1937 年第 9 期，第 531 页。

⑫ 如《锡兰的农村与农民：渔民捕鱼》，《农村合作月报》1937 年第 2 卷第 7 期，第 9 页。

⑬ 如《锡兰茶园在四月里》，《茶报》1937 年第 1 卷第 1 期，封 3 页；《印度锡兰地方人采茶》，《常识画报：中级儿童》1937 年第 42 期，第 1 页；《锡兰的农村与农民：茶园》，《农村合作月报》1937 年第 2 卷第 7 期，第 9 页。

书三百箧被秦焚，此时焚余敝帚珍。一卷楞伽经历劫，付君心印一时闻。

           ——《赠菽园子以劫后楞伽经》

此为南海说心书，我住南洋挟与居。大海波涛渺无住，闻狮子吼证如如。

           ——《楞伽即锡兰也，星洲去彼岸不远，再题一诗》①

布金芜坏殿，说法废遗经。大教犹尘劫，浮沤况众生。

寥天沙屿小，圆塔海潮明。白马西来客，凄凄向晚晴。

           ——《印度锡兰佛寺》②

漫感崎岖世道难，唯心物境且随安。仙涛频挟梵音至；证我灵台贮锡兰。

冷月含辉上远岚，雷音祇合梦中参。梦中无限清凉界，海色天容一黛涵。

荒山一佛惟酣睡，欲海群生任去来。晦塞灵光天欲随，慧眸千古为谁开。

           ——《八年冬自欧归过锡兰岛，以舟中防疫禁登陆，
           同行者皆失望。晚眺雷音峰，次弃玉虎韵》③

六年三度锡兰游，梵宇龙宫处处留。烂漫云踪追法显，飘零绮语拟汤休。

神光乍现涛声转，花气浑与日色稠。即是如来圆寂地，遥闻钟磬十万幽。

           ——《锡兰怀方外故友月霞、曼殊，以二公
           皆尝杖锡来游斯岛》④

---

① 更生：《诗文辞随录》，《清议报》1901 年第 83 期，第 5260 页。

② 李思纯：《欧行旅程杂诗十七首：印度锡兰佛寺》，《学衡》1923 年第 14 期，第 117 页。

③ 默：《八年冬自欧归过锡兰岛，以舟中防疫禁登陆，同行者皆失望。晚眺雷音峰，次弃玉虎韵》，《建国（广州）》1928 年第 10 期，第 7 页。

④ 程演生：《锡兰怀方外故友月霞、曼殊，以二公皆尝杖锡来游斯岛》，《新闻报》1928 年 4 月 9 日。

色相随轮转，人间万劫非。我来君竟卧，无语对斜晖。

——《锡兰岛参卧佛》①

　　除上述列举诗歌之外，还有许多，如"浩浩象口水，流到殑伽山……中有卧佛像，丈六金身坚"② 等等。

　　就地质学层面而言，斯里兰卡岛出现于远古时代，且"自太古以来，地壳虽然屡次发生大震动，但锡兰岛始终未为之而变形"③，具备亘古无垠的特质。这种感通无疑影响了古代人，斯里兰卡成为释迦牟尼佛讲说《楞伽经》之所——《楞伽经》的巴利文名称叫 *Lankavatara Sutt*，翻译为汉语意为《入楞伽经》，佛陀曾入岛为十首王罗波那（Ravana）说法，故而得此名。继而斯里兰卡被称为楞伽岛，也带有这种亘古无垠的永恒之感。斯里兰卡学者曾考证，公元前6世纪前后，岛上确有一位名为罗波那（Ravana）的国王，为人凶恶嗜杀，后听闻佛法大义，皈依了佛教，从此洗心革面。④ 足见此说有一定历史依据，斯里兰卡人对此深信不疑。斯里兰卡的特殊地理位置——印度洋中的孤岛，与佛教相连，海洋既是一种地理实指，又是暗喻，间指佛经浩渺，佛法无垠。

　　中国人多为农耕民族的后代，海洋意象往往与苍茫、悲壮、感伤相连。清末民初，西学东渐，文学作品侧重描写心绪，因此，海中佛国锡兰给予过往文士思维情感的刺激，令人思考人生天地与价值有无，"伤心人闭目以逝，'快活之我'亦随之而俱死"⑤ ——此之可归纳为传统的文思感发，表达的依旧是对人生价值何在这一古老命题的追寻。海洋与佛国堪称起兴之物，使旅人生发出人生考索。

　　除去上述一类诗词，另有诗词书写斯里兰卡，意在抒发民族兴

　　① 沙漠中人：《锡兰岛参卧佛》，《国民文学》1935年第1卷第5期，第130页。
　　② 黄遵宪：《咏锡兰卧佛》，《侨声》1942年第4卷第12期，第22页。
　　③ 陶：《锡兰岛的魔女》，《三六九画报》1942年第3期，第3页。
　　④ 邓殿臣、赵桐：《斯里兰卡佛教考察报告》，《法音》1995年第9期，第24页。
　　⑤ 朝露：《锡兰号舟次望南洲怅然有作》，《礼拜六》1921年第107期，第51页。

亡之忧思。

> 椰树葱葱傍海滨，锡兰红日酷如燐。肥蕉硕果能藏鸟，赤
> 体巫衣可损身；虎口求生哀似犬，囹圄虐死惨如鳞。可怜亡国
> 拜年酒，革命兴邦未有人。
>
> ——《欧游吟草》①

感慨斯里兰卡久为殖民地，但未发生类似中国新民主主义革命之类的社会大变革，推翻殖民统治。此类感慨于游记文章中也颇多，"印人无男女皆腰围五色纱笼，手舞足蹈，颇为快乐，不累有亡国之痛者，想见近世覆人家园者，其术正工，使人于醉生梦死中，沦为舆台而不觉"②，此一时间，中国也处于内忧外患的艰难时刻，有识之士无不忧心家国天下的未来，对久处殖民地却没有组织大规模革命的斯里兰卡民众生发出悲悯与不解。其实此类诗文作者因在斯里兰卡停留时间较短，兼不了解此国历史背景，故而一叶蔽目，不知春秋：斯里兰卡民族运动起源较早，从 1817 年起便时常发生激烈的农民运动或暴动，第一次世界大战时，更是曾发生过全岛性的大起义。③ 因此，岛内实情与诗中所陈述的并不相同。

斯里兰卡人作为殖民地居民，其斗争意识不仅在暴力革命中彰显，亦于中国人翻译的斯里兰卡民俗传说中可寻见端倪。流传于斯里兰卡的秘话之一，是海中人鱼传说。传英国占领斯里兰卡之后，有人鱼夜夜在峡湾哭泣，有青年渔夫划船去探看，却发现传说中的海中人鱼不过是一个青年女子，向渔夫坦陈自己的经历：

> 天已将晓，她向青年诉说了她的身世。她的父亲原是豪族，
> 被英国人杀死了。她坐着帆船好容易逃到了这个岬上。谁也没

---

① 杨振先：《锡兰小泊》，《厦大周刊》1932 年第 11 卷第 18 期，第 11 页。
② 叶夏声：《锡兰在迩》，《小日报》1937 年 1 月 30 日。
③ 江一苇译：《幸福的锡兰》，《南京中央日报周刊》1948 年第 3 卷第 5 期，第 6 页。

有看见她在这个冷清的崖傍落帆下船。她把船藏在了岩石缝里。现在在一个断崖的高处的洞窟里隐身。

　　每到夜里，她便坐着船往城市去杀英国人，以为父报仇。也没有人看见过她的行迹。然而她只恐怕她的住处为别人发现，所以时常吹笛子。那种笛声是非常奇怪的，宛如吸血鬼的哭声。你想想怪讶的声音，在更深人静的时候从断崖的不可窥知的洞窟中发出来，让那从这走过的渔夫听见，莫怪使她们相信这是人鱼了。

　　每到月明之月，她便游泳。

　　袭娜的白身体，从岩尖上跳到碧青的海中，在深水中，曳着一道银色的燐岩光，游泳疲倦了便将白身体躺在岑石上，那种姿态，的确像一个人鱼。

　　第二晚青年又到岬上去，已再不见她了。船也没有了，等了几十天的工夫也不见回来。

　　只是在城市中时常有英国人被莫名其妙的杀死。

　　她一定是搬到别的一个岬上去了吧！[1]

　　作为海洋民族，斯里兰卡的人鱼传说屡见于民俗传说与历史记载之中，而在别的传说中，人鱼或是为渔夫带来海中奇珍异宝，或是与救她的人成为情侣，以故事形态学分类，则属于纯粹的神奇故事，[2] 多属于动物报恩类及寻宝类，不含道德教化及寓言。而在此则传说中，人鱼故事显然只是一个楔子，以渔夫遇到人鱼的故事框架来讲述女子为父报仇而杀英国殖民者的事，非传统的神奇故事，而是受到当下历史现实的影响，有鲜明的时代特征，亦是被压迫民族反抗精神的彰显。

　　同期翻译的斯里兰卡民俗故事不仅有上述一则《人鱼的叹息》，

---

　　① 陶：《人鱼的叹息》，《三六九画报》1942 年第 3 期，第 3—4 页。
　　② ［俄罗斯］弗拉基米尔·普罗普：《故事形态学》，贾放译，中华书局 2006 年版，第 5 页。

还有一则《钓上来的人鱼》。此则故事大致叙事链条如下：僧人见渔夫钓鱼，心起尝试之念。但因为佛教不允许杀生，僧人只能在海边静观他人垂钓。僧人终究忍不住垂钓的诱惑，于明月夜在海边尝试钓鱼，鱼儿上钩之际，僧人想到不可杀生，慌忙收回鱼竿，却钓上来一条人鱼。人鱼恳求僧人放了自己，僧人应允：

> 你回到海中去吧！我是出家的人，千万不要对别人说这样的事件。我拜托你。你快回到你那可爱的海中去吧！不要让村里的人们抓住。

人鱼许诺会报答僧人，尔后回到海里。一年之后，有自称迷路的青年女子敲寺门，请求僧人留宿，僧人先是拒绝：

> 你不能住在这个庙里，因为这里仅有我一个男人，对不起得很，还是请你到旁处去借宿吧！

女子流泪哀求，僧人不得已留女子夜宿。不仅如此，自第二天起，僧人便每天取海水让女子沐浴。几十年后，村中人逐渐衰老逝去，而僧人与女子容颜不变，依旧青春。某日僧人想起女子沐浴不允许别人看，好奇心驱使下，僧人决定偷窥，却骇然发现，女子是一条人鱼。女子承认自己身份后离开僧人，变回人鱼，潜入海底：

> 我告诉你不要看我洗澡，你偏要看，我们不能不分离了，今天我得回到海中去。然而你要永久的年青的。①

这则民间叙事颇为奇特，作为神奇故事中的报恩叙事，虽然相比其他同类故事，其构成为同一类型，但此故事中的叙事背景及角

---

① 陶：《钓上来的人鱼》，《三六九画报》1942年第3期，第4页。

色功能相比中国的人鱼故事，有较大差异性。其一，故事主人公为海中人鱼与寺中僧人，叙事围绕佛教与海洋两个叙事要素展开，具有斯里兰卡特色。其二，故事开头便是僧人久居海边，此为初始情境，之后僧人为垂钓吸引，私下垂钓，成为叙事功能项，打破佛教戒杀戮的禁令，为之后出现的意外做了铺陈。僧人经受住考验，放走人鱼，继而获得人鱼的魔法相助，成为长生不老者。僧人对青春赠与者人鱼的行动作出反应，最终人鱼回归深海，僧人永葆青春。其三，此叙事中，僧人的角色标志及其意义较为复杂，僧人的身份本赋予故事鲜明的基调，而在故事中，僧人钓鱼破杀戒、留宿女子多年且为偷窥女子洗澡破色戒，形象较为复杂。其四，作为破了诸种戒律的僧人，没有受到任何世俗层面及宗教层面的价值评判，在故事中依旧得到正面勾勒，最终也获得长生不死的报答。

中国人将此则民间叙事翻译至中国，从中也可窥见彼时国人对斯里兰卡这块异域的文化心理投射。作为与中国友好往来数千载的海岛佛国，海洋与佛教一直是斯里兰卡的两个关键词：斯里兰卡岛的位置数千年来一直在主要的航海线上，古今相同，东方学家 Geiger 教授认为海中孤岛的独立地位有助于佛教文化的延续与传承，这也是为什么"印度大陆任何部分很少有像锡兰岛那样不中断的历史传统"[1]，岛屿的地理独特性使之不受印度佛教衰退的影响，而是一直以佛教为信仰，继而将宗教融入民族文化之中。而该国的文学艺术也归功于佛教的影响与僧侣群体的博学多闻，以《钓上来的人鱼》一则故事为例，其中有极为明显的佛教故事脉络，属于将佛经故事中动物报恩型神奇故事加入世俗男女情节，衍化为带有猎奇性质的人鱼故事。

值得一提的是，清末民初时期探访斯里兰卡的中国人并非都是佛教徒，但大多在探访佛寺时，受到僧侣的友好接待。僧侣常以贝叶经馈赠，如"慧僧且知远道相别，簪佛前黄花于吾襟，并赠贝经

---

[1]　[锡兰] H. A. J. Hulugalle：《锡兰》，周尚译，商务印书馆 1944 年版，第 5 页。

一卷"①"吾既游坎第而归,向寺僧乞贝叶经一部"②"周君梦坡以所得锡兰梵夹"③等所记,中国游人皆得到僧侣相赠的贝叶经。斯里兰卡僧人馈赠贝叶经,有结缘传法之意,而中国非佛教国家,国人收到馈赠,往往送至熟悉寺院,作镇山之宝。总之,这一时期的国人,虽无明确的海洋文化意识,却在选取斯里兰卡文学创作及游记时关注到佛教及海洋两个所指,并将之与斯里兰卡紧密相连。

第二节　远东战争中锡兰海洋
地缘价值的中国呈现

民国时期,国人对锡兰的关注度有所上升。一些与锡兰相关的外文文献推介至中国,如英国人 Clark 所著 *A glance over Ceylon* 等④;或翻译该国民间故事⑤,加深了国人对此海岛的综合了解。而 19 世纪风云诡谲的国际政治也让中国人开始从地缘上审视锡兰岛,意识到英国殖民此岛,盖因其卓越的海洋地理位置,因此英国殖民者打造此处港口,有商贸及军事的双重考量,"闻当一七九六年,英始得之,以其地当东西洋交通之要冲,足为印度商业之集中点。草创经营,颇费财力,商业盛而海防严也,故炮垒最坚"⑥。初期,英军的主要防守对象是其他海洋霸权国家,锡兰被认为是"全印度最好最有用的海湾,可以安全藏匿或出勤全部海军。这海湾对英人是异常的重要,它可以保证印度西部的主权,而防御他们的属地,以抗其他欧洲强权的侵占"⑦。1915 年,锡兰加里港(Golle)被英国新列为英国(含殖民地)军港,以中国在内的中立国船只驶入该港口,英

① 吴品今:《锡兰岛漫游记》,《改造(上海 1919)》1921 年第 3 卷第 12 期,第 107 页。
② 君劢:《锡兰岛闻见(续)》,《晨报》1919 年 3 月 29 日。
③ 刘炳照:《同声集(二续)》,《希社丛编》1915 年第 4 期,第 9 页。
④ [英] Clark:《锡兰一瞥》,王雨生译,商务印书馆 1930 年版。
⑤ 黄縶琇:《锡兰民间故事》,《民俗》1937 年第 1 卷第 2 期,第 207—214 页。
⑥ 吴品今:《锡兰岛漫游记》,《改造(上海 1919)》1921 年第 3 卷第 12 期,第 105 页。
⑦ [锡兰] H. A. J. Hulugalle:《锡兰》,周尚译,商务印书馆 1944 年版,第 2 页。

殖民当局可令乘客离船。① 英国殖民当局对此处港口管辖甚为严格，营建港口多注重防御工事，"海岸以石建，筑长堤，舟抵埠时，仅能纡回入口，不及岸，接之以码头，名曰 Passenger Jetty，凡往来船名及日期，均列表示众，一靓瞭然"②，英国人之战略意识可见一斑。此阶段，大英帝国于南洋、南亚殖民地颇多，所辖地区不乏优良港口，而在英帝国战略视域中，南海要冲锡兰的战略地位非他处所能及：1926 年，英殖民当局认为新加坡不宜建筑军港，"惟有锡兰岛与紫林马里港始为英国海军上重要地点"③，因为从地缘区位优势上而言，锡兰距离印度大陆仅仅 40 千米，居于苏伊士运河及新加坡之间，能支配锡兰岛的国家便能致印度于死命，继而控制整个印度洋。

锡兰特殊的海洋中转站地位，为殖民宗主国保证了稳定丰厚的财政进项，此一时期，中国的经济观察家发现，科伦坡港（旧称哥伦布港）作为远东与其他区域往来通衢处，连结中国与欧洲、欧洲与大洋洲，"有数条航线同印度、缅甸、南洋海峡殖民地，暨荷属南洋群岛相连接，此外并有特别航路，与东非洲及南非洲相联贯"④。仅以 1923 年为例，锡兰全国财政盈余一千三百五十万卢比，其中三百万卢比直接拨付殖民国大英帝国，充作战争费用。⑤

此阶段，华文报纸刊载部分国际新闻，所涉锡兰，皆与其海洋地理重要性有关。此时期的中国人业已了解海洋航运的重要性，知道苏伊士运河开凿之后，欧亚交通以印度洋为最大海程，而斯里兰卡为我国通向西欧的中转站，更是"英国人支配世界海洋的锁链中

---

① 齐耀琳：《江苏巡抚使公署饬第二千五百七十号》，《江苏省公报》1915 年 5 月 3 日，第 12 页。

② 吴品今：《锡兰岛漫游记》，《改造（上海 1919）》1921 年第 3 卷第 12 期，第 105 页。

③ 《新加坡确不宜筑军港　麦丹诺视察锡兰后益信主张不误》，《晨报》1926 年 2 月 9 日。

④ 《杂纂：锡兰兴盛近状》，《中外经济周刊》1927 年第 206 期，第 42 页。

⑤ 《英属锡兰岛财政之盈余》，《晨报》1923 年 7 月 9 日。

之一重镇"①。以锡兰首府科伦坡港为例，港口深约二十公尺以上，巨船可以自由出入；是印度洋航线的中心，由此可以西至欧洲与非洲，东至太平洋岸各地，南至大洋洲，实为东西南三航路之交点。②介绍锡兰地理的科普文章，甚至进入这一时期的中国中学读本。③部分敏锐的中国人意识到，英国常以"瘟疫流行""盗贼充斥"等借口，阻挠外国人登科伦坡港口，实则是"帝国主义的反宣传作用，因不如是，不足以见印度人的野蛮，却最易见科埠（乃至全印）的尚未开化，更不足以见英国人统治印度的必要"④，这一切都是因为科伦坡港在印度洋的要塞地位，在商业及军事上的双重重要性使然。

至日军 1937 年入侵中国，继而在亚洲、太平洋地区大规模挑起事端时，随着日本侵略军进攻的愈发深入，锡兰的地缘重要性则进一步凸显，盟军以此为印度洋据点，打击日本进攻，其在印度洋战场上的战略价值被认知。⑤作为老牌帝国主义国家，英国已预先考虑过印度洋战争的可能性，先前对科伦坡港及哥尔湾也有所布置，在对日作战前期亦见成效：科伦坡港并非天然良港，而是殖民当局组织人工堆砌而成，"海港中设备得称完备的，当以哥伦布为首屈一指，其次为由哥伦布南下七十五咪的哥尔港"，"（哥尔湾）三万吨级助力舰，可以自由出入，用作潜水舰基地，更为适宜，又其军事设施，油槽、武器弹药等仓库，全部设于地下，亦有陆军机场的设备，和星洲联络，大体利用水上机，又滋罗和钵打临间，亦建有宏大的军用机场"⑥。须知，锡兰是印度洋的海防门户，位于印度东南海上，与印度相隔保克海峡（Palk St.）与马拿尔湾（Maner）遥遥

①《印度观察记：锡兰一瞥、印度民气、盛倡宪治、印度种族》，《军事杂志（南京）》1929 年第 16 期，第 163 页。

② 周雁宾：《锡兰之地理（续）》，《华北日报》1936 年 10 月 12 日。

③《开明外国地理讲义：印度半岛—锡兰岛》，《开明中学讲义》1933 年第 6 卷第 2 期。

④ 罗廷光：《从锡兰到马赛》，《新中华》1935 年第 3 卷第 10 期，第 87 页。

⑤《锡兰在战略上关系极大》，路透社，1942 年 3 月 16 日。

⑥ 英夫译：《锡兰岛的近况》，《东亚联盟》1942 年第 2 卷第 4 期，第 95 页。

相望，不仅是印度的前哨、英美俄盟军的联络线，同时也是德意日必争的联络线。英国人认为，同盟国在印度洋的安全有赖于锡兰的地缘军事，如无法保有岛上的几个港口，则失去控制印度洋东面的海军前哨站，不仅印度、东非危在旦夕，且将致印度洋至波斯湾的交通瘫痪。① 更毋庸论，如若日军攻略了斯里兰卡，便是掌握了印度的命门，英国从地中海到印度洋的途径将会瞬间被截断。②

1941 年之后，新加坡、缅甸及马来亚要塞纷纷被日寇占据之后，锡兰形势一度危急。因由日本占领下的新加坡昭南港到锡兰，即使乘坐商船，也只需要五天，由孟加拉湾安达曼列岛到此则历时更短，只需要两天半。③ 东南亚盟军总司令蒙巴顿将军甚至将自己的军事指挥总部从印度新德里移到锡兰的康提，盖因海洋作战中，锡兰岛成为英军在远东海洋上唯一重要的作战据点，拟以此阻挡住日本人持续西进的攻势。从美国经过太平洋到印度的交通线完全被切断，所有从美国运到印度和中国的物资，只得绕道重洋，运到印度西岸的孟买、喀拉拉或东岸的马德拉斯、加尔各答等地，而日军不断从缅甸与马来亚出发，威胁孟加拉湾海道的交通，到马德拉斯和加尔各答的船只不断有被袭击的危险，因此，锡兰成为守卫这条运输线的堡垒。④ 1942 年 4 月，日军企图重演珍珠港事件，飞机轰炸科伦坡附近防御工事，锡兰在印度洋的重要战略意义方为全世界所知晓。⑤ 太平洋上东南亚的反攻，锡兰是同盟国的重要跳板，是打破日军封锁的重要海上据点，"由锡兰岛经尼古巴岛而反攻荷印马来亚乃是最理想的，而且是唯一的途径"⑥。锡兰在英国本土与日本距离线上的中央位置，一旦科伦坡及哥尔港口失守，则英国

---

① 《锡兰防务坚强》，路透社，1942 年 3 月 13 日。

② 仁林：《锡兰的战略地位》，《经纬月刊》1942 年第 2 卷第 5 期，第 52 页。

③ 明：《印度之心脏：锡兰岛的四季》，《吾友》1943 年第 3 卷第 12 期，第 4 页。

④ 张庆彬：《战时锡兰》，《新闻天地》1945 年第 7 期，第 20 页。

⑤ Charles K. Moser, "Ceylon, the crown jewel of the British Empire", *Foreign Commerce Weekly*, July 1942, No. 2.

⑥ H. A. J. Hulugalle：《锡兰》，周尚译，商务印书馆 1944 年版，序。

在印度洋的优势便荡然全无，整个印度洋都将处于日本人的蹂躏之中。①

从太平洋战争转移到印度洋战争之后，中国期刊便翻译刊载了英国《远东年鉴》、美国《地理杂志》，及其他域外杂志所撰写的锡兰相关内容，关心战争时局的中国人逐渐发现锡兰的地缘重要性，同时，"海权"作为一个较为崭新的理念，也于此阶段在此类文章中被屡屡提出。在近代史上，锡兰历受葡萄牙、荷兰、英国三个海权国家统治。② 锡兰的科伦坡港，澳大利亚的达尔文港及南非东南的马达加斯加岛，三者在海洋中几乎构成一个等边三角形，而锡兰岛则是三角形的顶点，因此，锡兰则意味着印度洋的制海权。③ "如果锡兰失守，北可影响印度本土的安全，西北可影响波斯湾的安全，西可影响亚丁湾的安全，西南又可影响南非洲的安全"④，在印度洋胶着的战局下，锡兰这个印度洋中"马耳他"的重要地位已为国人知悉，此岛足以左右印度洋的海权，影响整个战局。

中国与斯里兰卡相交数千载，而其地缘重要性却在日军挑起的印度洋战争中方被重视。曾有中国人感慨，认为"远东战争中有一个颇令人注目的特征，即诸小岛的重要性。这些小岛在承平时节的世界新闻中几乎没有地位。但在战时，军事策略的需要，却使许多自经济及政治观点看来，毫无重要性的区域增加了不少价值"⑤。锡兰是为此类小岛，虽盛产宝石、沉香、红茶等名贵矿产香料物产，被全世界认为是"英国王冠上的灿烂宝石"，在印度洋中有一定的经济价值与意义，但其通衢的经济价值，主要得益于其地缘重要性。有关心时局的中国人大胆预测，虽然此时欧洲战局未定，美

---

① ［英］宾尔丁著，闻达译：《锡兰：东南亚的反攻基地》，《中学生》1944 年第 81/82 期，第 58 页。

② ［美］Charles K. Moser 著，贾文林译：《锡兰：大英帝国皇冠上的宝石》，《经济汇报》1944 年第 9 卷第 2 期，第 27 页。

③ 杨永直：《日寇进犯印度的可能路线》，《解放日报》1942 年 3 月 15 日。

④ I., P.：《锡兰风光》，《福建日报》1942 年 4 月 5 日。

⑤ 《锡兰岛》，《世说（重庆）》1942 年第 14 期，第 5 页。

军在东南太平洋方面发动大规模攻势，世人的目光暂时移到东南太平洋一带，而锡兰重要性不减，"锡兰依旧没失却它的重要性，预料在将来盟军扫荡南洋的敌人时，此地又将成为重要战讯的发布地"①。

后期英军向美国买进巨额军需品，无力支付，拟以出让锡兰岛给美国，来解决现金偿还的困难。在全世界战火蔓延的局势下，锡兰通衢的商贸中转站地位进一步彰显：

> 自首府科伦坡（Colmbo）向西约二○九二浬到达阿剌伯半岛南端英属地亚丁（Aden）港与来自地中海，经苏彝士运河红海南下的欧亚航线相衔接。为东向南洋约一八三六浬之巴达维亚（Baravia）的枢纽。由此向北与印度之第一商港口加尔各答（Calcatta）印度之学术都会孟德拉斯（Madras）等著名都市，俱各闢有定期航线。越孟加湾一二三四浬与缅甸之仰光，有亦定期航线。与印度本土仅隔着一保克海峡（Palk Str）且其中有三数珊瑚岛好像桥梁一般——亚当斯桥。过去为适应战时形势起见，加工溶疏，三千吨以上的汽船已能勉强可以通了。……至于横渡大西洋的运输工作，则以美船来回航行担任的。……是以每周最少有一只或者两只美船泊于科伦坡港内。②

锡兰岛海上交通之发达，足可见一斑。

受到时局影响，远东海战胶着，远洋航线更是局势不定，部分思想先进、有战略眼光的中国人有了较为朴素的海权观念。在关注印度洋局势之时，结合中国地缘政治反思，认为锡兰与台湾岛较为类似，为一个面积较大的海岛，且岛内有山脉经中央分布于南北；锡兰岛与印度大陆相隔保克海峡，而台湾岛与中国大陆隔台湾海峡

---

① 姚枬：《锡兰述略》，《新中华》1945 年复 3 第 3 期，第 59 页。
② 康悌露：《印度洋的海军根据地：锡兰》，《宇宙（上海）》1945 年第 2 期，第 112 页。

相望，具有重要海洋意义。① 且人口规模也较为相似，"就其人口计算，相仿于中国台湾的居民——六百万人口"②。亦有国人将锡兰岛与我国海南岛类比，认为锡兰岛对于印度大陆，犹如"海南岛的对于华南，有唇齿相依的关系"③，如若失去海岛屏障，中国将处于危险境地，如若在未来想发挥自己的军事力量，也必然少不了以岛屿为前哨。足见这一时期，锡兰不再只是中国人既定印象中的南海佛教岛国，其海洋地缘引发了中国人的思考，而远东海战又进一步刺激了中国人对海洋的思考，生发出较为简单的海权意识。

第三节　当代斯里兰卡的海洋战略位置及方外文化

中国是海洋大国，海域广袤无垠，海岸线长度超过一万八千千米，另有六千五百多个海岛，岛礁更是无可计数，是一个陆海兼备的国家。沿海中国人在古代便出海渔猎，但最为农耕民族的后代，中国人的文化根蒂却深深扎入大陆的土壤中，海洋生产方式并不是最主要的生活方式；而自清朝海禁政策日益严苛以来，甚至明中后期萌芽的海洋商业文明也被切断。诚然，作为陆海复合型国家而言，中国兼有大陆文化与海洋文化，但中国的海洋文化有厚重的大陆基础，与欧美国家的海洋文化相比，既具有共性，亦具有因时代、地缘而造成的特色区隔，呈现出不同的意识形态、社会形态和经济形态。④ 黑格尔在《历史哲学》中认为，亚细亚诸国的人民虽然也以大海为界，却并未享受海洋赋予的文明，甚至将以中国为代表的东方文明与西方文明以"内陆文化"与"海洋文化"区分："西方文

---

① 明：《印度之心脏：锡兰岛的四季》，《吾友》1943 年第 3 卷第 12 期，第 4 页。
② 法舫、常进：《锡兰的佛教》，《学僧天地》1948 年第 1 卷第 6 期，第 5 页。
③ 姚枬：《锡兰述略》，《新中华》1945 年复 3 第 3 期，第 62 页。
④ 曲金良：《中国海洋文化观的重建》，中国社会科学出版社 2009 年版，第 1—11 页。

明是一种蓝色的海洋文化，东方文明是一种黄色的内陆文化。"① 在黑格尔看来，虽然中国航海技术一度领先世界，但并没有通过海洋激发出成熟的海洋商业文化，而是依旧被海洋钳制住了思维与行为举止："就算他们有更多壮丽的政治建筑，就算他们自己也是以海为界——像中国便是一个例子。在他们看来，海只是陆地的中断，陆地的天限；他们和海不发生积极的关系。"② 黑格尔的论断未必全面准确，中国有几千年的深厚海洋文化传统，更形成有"环中国海海洋文化圈"，但在大航海时代，有着漫长海岸线的中国实施海禁，在海洋商业文明发展中落后于同时期的部分西方国家，此为不争的事实。

一　当代中国海洋文化

21 世纪以来，全球各大国都把对海洋的开发利用放在战略地位，并纷纷制定政策，以求从法理上支持战略措施的实施，美国便是此中翘楚。早 21 世纪之初，美国海洋政策委员会便提交了《21 世纪海洋蓝图》（Ocean blueprint for twenty-first Century）；2004 年 12 月，时任总统布什公布《美国海洋行动计划》（U. S. Ocean Action Plan），落实蓝图中的具体政策。③ 此后，美国大幅度增加对海洋的资金、人力投入，将海洋发展提升到一个重要的位置上，可视为美国在新世纪的海洋政策及海洋战略的调整，对"21 世纪是海洋的世纪"这个当今经典议题有着前瞻性认知。

而中国亦意识到广袤无垠的海洋是世界各国未来竞争的重要场域，将海洋战略纳入国家发展战略之中。近年来，国家对海洋战略的关注度愈发提升，陆续提出相关海洋政策，以近十年为例，中国的海洋战略规划分为三个阶段：

第一阶段，"21 世纪海上丝绸之路"倡议的提出。2013 年 10

---

① ［德］黑格尔：《历史哲学》，王造时译，上海书店出版社 2001 年版，第 93 页。
② ［德］黑格尔：《历史哲学》，王造时译，上海书店出版社 2001 年版，第 93 页。
③ 焦永科：《21 世纪美国海洋政策产生的北京》，《中国海洋报》2005 年 6 月 3 日。

月，习近平主席在访问东盟期间，向东盟各国提出了共同建设"21世纪海上丝绸之路"的倡议。此倡议与2013年9月提出的要建设"丝绸之路经济带"倡议被简称为"一带一路"倡议，是十八大以来国家层面出台的最重大的战略之一。"21世纪海上丝绸之路"旨在借用古代丝绸之路的历史符号来重新发展与沿线国家的伙伴关系，从政治、经济、文化上进行多角度、多方面合作。此概念甫一提出时较为笼统，并未具体指出海上丝绸之路详细地域所指。此后，国家海洋局局长刘赐贵就此问题进行进一步解读，有"海上丝绸之路的重点建设方向将从中国沿海港口向南，过南海，经马六甲、龙目和巽他等海峡，沿印度洋北部，至波斯湾、红海、亚丁湾等海域"①之类的阐述，可视为当前对海上丝绸之路的权威地域解读。②

第二阶段，"十三五"规划纲要将海洋经济与陆地经济提到同等重要的地位，明确提出要维护海洋权益，将中国由一个海洋大国建设为海洋强国。2016年3月，《中华人民共和国国民经济和社会发展第十三个五年规划纲要》出台，在第四十一章"扩展蓝色经济空间"中明确提出："坚持陆海统筹，发展海洋经济，科学开发海洋资源，保护海洋生态环境，维护海洋权益，建设海洋强国。"③ 国家发展和改革委员会及国家海洋局进而制定《全国海洋经济发展"十三五"规划》，在优化海洋经济发展布局部分，界定了"南部海洋经济圈"，并对之做出准确定义："该区域海域辽阔、资源丰富、战略地位突出，是我国对外开放和参与经济全球化的重要区域，是具有全球影响力的先进制造业基地和现代服务业基地，也是我国保护开

---

① 刘赐贵：《发展海洋合作伙伴关系，推进21世纪海上丝绸之路建设的若干思考》，《国际问题研究》2014年第7期。

② 司聘：《佛教外交对重建海上丝绸之路政策的影响——以中国与斯里兰卡关系为中心》，《丝绸之路》2015年第16期。

③ 《中华人民共和国国民经济和社会发展第十三个五年规划纲要》，新华网，2016年3月17日，http://www.xinhuanet.com/politics/2016lh/2016-03/17/c_1118366322.htm。

发南海资源、维护国家海洋权益的重要基地。"① 南部海洋经济圈上升到更重要的国家战略地位。南部海洋经济圈由福建、珠江口及其两翼、北部湾、海南岛沿岸及海域组成，是南中国海区域海洋与陆地交叉重叠的重要经济板块。

第三阶段，党的十九大继续深化建设海洋强国的政策力度。在十九大报告中，习近平总书记提出"坚持陆海统筹，加快建设海洋强国"，要求"形成陆海内外联动、东西双向互济的开放格局"②。陆海协同、打造海洋强国的战略，在党和国家事业发展全局中、在国际格局深刻演变的大背景中得以上升到更高的高度。

通过国家战略的层层推进，近十年来，中国在海洋管理与建设方面取得了傲人的成就，尤其在南海岛礁建设及"21世纪海上丝绸之路"项目的实施方面。在全球海洋经济、海洋科技实力不断提升，海洋军事较量陆续开展的当下，当代海洋文化作为民族文化思想观念、情感意识等软实力的竞争，愈发显得至关重要，因为海洋文化需要适应海洋的新发展模式，"是关于人类、人生、世界、国家民族的人文思想、文化观念，这个理想、观念决定国家、民族的意志、决策与行动"③，是海洋发展中亟须解决的根本问题。

因此，这便面临一个现实问题：自近代以来，中国传统文化受到巨大冲击，文化理念上不自觉地向"欧洲中心论"靠拢，缺乏对自身文化本体的精准认识与定位，无法有效厘清中国海洋文化的价值意蕴。这就导致在相当长的一段时间内，中国人理念中海洋文化被大航海时代以来"无序""扩张"等历史现实带来的矛盾浸染，呈现出利己与排他性，而忽略了向自身悠久的海洋文化历史中寻找凝练，故而海洋文化长期处于定位不清的模糊状态。甚至在当代的

---

① 国家发展改革委、国家海洋局：《国家发展改革委、国家海洋局关于印发全国海洋经济发展"十三五"规划的通知》，《中国对外经济贸易文告》2017年第45期。

② 习近平：《决胜全面建成小康社会　夺取新时代中国特色社会主义伟大胜利——在中国共产党第十九次全国代表大会上的报告》，新华网，2017年10月17日，http://www.xinhuanet.com//politics/19cpcnc/2017-10/27/c_1121867529.htm。

③ 曲金良：《中国海洋文化观的重建》，中国社会科学出版社2009年版，第4页。

学术语境下，还经常发生以西方理论体系阐述中国海洋史的现象，
"当前海洋史的话语体系，仍是以'西方中心论'为主的话语体系，
许多研究流于表层，缺乏深入研究；名为建构理论体系，确实把中
国的成说填入现成的西方话语框架当中"①。与古代相比，当代中国
人与海洋的关系较之以往更加紧密，传统思想的约束被消解，增加
了海洋文化的思考空间。这种既有研究思路无疑未梳理整合中国古
代与海洋相关的文化交流史，也缺乏结合当下国际政治的哲学层面
的宏观研判及价值分析，不符合当下的时代精神。

随着"蓝色浪潮"在全球范围内兴起，中国在海洋经济、海洋
科技及军事等硬实力方面展现了超强的竞争力，引发了世界各国的
关注。西方舆论将中国合理行使海洋权利的种种行为归因为霸权，
继而在南海沿岸各国引发焦虑心境，对中国产生排斥情感。基于此，
塑造一种符合当代价值观的中国海洋文化符合中国的国家定位及国
家利益，不仅可提升中国的国际形象，也是对中国综合国力提升的
一种事实呈现。在世界海洋竞争激烈的今朝，人类面临着过度攫取
对海洋环境造成的破坏，以及利益争夺造成持续的海洋争端，这一
切矛盾在海洋全球化的趋势之下有愈演愈烈之感。因此，对当代海
洋文化这种软实力的需求日益高涨。不同于大航海时代之后西方列
强式的殖民扩张及帝国主义侵略，中国的海洋建设一直是循序渐进
推进，带有和平性与开放性，而海洋文化也相应地具有多元、开放、
和平、和谐的特征。在多元化的海洋文化交流中摆脱西方传统海洋
文化给予的价值标准与理念，实现中国文化的主体自觉性，此为建
构当代中国海洋文化的重中之重。海洋文化拥有强大的力量，不仅
凝聚着中国的民族文化与情感意识，也对拉紧南海区域内人文交流
合作的共同纽带有正面意义，继而铸牢南海区域内的和平安全。

建构符合中国海洋文化传统背景的当代海洋文化是重中之重，
也是当代学者最需要解决的议题之一。须知，无论是"海洋强国"

---

① 万明：《海洋史研究的五大热点》，《国家航海》2001年第7期。

的战略要求，还是建设"21世纪海上丝绸之路"的现实实践，都亟需中国海洋文化的共同发展，并以之作为文化基础。不应当将当代中国海洋文化理念视为海洋经济与科技的补充与注脚，而应将之视为我国海洋软实力，不仅是中国文化整体谱图在海洋研究领域内的映射，并且有助于南海区域内的国际对话，继而转化为一种共识性的海洋文化，为当代世界海洋文化提供一种崭新的视角与借鉴。

二　斯里兰卡：新海权意涵下的节点国家

作为印度洋岛国，斯里兰卡大约处于古代罗马帝国与中国的中间点，特殊的海洋位置使之在古代吸引了无数来自东西方的航海者。公元2世纪，古希腊航海家希波罗斯（Hippolos）发现季风与洋流之间的关系，当阿拉伯半岛的南部海岸迎来西南季风的时候，洋流随季风流动，自阿拉伯海至印度半岛西边，继而经过斯里兰卡的南边。[①] 就纬度而言，斯里兰卡整岛处于北纬5°55′至9°50′，临近赤道，因而有季风与洋流在此改变方向。航海者们经过探究，掌握了季风技术，基于此，斯里兰卡成为海上丝绸之路上的最重要的港湾之一，东西方的远洋船舶在此等待季风，兼补充食物与水。斯里兰卡因此成为海上丝绸之路上东西方航海者的"返乡之港"[②]。唐朝义净法师曾于其所译《根本说一切有部百一羯磨》中记录所见所闻："西南进舶，传有七百驿。停此至冬，泛舶南上，一月许到末罗游洲，今为佛逝多国矣。"[③] 斯里兰卡人对自身的海洋性地理位置也有着充分的认知：不仅处于东亚东非海洋连线的中心，且在航海通道中处于连接着东西方海洋大动脉上的关键位置。[④]

---

① McPherson Kenneth, *Traditional Indian Ocean Shipping Techology*, 1990, pp. 261 – 264.

② ［斯里兰卡］贾兴和：《斯里兰卡与古代中国的文化交流——以出土中国陶瓷器为中心的研究》，中山大学出版社2016年版，第148页。

③ （唐）义净著，王邦维校注：《南海寄归内法传校注》，中华书局1995年版，第14页。

④ Ministry of External Affairs, SriLanka, "History Context of Foreign Policy", http://www.mea. gov. lk/index. php/foreign-policy/history-context，2012. 6. 12.

如上一章所言，在 20 世纪前期的远东战争中，中国人已对斯里兰卡这个熟悉古国的地缘价值有了充分的理解。但在战争期间及战后相当长的时间中，国人对斯里兰卡的地缘重要性的主要关注点在于其印度洋"桥头堡"地位，虽有极少数人思维中有朴素的海权概念，以斯里兰卡岛类比台湾岛，忧心未来战争中台湾被占据，从而导致中国海岸线被封锁，中国大陆陷入不利局面。① 但和当下的语境相距较远。

当下语境既包括"21 世纪海上丝绸之路"倡议构想，也包括自 2016 年再度升温的中国南海问题。海上丝绸之路古已有之，因与中西之间的海洋贸易息息相关，因此被较多研究人员定义为"是以丝绸贸易为象征的、在中国古代曾长期存在的、中外之间的海上交通线及与之相伴随的经济贸易关系"②，在现代视域下被重视则是因为国际战略影响。南海问题在相当长的一段时间处于局部、可控的状态，中国确与一些东南亚国家就南海岛礁主权及海洋权益存在争议。③ 2009 年之后，美国高调宣布其"重返亚太"战略，多次介入南海区域内的争端及事务，整合部分东南亚国家及亚太同盟力量，遏制中国在南海的发展空间。美国高调进入亚太地区，是维护其全球霸主地位的战略意图的显示，无疑煽动了南海沿岸国家对抗中国的情绪，继而造成地区局势紧张，极度影响了中国在南海及印度洋的国家利益。

因此，基于当下语境，海权意涵有了新的变化。无论是中国对海上丝绸之路倡议的实施，还是对南海主权的坚持，都应理解为中国对自己海洋权利的合理要求，而非对国家海洋权力的展示，更非对南海周边国家的霸权行为。由此可知，新语境下的中国的海权包含两个部分：一是从国家主权引申出的"海洋权利"，二是为实现海

---

① 具体引文及内容见本章前一节。

② 冯定雄：《新世纪以来我国海上丝绸之路研究的热点问题述略》，《中国史研究动态》2014 年第 4 期。

③ 傅莹：《南海局势历史演进与现实思考》，《中国新闻周刊》第 755 期，2016 年 5 月。

洋权利的取得及维护，需有"海上力量"的加持。① 因此，在新的海权意涵下，中国提出了海洋强国战略，此为保护自身海外利益的合理应对方式，不光要保护中国在南海区域内的诸多岛礁主权、南海海域主权，还要确保中国的海外利益不受损害。由此可见，海洋强国是基于中国自身实力发展及现实局势变化而提出的，要实现这一战略构想，首先应该确保沿海路各国的稳定及海洋通道的安全。

　　基于这种战略思路，相关学者提出，为了维护国家的利益，应当在重要的海峡位置建立国家战略支点，无论通过陆路还是海路，将中国影响力沿着此方向扩展开来，以便于在大国博弈中获得更多的资源与利益。② 如果能在印度洋方面形成北有巴基斯坦，南有斯里兰卡这种一海一陆的战略布局，将是形成长期、潜在的战略平衡。③ 在这种新的海权意涵下，印度洋中斯里兰卡岛的战略意义得到提升，其具有两方面的意义：其一，斯里兰卡是 21 世纪海上丝绸之路的沿线国家，地位重要，处于关键节点，对沿线周边国家有示范意义，对中国国家安全发展战略有重大影响；其二，斯里兰卡在中国对外海上航线中，地处印度洋咽喉要道，与国际主航线仅有十海里，加强与斯里兰卡的关系，使我国能够直接进入印度洋的国际主航道，除保护我国贸易能源安全之外，对我国西部边疆地区安全亦有帮助。因此，我国对斯里兰卡的外交定位亦应有所变化。须知，虽然中国与斯里兰卡的佛教往来古已有之，跨越千年而不绝，但在传统观念中，斯里兰卡既非大国，也非中国毗邻国家，甚至也不属于改革开放以来，在中国外交中越来越受到重视的区域性大国或者中等强国。但随着中国开展全球战略，以及当前中国由于海洋地缘政治面临前所未有的挑战，斯里兰卡这颗印度洋上的"明珠"，作为 21 世纪海上丝绸之路上的关键节点国家，对我国经济政治外交的战略意义愈

---

① 张木文：《论中国海权》，海洋出版社 2014 年版，第 5 页。

② 徐弃郁：《海权的误区与反思》，《战略与管理》2003 年第 5 期，第 17 页。

③ 李永辉：《中国国际战略中的"关键性小国"：以斯里兰卡为例》，《现代国际关系》2015 年第 2 期。

发重要。

2014 年 9 月，国家主席习近平出访斯里兰卡。包括斯里兰卡《每日新闻》在内的国家媒体对此做了大篇幅的报道，因为这是自 1986 年起，近三十年来首次有中国国家主席来访。习近平主席在斯里兰卡访问期间，发表了题为《做同舟共济的逐梦伙伴》的署名文章，其中提到"去年（2013 年），中斯建立了真诚互助、世代友好的战略合作伙伴关系，标志着两国关系进入新的发展阶段"①。诚然，国家间的关系随时代中对彼此的重要性作相应调整，具体到中斯关系而言，主要出于地缘经济与地缘政治两个层面的考虑。

第一，斯里兰卡是扼守中东和东亚间海洋运输线、连接亚非欧航路枢纽的战略要冲，是中国印度洋运输线的重要节点。随着中国的不断崛起，我国对外部资源和国际市场高度依赖，海洋战略已成为中国地缘政治的新因素、新核心。印度洋海运占全球集装箱运输的二分之一、占大宗海上货运的三分之一、占原油海运的三分之二。印度洋航线也是我国开展能源、食品等大宗商品交易的生命线，其中斯里兰卡首都科伦坡到马六甲海峡，继而到西亚东非航线都起到重要中转站的作用。加强能源基础设施互联互通，共同维护输油、输气管道等运输通道安全是"一带一路"倡议的重要意图。其中能源安全中的石油问题尤其显得特别突出，即我国石油消费的一半来自中东，进口石油的九成需要通过海上运输——沿波斯湾、马六甲海峡航线，由斯里兰卡中转。据中石油经济技术研究院石油市场研究所相关专家预测，到 2030 年我国石油消费量将接近 7 亿吨，石油对外依存度将超过 70%。②

第二，斯里兰卡是中国同印度洋地区大国政治经济角力的重要战略点。一方面是政治因素。寻求"关键作用点"平衡中国和印度在南亚、印度洋地区的关系和权力结构，是当前我国多边外交战略

---

① 习近平：《做同舟共济的逐梦伙伴》，[斯里兰卡]《每日新闻》2014 年 9 月 16 日。
② 陈蕊：《2030 年我国石油消费将达到峰值 6.8 亿吨》，新华网，2015 年 9 月 21 日。http://news.Xinhuanet.com/fortune/2015-09/21/c_1116621387.htm。

上的重要一环。从红海海岸到印尼群岛是一个巨大的不稳定弧，印度崛起不仅改变了印度洋的战略态势，同时由于其在南亚地区压倒性的力量优势，也正在重塑南亚地区的战略版图，从而加剧了南亚格局的不平衡性。印度与中国在南亚地区既有合作又有战略竞争。斯里兰卡已成为中国在印度洋地区谋求政治稳定、实现战略意图的主要影响因子。当前，斯里兰卡正面临平衡印度"季风航路"、日本"安保钻石"等构想挑战。斯里兰卡与印度两国之间有着悠久的历史及地缘联系，印度是斯里兰卡外交的重点，并且印度一直把斯里兰卡视为其后院和势力范围，支持斯里兰卡和平解决民族冲突，并深度介入斯里兰卡军事与政治。2015年3月，即时隔28年后，印度最高领导人再次访问斯里兰卡，表明其正努力重建与较小邻国的关系，以之抗衡中国在印度洋不断上升的影响力。斯里兰卡与巴基斯坦对印度正好构成了"一南一北""一海一陆"两大方向的战略牵制，是中国构建与印度长期潜在战略平衡的关键支点，因此，斯里兰卡也是影响印度重要因子中一颗难以替代的战略"棋子"。

在全世界相互依存、共同发展的今天，仅以政治手段无法解决当下所面临的全部问题，亦没有一劳永逸的方法来处理部分地区的争端及未来隐患。美国高调宣布"重返亚太"的几年后，连续在阿富汗、伊拉克等中东国家撤军，在南海区域增强军力。中国的海洋疆域将成为未来各种国际力量的角逐场域，南海问题将关系到中国由一个陆权国家向海权国家转变的进程。

在日益严峻的形势下，以宗教合作增进国民感情，继而影响行政手段为一项迫切的任务。因为宗教情感可在看似和平却暗潮汹涌的局面中发挥无可替代的作用，继而对国家间的政治外交起到正向推进的作用。

三　以佛教文化辅助外交，服务当代中国海洋战略

国家间常以政治外交交往来实现和谐发展的目的，但相比政治的严肃性，文化交往显得格外重要。以佛教文化交流为代表的文化

沟通呈现出当代国际交流的趋势，不仅成为衡量国家国际形象的指标之一，且与民众感受息息相关，是对文化软实力的构建，可对该国舆论场有直接影响。以同处于南亚地区，近年来与中国数次激发地缘矛盾的印度为例，该国主流舆论一直持"中国威胁论"，而《印度教徒报》所报道的十余篇涉及中国宗教内容的文章，有五篇与佛教相关，较为客观，态度友好；与涉及中国社会新闻时力图将中国社会阴暗、丑陋一面公之于世的倾向有较大差异。因此，以佛教为一种手段服务当代中斯外交，加强中国与斯里兰卡之间的关系，实现"软着陆"，会产生积极意义。

具体到斯里兰卡，佛教早已被视为可以解决国际冲突的一种有效途径。早在抗战时期，由太虚、苇舫、惟幻、慈航等法师组成的中国国际佛教访问团，便承担着向南亚、东南亚各国宣传中国抗战实情的重任。民国政府在《策动组织中国佛教访问团办法大纲草案》中已清晰阐述中国佛教访问团的职责所在："前往缅甸、泰国、安南、印度、锡兰各地进行抗战建国之宣传，弘扬我国文化、揭破地方阴谋，藉收国民外交之功效"[1]，而访问团虽属佛教团体，却以"国民外交"方针开展工作。

不仅应中佛协邀请的斯里兰卡佛教访问团、斯里兰卡相关政府部门领导来华时，活动紧密围绕中斯佛教的悠久历史展开。两国政府行政部门之间的交流也离不开佛教这一媒介：

1963 年，锡兰总理班达拉奈克夫人出访中国，向中佛协赠送一尊仿锡兰故都阿努拉德普勒的古佛雕像，供奉于广济寺。1982 年，应中国司法部邀请，斯里兰卡司法部维杰亚拉特纳部长及夫人来华访问，期间参观雍和宫与广济寺。维杰亚拉特纳部长在发言中称，中国政府在国际事务中主张维护世界和平、帮助第三世界国家等主张，与佛教思想相一致，并提出希望两国佛教界加强往来，以增进

---

① 《国民政府社会部档案》，中国第二历史档案馆，——（2）2052 卷，第 14 页。

两国人民和佛教徒的友好。①

　　以佛教为切入点来促进两国睦邻友好，亦符合斯里兰卡的国家利益。1986 年，斯里兰卡佛教学者罗喉罗法师及摩诃菩提会秘书长维普拉沙拉法师等一行来华访问，参访中国各著名寺院及佛学院。离华之前，斯里兰卡驻华大使萨马拉·辛哈表示：“斯里兰卡两位著名的佛学大师成功地访问了中国，这是我在任期间完成的一项重大使命，使我感到无比荣幸和高兴。”② 将促进两国佛教交流视为自己分内的工作。斯里兰卡政治领袖及政治团体访华，亦会拜访中国佛教协会。中国佛教协会接待过包括斯里兰卡总统贾亚瓦德纳在内的国家领导人。作为长期在斯里兰卡执政的党派，统一国民党受邀来华访问时，每次都会前去广济寺，与中国佛教协会的法师座谈。如2002 年 11 月，斯里兰卡执政党统一国民党代表团应邀访华期间，专程访问中佛协，该党副主席达瓦·佩波拉在称赞中国取得巨大经济成绩的同时，也希望两国佛教界进一步加强友好联系，为巩固和发展中斯两国传统友谊而共同努力。③

　　中国佛教协会出访斯里兰卡，亦会受到斯里兰卡国家领导人的接见。2004 年，中国佛教代表团出访斯里兰卡，受斯里兰卡总理接见，中国向总理赠送一尊铜佛像以示两国友好。④ 2007 年 8 月，以时任中佛协会长一诚法师为代表的中国佛教代表团一行前去斯里兰卡，出席康提的佛牙节盛典，代表团受到总理拉特纳西里·维克拉马纳亚克（Ratnasiri Wickramanayaka）的会见，总理在回顾两国佛教往来历史后，希望与中国“建立友好关系，并且开展政治、经济、文化、宗教等各领域的相互交流”⑤。因此，以佛教为外交楔入点，

---

① 方之：《佛协宴请斯司法部长维杰亚拉特纳一行》，《法音》1982 年第 6 期，第 46 页。

② 拾文：《斯里兰卡著名佛教学者罗睺罗法师一行应邀来华访问》，《法音》1986 年第 4 期，第 45 页。

③ 罗喻臻：《斯里兰卡统一国民党代表团拜访中国佛教协会》，《法音》2002 年第 12 期，第 17 页。

④ 张开勤：《中国佛教代表团访问斯里兰卡》，《法音》2004 年第 8 期，第 49 页。

⑤ 可潜：《一诚会长出席斯里兰卡康提佛牙寺盛典》，《法音》2007 年第 9 期，第 52 页。

对中国与斯里兰卡双方而言，都有重要意义。

在中斯两国之间的外交实操中，佛教交流有益于缓解、弥合现实的矛盾，更在当代语境下具有了更深层次的内涵，服务中国海洋战略。近年来，中国在南亚部分地区投资修建了一些港口，如斯里兰卡南部汉班托塔海港、巴基斯坦瓜达尔海港，以及尼泊尔与我国西藏接壤的 Larcha 旱港等，印度媒体认为中国拟打造"珍珠链"，维护自身海洋利益。然而在具体实践中，却常遇因政治人事变动而造成的项目停摆情况，从汉班托塔港事件便可窥豹一斑。

筹建汉班托塔港项目伊始，中斯双方都将之视为一桩双赢的买卖。2000 年之后，斯里兰卡政府在剿灭泰米尔猛虎组织的过程中，遭到国际社会对其人权问题的批判，与印度关系恶化，迫切需要寻求战后重建的伙伴。而同时期，中国实行经济走出去的战略，向外国投资了许多不动产，斯里兰卡的系列基建项目是为中国投资的重点项目：大量中国企业进驻斯里兰卡，包括中国交通建设集团、中航国际集团、中国港湾集团及招商局集团等，承包了包括汉班托塔港项目、科伦坡港口城、高速公路与市政公路等项目。[①] 汉班托塔港口位于斯里兰卡的最南部，离印度洋上的国际主航道线只有 10 海里。2007 年，中国港湾工程有限责任公司承包此项目，分为二期进行，规划建造八个 10 万吨级码头，总造价高达 13.16 亿美元。在项目进行早期，汉班托塔港附近当地人对此项目持正面评价，认为中国公司的基础设施建设较为全面，让这个小渔村有了翻天覆地的变化。[②] 在港口一期工程完成的当天，时任斯里兰卡总统的拉贾帕克萨（Mahinda Rajapaksa）出席典礼，认为"斯里兰卡的希望就从这个港口开始"，当天有超过十万斯里兰卡民众前来参观港口一期项目落成。建设汉班托塔港，是斯里兰卡的实际需要——早在 2009 年斯里兰卡政府所出台的"马欣达愿景"中，就将发展首都科伦坡到南部

① 谢向伟：《内战结束后斯里兰卡利用外资评析》，《东南亚南亚研究》2015 年第 1 期。
② 苑基荣：《汉班托塔港，托起斯里兰卡的希望》，《人民日报》2016 年 11 月 14 日。

港口汉班托塔之间的经济带设为国家发展战略，且提出要将斯里兰卡建设成为亚洲的海事、航空、商业、能源和知识五大中心，① 需要开启规模巨大的基础设施建设。因此，以汉班托塔港为代表的一系列工程建设不仅有利于中国，更有利于斯里兰卡，为一项两国实现双赢的项目。

然而在 2015 年之后，汉班托塔港项目起了不小的波折。当年 1 月，时任总统拉贾帕克萨在提前启动的总统选举中意外落败，新总统西里塞纳旋即上任。西里塞纳参加竞选时，便将平衡中印关系作为其重要演讲主题之一来争取选票，向选民承诺上任之后将重新审核拉贾帕克萨任上与中国签订的一系列基础设施建设合同。② 汉班托塔港二期工程作为老总统拉贾帕克萨任上的重点项目之一，被勒令停止，同时停滞的还有科伦坡港口城项目等二十多个项目，③ 理由是违反了斯里兰卡相关的环境保护规定，以及双方签署协议时程序不透明。与此同时的是斯里兰卡国内部分民众对中国在斯投资项目的抵制，部分斯里兰卡民众举行示威游行，阻挠中国投资项目的建设，而新当选的西里塞纳政府则被认为是"汉班托塔港项目抗议事件幕后的指使者"④。

须知，仅汉班托塔港一处，中国招商局港口有限公司投资便超过十一亿美元，以期获得对汉班托塔港的特许经营权。⑤ 汉班托塔港作为印度洋区域中较为重要的运输港口之一，对中国发展海洋经济

① Mahinda Chinthana, "Vision for the Future – The Development Policy Framework", Government of SriLanka, 2009. https：//www. adb. org/sites/default /files/linked-documents/cps – sri – 2012 – 2016 – oth – 01. pdf.

② C. Raja Mohan, "Chinese Takeaway：Regime Change", *The India Express*, January 16, 2015.

③ 王琳：《中国驻斯里兰卡大使易先良：中斯关系已走出困难时期》，第一财经，2016 年 4 月 12 日。http：//www. yicai. com/news/5001946. html。

④ Sri Lanka's Mahinda Rajapaksa, "Does a U-turn on Chinese Investment, Now Opposes Hambantota Project", *First Post*, 01. 12. 2017.

⑤ 王琰：《"一带一路"海外基建项目融资模式分析》，《国际融资》2018 年第 3 期，第 54 页。

至关重要；而同样项目停滞的科伦坡港口城，开工时习近平主席与拉贾帕克萨总统曾亲临现场，被认为是"斯里兰卡建设 21 世纪海上丝绸之路重要中继点的重大举措"①，可见意义之重大，项目停滞严重影响着中国利益。

中斯关系在此时间段内呈现出较为胶着的态势，据斯里兰卡华人民间社团统计，2015 年在斯里兰卡的中国公民达 15 万（其中含大量中国承接工程务工人员），而到了 2016 年，在斯里兰卡的中国公民仅剩 5 万。

在此期间，中国佛教代表团依旧受到了斯里兰卡方的高度欢迎，2015 年 5 月，广东佛教协会派出 65 人的佛教友好交流团，赴斯里兰卡友好交流访问，总统西里塞纳在科伦坡会见中国僧侣，对代表团表示欢迎。② 同时，西里塞纳提出，"斯里兰卡支持中国提出建设 21 世纪海上丝绸之路的倡议，希望两国佛教界以此为契机加强交流，促进两国人民的了解和友谊"③。西里塞纳总统的此番言论无疑有两个层面内涵：其一，西里塞纳总统本人亦是信仰佛教的僧伽罗族人，在国内的公开演讲中，常身着白色民族传统服饰，以昭示其僧伽罗族和佛教徒的身份，④ 因此，西里塞纳接见中国佛教团体与其本人的佛教信仰有关；其二，在中斯两国关系因一系列重点项目被停滞而略显僵化的局势之下，西里塞纳总统也有借佛教纽带弥合当下、增进两国友好关系的念头。可见在两国关系处于低迷的状态下，佛教这条中斯关系的黄金纽带可以发挥更多的作用，以文化交流辅助双边外交，协助打开双方关系新局面。

2016 年 3 月，继科伦坡港等项目停滞一年多之后，斯里兰卡政

---

① 杜尚泽、于景浩：《习近平和斯里兰卡总统拉贾帕克萨共同考察中斯港口合作项目：推动 21 世纪海上丝绸之路建设》，《人民日报》2014 年 9 月 18 日。

② 广东佛协：《斯里兰卡总统接见明生副会长一行》，《法音》2015 年第 6 期，第 64 页。

③ 《斯里兰卡总统接见广东佛教代表团》，中华人民共和国驻斯里兰卡民主社会主义共和国大使馆，2015 年 5 月 24 日，https://www.fmprc.gov.cn/ce/celk/chn/xwdt/t1267055.htm。

④ 江潇潇：《语言三大元功能与国家形象构建——以斯里兰卡总统第 70 届联大演讲为例》，《外语研究》2017 年第 1 期。

府公开发表声明称，中国在斯里兰卡所承接项目的恢复施工条件都已满足，如今可以恢复工程施工。同年 4 月，中国与斯里兰卡两国政府发表联合声明，斯里兰卡方表示愿意积极参与中国提出的"一带一路"倡议，并借此机会重新树立斯里兰卡作为古代南海—印度洋贸易中心的地位。① 须知，此次中国承接项目的长时间停工事件，斯里兰卡政府虽以中国承接项目时未通过环境评估及土地所有权依旧有纠纷等为理由，且在一年后便恢复项目施工，但依旧为中方敲响警钟，深刻意识到斯里兰卡政府依旧有可能单方面叫停此类项目，不确定性依旧有可能存在。2017 年年初，汉班托塔港项目再次爆发当地部分群众暴力抗议事件，中国企业又一次卷入当地舆论的风口浪尖：当地部分居民不满意斯里兰卡政府将建成后的汉班托塔港长租给中国企业开发建设相关产业园，惧怕自己因此失去工作及家园。此次抗议之后虽然也得到了妥善解决，但所暴露出的中国企业与斯里兰卡当地民众及社会沟通度不够的问题理应得到重视。

　　从汉班托塔港项目及科伦坡港口城项目的种种波折便可窥豹一斑，中国若想维护自身海洋利益，真正实现海洋强国战略，便应该高度重视佛教文化在辅助中国"走出去"方面的重要性。早在 2016 年 10 月，习近平主席在讲话中便提到与斯里兰卡开展多种文化交流的重要性，习近平主席在印度果阿会见斯里兰卡总统西里塞纳时说，"双方要加强在贸易、港口运营、基础设施建设、临港工业园区、产能、民生等领域合作，稳步推进科伦坡港口城、汉班托塔港二期等大项目"，同时"鼓励地方、佛教界、青年、智库、媒体等各界交流，拓展旅游、海洋、安全、防灾减灾等领域合作"②，提及佛教界交流及海洋领域合作。

　　具体以斯里兰卡为例，就政府层面而言，从斯里兰卡新政府的诸种举动可以看出，斯里兰卡的基本外交目标是在中国与印度两个

---

① 《中华人民共和国和斯里兰卡民主社会主义共和国联合声明》，《人民日报》2016 年 4 月 10 日。

② 侯丽军：《习近平会见斯里兰卡总统西里塞纳》，新华社，2016 年 10 月 16 日。http://www.gov.cn/xinwen/2016－10/17/content_ 5120034. htm。

周边大国之间寻求平衡。但相较斯里兰卡与中国之间主要重视经济领域合作的外交现状，斯里兰卡与印度的关系无疑更加多维度且全面，包含了政治、经济及文化交流等向度的合作与联系。① 中国在主体文化、跨境民族等问题上与斯里兰卡都没有印度那般巨大的影响力，若以佛教为纽带并合理利用，对缓解两国政治之间带来的僵化具有较好的作用，亦可作为灵活的软实力文化，协助中国在南海及印度洋地区获得更多的战略利益。

就民众层面而言，斯里兰卡是佛教国家，一般而言，当地民众秉承知足常乐的生活宗旨，对物质生活要求不高，但注重文化和精神需求。② 在斯里兰卡长期工作的中国机构理应认识到佛教文化对斯里兰卡当地民众的重要性，应当充分熟悉及尊重佛教文化的方方面面，以便于与当地民众沟通，在当地取得良好的群众基础。近年来，不独斯里兰卡一例，南海周边部分国家也处于政治、经济和社会转型阶段，执政党轮替频繁，政策缺乏稳定性，给南海合作带来了新的挑战。③ 而以佛教交流为抓手，既是对中斯历史关系的妥善利用，也可以为中国在泛南海地区取得更大的利益，真正意义上实现"互利共赢"。

第四节　以文化外交服务海上
丝绸之路倡议

早在元代，中国人对海上交通的认识中，就有"山海为天地宝藏，珍货从出，有中国之所无"④，"风化既通，梯航交集"⑤ 之条，

---

① 李捷、王露：《联盟或平衡：斯里兰卡对大国外交政策评析》，《南亚研究》2016 年第 3 期。

② 课题组（韩露、林梦、经蕊、范鹏辉、田原、幸瑜、吴凝、祁欣）：《中国—斯里兰卡经贸合作：现状与前景》，《国际经济合作》2017 年第 3 期，第 68 页。

③ 王胜：《海南加强与泛南海地区国家经济合作探析》，《南海学刊》2018 年第 4 期。

④ 广州市地方志编纂委员会办公室：《元大德南海志残本》，广东人民出版社 1991 年版，第 43 页。

⑤ 广州市地方志编纂委员会办公室：《元大德南海志残本》，广东人民出版社 1991 年版，第 44 页。

清楚地认识到海上交通不仅有助于经济实体，还有文化互通的作用。当代丝绸之路概念的重新提出，是对中国这个历史上的海洋大国的追溯，在追寻昔日光辉的基础上，努力实现当代中国成为海洋大国的强国梦、中国梦。

海上丝绸之路倡议与国与国的关系紧密相连，不光涉及双方经贸往来，更关联国家间的人文交流。其中，宗教文化交流是人文交流中重要的一项，因此，中斯佛教交流无疑是当下值得关注的议题，新形势下，佛教交流是一条重要纽带，可向斯里兰卡民众传递中国宗教信息及其他信息，借这些正面信息与相同价值观，拉近包括两国佛教界在内的社会各界人士认知和情感上的距离。[①]而在全球化时代，以佛教文化交流为楔子，积极主动地与斯里兰卡建立持续联系，最终实现建立海上丝绸之路之命运共同体的宏愿。

斯里兰卡属于与中国长期友好交往，在宗教文化历史上有一定认同度，近年来经济往来频繁的国家；并且该国扼守印度洋战略要冲，国土面积虽不大却十分重要。中国是世界第二大经济体，目前正在加快实施"走出去"战略，对外贸易、投资频繁且规模日益庞大；斯里兰卡则是快速发展的新兴市场国家，在饱受战乱、恐怖主义和海啸之苦后百废待兴，急需外国技术与资金援助、外国企业参与国内重建，深化与中国经济合作的愿望迫切。

而在中国与斯里兰卡展开全面合作的情势下，以佛教交流打造"宗教区位优势"[②]便成为重中之重。自"海上丝绸之路"战略确立以来，无论是与中国有着较好沟通与合作的马辛达·拉贾帕克萨，还是因科伦坡港口城等项目停滞，与中国起了波折的西里塞纳，都

---

① 司聘：《中斯佛教交流研究评析》，《世界宗教研究》2017 年第 2 期。

② 此观点详参见郑筱筠《东南亚宗教情势分析报告》，郑筱筠主编《东南亚宗教研究报告——东南亚宗教的复兴与变革》，中国社会科学出版社 2014 年版；郑筱筠《积极发挥南传佛教在我国"一带一路"战略中的作用》，《中国民族报》2015 年 5 月 12 日；郑筱筠《南传佛教与中国对东南亚战略及公共外交》，徐以骅、邹磊主编《宗教与中国对外战略》，上海人民出版社 2014 年版，第 137—146 页。

是虔诚的佛教徒，并数次在国际公共场域以佛教理论阐释所面临的困扰，强调佛教思想文化传统在斯里兰卡的正统性地位。① 在这种情况下，中国理应合理利用佛教的文化力量，"以宗教力的区位优势来持续打造文化区位优势，补充经济区位动力的不足"②，宗教作为一种独特的文化软实力，在中国对外发展战略和公共外交领域中，可以作为中国的软实力文化形象支撑点，来夯实两国互信的基石，提升中国的国家形象。③

文化互融，携手共建"命运共同体"是未来中国与斯里兰卡展开全面合作的根本前提，不同国家间的民众意愿基础需要夯实。中国通过佛教文化交流项目等途径，向斯里兰卡民众传递本国宗教信息及其他信息，借这些正面信息与相同价值观，拉近包括国家间佛教界在内的社会各界人士认知和情感上的距离。由此，佛教文化交流对中国与斯里兰卡深化全面合作伙伴关系起到重要作用，超越单一的资源互换方式，双方应共同文化信仰而建立保持长期而稳定的交流合作关系，成为全面的合作伙伴。而作为文化认同的要素之一宗教认同，则在一定程度上弥补了中国与斯里兰卡两国民众因文化不同而导致互信度不高的缺憾，可强化两国的海上丝绸之路认同，亦为两国交流的海洋文化特征增加新的内容。

一 建设中斯交流人才库，用其所学

斯里兰卡僧伽素有"政治和尚"的传统。自 1957 年班达拉奈克政府赋予佛教僧伽种种礼遇，成立佛陀教法议会的佛教组织之后，僧侣参政议政之风达到顶峰。1959 年，激进的政治和尚塔尔杜韦·索玛罗摩枪杀了班达拉奈克，此后，包括僧团在内的社会各界开始

---

① 边潇潇：《语言三大元功能与国家形象构建——以斯里兰卡总统第 70 届联大演讲为例》，《外语研究》2017 年第 1 期。

② 郑筱筠：《当代东南亚宗教现状、特点及发展战略》，载郑筱筠主编《东南亚宗教与社会发展研究》，中国社会科学出版社 2013 年版，第 42 页。

③ 郑筱筠：《当代东南亚宗教现状、特点及发展战略》，载郑筱筠主编《东南亚宗教与社会发展研究》，中国社会科学出版社 2013 年版，第 45 页。

反思，政治和尚所参与的社会活动减少。然而佛教及僧伽在斯里兰卡社会依旧有着不可忽视的力量，尤其是 1972 年斯里兰卡新颁布的宪法中表示，"斯里兰卡共和国将把佛教放在优先的地位，国家有义务去保护佛教、培育佛教"①，也就是说，虽然 80 年代之后斯里兰卡僧伽们主要参与的是一些世俗的宗教活动，政治氛围明显淡化，但依旧在许多社会事件上拥有相应的话语权。

自 1980 年代之后，中国佛教界与斯里兰卡佛教界重新展开了中断二十余年的往来。中国佛教界从 1986 年开始，派出数批公费留学僧赴斯留学，除此之外，各大寺院也派出了大批留学僧，另有部分留学僧自主赴斯求学。相当一批中斯僧侣在交流中产生了深厚的情谊，关系甚笃。

近四十年来，积累了一批在斯里兰卡受过教育，精通僧伽罗语及佛教文化的中国僧侣，数量颇多。这些留斯学僧中，一部分目前在海内外高校或科研机构工作，一部分在中佛协及地方佛协等部门任职，还有一部分"流落民间"，无法做到学以致用。② 部分中国赴斯留学僧后因各种原因，选择还俗，成为在家居士。除这部分人之外，还有大量的在家佛教徒。这些人在斯里兰卡学习多年，基本精通英语及僧伽罗语，又因曾有出家经历，通晓佛教文化。

中斯两国国际交往中理应重视此部分僧侣与居士的力量，他们往往与包括斯里兰卡佛教界在内的社会各阶层有良好的关系，且更容易保持更深层的友谊，用其所学，在对斯里兰卡的文化沟通与交流中做出贡献。

然而，相比斯里兰卡"政治和尚"积极参政议政的传统，中国僧伽较少直接涉及政治事务，虽在对外关系中也曾以一种软文化姿态助力国家对外交往，但总的来说未被重视。又因为历史原因，宗教问题在相当一段时期之内，被中国外交视为"负资产"，视为一种

---

① ［日］前田专学：《现代斯里兰卡的上座部佛教》，山喜房佛书社 1986 年版，第558 页。

② 王小明：《中国佛教协会举行佛教界留学人员座谈会》，《法音》2008 年第 7 期。

包袱。前外交部副部长、国务院侨务办公室主任何亚非曾有过这样的回忆：

> 过去中国外交谈起宗教和人权往往"谈虎色变"，是中国与西方在外交和意识形态上斗争特别尖锐的领域。地处日内瓦的联合国人权委员会（现改为人权理事会）曾目睹中国与西方国家每年就涉华人权提案激烈较量，而宗教自由问题正是美西方用来攻击中国的主要武器。①

因此，利用中国丰富的佛教资源开展与斯里兰卡等佛教国家的正面公共外交的举措尚有所欠缺。就斯里兰卡民众及主流舆论界而言，对这些在斯里兰卡学习、生活过的中国僧侣与居士们有着较强的相互认知性及较高的信任度，不会带来身份的揣测与严重分歧。由佛教徒或熟悉佛教文化的人来讲述中国文化，或设置、开启与中国相关的议题，对舆论的引导具有较好的作用。

自"一带一路"倡议提出之后，通常被西方舆论界理解为现代语境下带有政治性的经贸之路，但同时，也是重要的文化之路与信仰之路。中国官方也关注到宗教对"一带一路"沿线各国的影响，敏锐地意识到，宗教徒及宗教领袖之间的沟通及交流，将会"有利于推动亚洲各国树立和发扬求同存异、休戚与共的命运共同体意识，宣传共建和谐亚洲主张"②。因此，在"一带一路"倡议提出的一年半之后，成立了14年之久的博鳌亚洲论坛首次尝试举办宗教分论坛，2015年首次举办的宗教分论坛即以"亚洲新未来：迈向命运共同体"为主题展开讨论。由主题即可知晓，第一届宗教领袖讨论便围绕着习近平总书记提出的"人类命运共同

---

① 何亚非：《宗教是中国公共外交的重要资源》，《公共外交季刊》2015年春季号第8期，第20页。

② 米广弘：《宗教是构筑亚洲新未来不可或缺的部分》，《人民政协报》2015年4月9日。

体"理念，开展中国与泛南海地区国家佛教的文化交流，以期以宗教身份融入"一带一路"宏伟工程，推动中国与海上丝绸之路各国的文化交流与互鉴。①

在之后的几届博鳌亚洲论坛中，宗教分论坛影响力得到进一步扩大，邀请各泛南海国家的宗教领袖。斯里兰卡作为泛南海国家之一，该国岗嘎拉玛寺大僧长噶勒宝德捺尼色勒长老也作为线上嘉宾参与了 2021 年度的博鳌亚洲论坛宗教分论坛，并围绕"包容互鉴　协和万邦——宗教在'一带一路'建设中的智慧与担当"这一会议主题展开深度对话。② 从此次会议主题便可看出国家层面对宗教事务的关注，以及对宗教将会为"一带一路"建设起到促进作用的关注。

除了博鳌亚洲宗教分论坛之外，"南海佛教深圳圆桌会"也连续举办了五届。这种思路与中国国家战略无疑不谋而合，在种族、宗教冲突在"一带一路"地区依旧偶有爆发的当下，佛教界以圆桌会为切入点，已做出了具体尝试与实践。五届圆桌会所邀请的嘉宾遍布"一带一路"沿线的二十多个国家，不仅有教内德高望重的僧侣、学界研究专家，还有各国宗教官员。在"南海区域佛教界达成了一系列文化交流合作成果，相继成立南海佛教圆桌会秘书处、南海佛教慈爱基金会、南海文化研究院、剑桥'一带一路'研究院，并与各国僧王联合编撰南海佛教史、禅修教科书，共建南海佛学大数据，还先后与 20 多个国家的佛教组织签署合作协议，开展文化、教育、卫生、文物保护等多领域合作"③。利用宗教界佛教资源开展中斯国家间交流也在其中。

---

① 印顺主编：《世界宗教领袖对话：博鳌亚洲论坛宗教分论坛（2015—2019）》，宗教文化出版社 2020 年版，序言。

② 《精华丨多国宗教人士畅谈宗教在"一带一路"中的大爱担当》，澎湃网，2021 年 5 月 14 日，https：//m. thepaper. cn/baijiahao_ 12673679。

③ 《精华丨多国宗教人士畅谈宗教在"一带一路"中的大爱担当》，澎湃网，2021 年 5 月 14 日，https：//m. thepaper. cn/baijiahao_ 12673679。

二 开展多种形式佛教活动，消除潜在的"中国威胁论"

今日中国，作为 GDP 全球第二的世界大国，其包括政治经济、文化、军事在内的综合实力日益强大，周边部分国家在逐步适应中国复兴的同时，对中国持有戒备与提防的心理，将崛起的中国视为一种潜在威胁。邻近国家的舆论场上持"中国威胁论"的不在少数，此为当下国际现实。

以 2015 年西里塞纳政府上台之后，叫停科伦坡港口城等一系列中国投资的项目为例，事件的大背景是由于斯里兰卡与中国的合作结构不对称而导致斯里兰卡国内"外债焦虑"滋生，随后将这种焦虑提防的心态投射到中国身上，推动了民众情绪的激化，继而导致一连串事件的发生。国际舆论对中斯债务问题的报道呈负面态势，偏重于大肆渲染"中国威胁论"，在他们的渲染下，中国不仅"干涉斯里兰卡内政"，而且对斯里兰卡的港口投资有"军事目的"。[1]斯里兰卡国内媒体将域外时政新闻翻译后向国内报道，加之国内政党因纷争所故意推动的对华提防与猜忌气氛，强化了斯里兰卡国内民众对中国投资的负面感受与印象。

在相互协作的未来，实现费信在《星槎胜览》中所记，异域对中国人的欢迎与礼遇，"凡见唐人至其国，甚有爱敬，有醉者则扶归家寝宿，以礼待之若故旧"[2]。一方面有赖于中国的对外政策的实行及外交人员普遍态度，另一方面，也有赖于斯里兰卡人如何看待中国人这个群体。

多种佛教活动的开展不仅有助于增进中斯两国社会与文化的理解，更有助于推动中斯两国以及两国人民之间的友好交流。斯里兰卡与亚洲其他海上丝绸之路的国家，尤其东南亚诸国有明显不同——斯里兰卡国内并没有数量相当的华人群体，因此，旅斯华人在促进两国友

---

[1] Maria Abi Habib, "How China Got Sri Lanka to Cough Up a Port", *The New York Times*, June 25, 2018.

[2] （明）费信著，冯承钧校注：《星槎胜览校注》，中华书局 1954 年版，第 62 页。

好往来所能做出的贡献较少，而中国必须与从斯里兰卡的历史文化入手，与之建立互信友好的基础。2012 年，中国在斯里兰卡首都科伦坡设立中国文化中心，时任中国文化部部长蔡武与斯里兰卡文化部部长会晤，并签署《中斯两国政府关于在斯设立中国文化中心的谅解备忘录》。① 而在中国文化中心的具体支撑内容中，佛教文化交流占据了相当的比例，如两国佛教团体互访、中国在斯里兰卡国际佛教博物馆设立中国馆等，佛教依旧是与斯里兰卡文化交流的核心要素，也是中国文化的重要表征之一。2013 年，习近平主席会见时任斯里兰卡总统拉贾帕克萨时，提出两国关系提升为战略合作伙伴关系，扩大人文交流，加强旅游、宗教、文化遗产保护和利用等领域交流合作。② 这些合作方面与佛教都有较深关系：在两国旅游景点中，佛教景观都占据重要地位，尤其是斯里兰卡国；斯里兰卡国内虽有一定数量的穆斯林及印度教徒，但在现实层面中斯两国的宗教交流基本特指佛教交流；而文化遗产又多与佛教有关。因此，扩大人文交流的实质内容中，佛教元素占比较重。

同时，目前中国的一些寺院及居士组织，已经与斯里兰卡一些寺院缔结了友好关系，定期组织开展活动。③ 如在 2016 年斯里兰卡遭遇台风破坏后，一些中国的寺院与佛教组织积极筹集资金，向斯里兰卡受灾家庭及地区施以援手。

除应急救助之外，日常的捐助及慈善活动也在持续推进。2014年，深圳与斯里兰卡首都科伦坡缔结了友好交流城市关系。在中国佛教协会副会长、海南省佛教协会会长、深圳弘法寺方丈印顺大和尚的推动下，深圳弘法寺慈善功德基金会组织了"爱心光明行"跨国慈善活动，仅仅 2015 年 7 月，深圳向科伦坡捐赠 200 例白内障手

---

① 廖政军：《推动中斯关系迈上新台阶——访中国驻斯里兰卡大使吴江浩》，《人民日报》2012 年 9 月 15 日。

② 赵成：《习近平同斯里兰卡总统拉贾帕克萨会谈两国宣布将中斯关系提升为战略合作伙伴关系》，《人民日报》2013 年 5 月 29 日。

③ 惟善：《中斯两国的千年佛缘》，《中国民族报》2016 年 10 月 25 日。

术和 10 例唇腭裂矫正手术名额。①

　　总之，推进中国与斯里兰卡发展战略的对等合作，同时以润物细无声的佛教文化交流等为媒介，能够拉近与斯里兰卡民众的心理与情感距离，从而消除民众因不了解而带来的不安与焦虑，继而推动中斯关系在稳定中不断向前迈进。

---

① 李瑶娜：《斯里兰卡患病男孩在深获爱心救治》，《深圳晚报》2018 年 5 月 23 日。

结　　语

　　历史上，斯里兰卡与中国保持了长久的友好关系，在当下语境中，斯里兰卡更是与中国结成较为紧密的战略合作伙伴关系。长期以来，中国同斯里兰卡保持着友好往来，佛教对于维系两国亲密友谊关系起到了纽带作用。当前，斯里兰卡作为"一带一路"沿线的重要支点国家之一，其对我国的政治、经济、文化和国际交往意义越发重要。在这样一个关键时期，研究中国同斯里兰卡佛教交流的宝贵历史经验，继承并发扬中斯佛教交流的光荣传统使中斯友谊源远流长就更加重要。

　　报告以史为鉴，力求从中斯佛教交流不同历史阶段的经验研究中汲取精华，分为古代、近现代和当代三个阶段。学界对古代中国与斯里兰卡佛教交流的分期研究并不鲜见，但在既往研究成果中，主要倾向于以纵向时间为序，对中斯佛教交流做整体爬梳整理。而本项目着重于挖掘两国佛教交流中的海洋文化，故而以海洋视角为切入点，尽量厘清两国佛教交流中的海洋因素及背景。从西汉到近代，中国与斯里兰卡的佛教交流在不同时段展现出相异的风貌特征，与海洋发展史息息相关，带有较为明显的海洋性，值得学界进一步探究。本项目以古代中斯两国佛教交流为中心，以朝代为序，将之分为五段时期：其一为番僧初入华的两汉发轫期，在这一时期，斯里兰卡僧人或乘船由海路入华。其二为以佛教为中心建立文化纽带的魏晋南北朝发展期，这一时期，海上航线已较为成熟，成为南海诸国商贾、僧侣入华的重要选择途径，斯里兰卡海商群体更是为佛教在中土传播起到了推动作用。其三为唐宋鼎盛期，这一时期，"广州通海夷道"已成熟，佛教通过"海上丝绸之路"迅速传播。其四为两国佛教交流已显出衰弱之相的元明时期，在此期间，官方交流与私人航行并存。而相较前朝，此期间内两国佛教交流不仅未有突破，且两国又走回制式化的朝贡关系中，僧侣往来、互动已不似之前频繁。最后一段时期为清代，因清政府严苛的海禁政策及西方国家在斯里兰卡的殖民压力，两国延续了千余年的佛教交流暂时中断，是为式微期。通过对古代中斯佛教交流史做分期研究，有助于我们对两国佛教交流中的海洋背景及相关海洋因素有一个总体把握。

总体而言，学界对中斯佛教往来的研究大多集中在古代，而忽略近现代两国的佛教交流，对之缺乏关注。鸦片战争到新中国成立之间的近现代中斯佛教交流实际上起到了承上启下的作用，这一阶段，中斯佛教交流从无到有，经历了较为复杂的过程。本书在对近现代两国的佛教交流的爬梳中，以具体事件为中心展开论述。这一时期，就时代背景而言，中斯两国持续了千年的佛教交流及文化往来已基本彻底断裂，而同时，对中国与斯里兰卡佛教而言，又是崭新的新阶段。可以说，在当下世界两国的佛教情况，经由此阶段的积累酝酿而生成，与之有极大关系。对其时的中国佛教而言，革新前的文化时局十分不利，百余年来，中国佛教受到来自政治、战争、域外思想文化等各方面的冲击，然而百废待兴下也孕育着佛教革新思潮。此一时期，杨仁山居士创办了金陵刻经处，国内开办大量佛学院及佛学讲堂，"人间佛教"思想的为中心，细述佛教教理革新。与此同时，斯里兰卡的佛教复兴运动出现了与民族主义紧密结合的情况，为抵御基督教及殖民文化的倾轧，佛教徒开始以报纸期刊等传媒手段宣传佛教，以期唤起民族共同意识，这些传播佛教哲学及文化的报纸不啻启蒙，让普通的斯里兰卡人（尤其是僧伽罗民族）形成民族自觉意识；除此之外，还开设许多佛教学堂及业余佛教学校。这些佛教学堂、佛学期刊创立的意义不止于传播佛法，也起到了宣扬僧伽罗民族的历史文化的作用，让处于殖民统治的僧伽罗人增强民族自觉，意识到本民族有别于殖民国的特点。在这一阶段，中斯佛教交流无不围绕"佛教复兴"这一主题，虽在这一阶段，因国门逐渐打开、域外出行条件改善，中斯佛教往来较多。中国佛教人士在同域外宗教界人士的交流学习中，尤其是受到近世锡兰佛教复兴运动的推动者达摩波罗（Anagārika Dhammapāla）所创立摩诃菩提会的直接启发，也积极投身于世界性的佛教运动，尝试着创办世界性佛教组织，"世界佛学苑"便应运而生，虽然在后世的发展中，世界佛学苑的收效并不如意，但依旧成为中国现代佛教发展中一个里程碑般的事件，标志着中国佛教融入世界的意愿与决心。而1940年，以太虚为导师的中国国际佛教访问僧团访问斯里兰卡，是这一时期两国佛教交流的高潮，不仅是近现代中国佛教史上的盛事，兼于抗战有功，是僧团积极参与国家抗战事业的表现，有重大的民族国家意义。

当代语境下，两国佛教交流走向了崭新的道路，呈现出与以往不同的特征，值得学界关注与探究。中华人民共和国建国至今的七十余年时间内，中斯佛教交流大致可划分为三个阶段：1. 从1945年至1966年，此阶段中斯佛教交流以学僧互换、建立"世界佛教徒联谊会"及圣物巡回为中心，掀起一个高潮。2. 从1966至改革开放，因中国国内政治环境变化，意识形态领域逐渐收紧，作为"世佛联"成立国之一的中国无法持续参与世界范围内的佛教活动，中斯的佛教交流也再度告一段落。3. 从1980年代至今，这一阶段，两国佛教界重新恢复往来，各项交流活动也有条不紊地开展。进入21世纪以来，随着南海战略的确立与深入推进，斯里兰卡作为关键节点国家，其重要性被重新评估。本书以两国佛教交流的具体事件为中心，以学僧互换、世界佛教徒联谊会的召开、佛牙圣物巡回、比丘尼戒率传承及入斯中华僧侣纪念活动等具体事件切入，一一阐发。

通过纵向时间梳理之后，可以宏观地审视到两国佛教交流中所呈现的海洋因素。古往今来，中国与斯里兰卡之间的佛教文化交流一直依赖海洋而进行，海洋不仅是地理空间，更是让我们有机认识中斯佛教交流的背景空间。中国与斯里兰卡僧侣借助海上丝绸之路掀起求法、弘法活动的热潮，古代航海技术与船舶制造水平的提升也为中斯两国商贸往来与佛教交流提供了便利条件。同时，海商（尤其商舶主）群体，不仅提供交通载体，且与僧侣结伴出行，使得佛教互动在现实中成为一种可能；亦有航海旅行者群体，或以官方使节的身份驾船出洋，或以私人身份航海，探究海洋与异域，对中斯交通做出了突出贡献，也为留下了关于斯里兰卡佛教情况的第一手资料。可以说，斯里兰卡的古史叙事直接影响了中国海洋文学，使得海客入海求宝遇险后结为异类婚成为中国海客小说的重要情节。细究其来源脉络，则与斯里兰卡古史叙事有极大关联。

由此可知，海洋因素贯穿着中斯两国佛教交流，佛教在当代两国关系建构及海上丝绸之路建构方面能够起到积极的作用。既往研究中更多关注陆地上的历史，从而忽略了海洋历史对中斯交流的巨大影响。从记载两国交通史的文献到现存的碑文等文物，都大量记载了中斯之间伴随着海洋贸易的佛教传播。中斯两国交流背后的海洋环境及海洋因素，为两国的佛教文化交往提供了一个完整的图景。在海上丝绸之路上，佛教已形成一条"黄金纽带"，发挥着黄金纽带应该发挥的作用，亦在中国与斯里兰卡关系的发展与深化方面发挥桥梁与纽带作用。晚清民初时期，中国人对斯里兰卡的关注已主要集中在佛教与海洋两个维度，但尚未上升至战略高度，远东战争期间，斯里兰卡的海洋地缘价值凸显，此一时期，华文报纸刊载斯里兰卡新闻，皆与其海洋地理重要性有关，斯里兰卡不再只是中国人既定印象中的南海佛教岛国，其海洋地缘引发了中国人的思考，而远东海战又进一步刺激了中国人对海洋的思考，生发出较为简单的海权意识。行至当代，中国意识到广袤无垠的海洋是世界各国未来竞争的重要场域，将海洋战略纳入国家发展战略之中，斯里兰卡作为新海权意涵下的节点国家，理应以佛教文化辅助外交，服务当代中国海洋战略。如建设中斯交流人才库，用其所学；开展多种形式的佛教活动，消除潜在的"中国威胁论"等，从而推动中斯关系在稳定中不断向前迈进。

附录　大事记

古代

西汉时，王莽曾遣使节出使黄支国（今印度境内 kanchipura），之后，使者辗转至斯里兰卡。此可视为中斯首次有史记载的官方交流。[1]

东晋义熙二年（406），斯里兰卡国王婆帝沙一世（Upatissa 1）所派遣的使者沙门昙摩抑到达东晋都城建康（今江苏南京），向晋安帝赠献一尊白玉佛像。[2]

东晋义熙五年（409），中国僧人法显等人从天竺搭乘商船至斯里兰卡，居住两年，于义熙七年（411）从师子国乘商船经海路回国，后于义熙八年（412）到达中国青州长广郡。法显在斯里兰卡求得弥沙塞律藏本，得长阿含、杂阿含，又求得一部杂藏。这批经书是第一批由斯里兰卡传入汉地的经书。后来这批经书悉数翻译成中文，对中国佛教意义重大。[3]

姚秦弘始年间（409—413），鸠摩罗什在关中一带弘扬佛法，师子国一名婆罗门教徒来到长安（今西安），与鸠摩罗什门下的僧人释道融比赛辩才。[4]

---

[1]　（汉）班固：《汉书》，中华书局 1962 年版，第 1671 页。

[2]　（唐）姚思廉：《梁书》，中华书局 1973 年版，第 800 页。

[3]　（东晋）沙门释法显撰，章巽校注：《法显传校注》，中华书局 2008 年版，第 140 页。

[4]　（梁）慧皎撰，汤用彤校注，汤一玄整理：《高僧传》，中华书局 1992 年版，第 241—242 页。

东晋义熙八年（412），师子国法师僧伽跋弥造访汉地，来中国弘法，在庐山般若台东精舍与僧众百余人共同译出《弥沙塞律抄》（《提阿波檀那眷属鼻腻经》）一卷。①

南朝宋元嘉五年（428），师子国兰巴建纳王朝国王刹利摩诃南（Rajah Mahanama）派遣使者前往中国，托付四名僧人和两名白衣向南朝皇帝进献贡品牙台象，并撰写书信，向宋朝皇帝进呈奏表以表明归附的诚意。②

南朝宋元嘉六年（429），师子国海商竺难提带领比丘尼到达宋都建康（今南京），居于景福寺。竺难提一行人与景福寺惠果就汉地诸尼受戒一事进行交流，但因首次来华比丘尼人数不足十人，无法传戒。竺难提返回师子国。③

南朝宋元嘉十年（433），师子国海商竺难提再次带领十一位比丘尼到达中国，请僧伽跋摩（三藏法师）主持传戒，三百尼僧受戒。④

南朝宋元嘉十二年（435），师子国兰巴建纳王朝国王刹利摩诃南（Rajah Mahanama）派遣使者前来中国并进献贡品。宋文帝在诏书中向师子国提出对小乘经的需求。⑤

北魏太安初年（455），师子国胡沙门邪奢遗多、浮陀难提等五人将国内临摹的三幅佛像带到中国，为中国云冈石窟的开凿设计提供了蓝本。⑥

南朝齐永明六年（488），三藏法师将高僧觉音在师子国所注的优波离集的律藏《善见律毗婆沙》梵本托付给弟子僧伽跋陀罗，僧

①　（唐）圆照：《贞元新定释教目录》卷8，《大正新修大藏经》，中华书局1974年版。
②　（梁）沈约：《宋书》，中华书局1974年版，第2384页。
③　（梁）释宝唱著，王孺童校注：《比丘尼传校注》，中华书局2006年版，第88页。
④　（梁）释宝唱著，王孺童校注：《比丘尼传校注》，中华书局2006年版，第88页。
⑤　（宋）李昉：《太平御览》卷787，中华书局1960年版，第3486页。
⑥　（北齐）魏收：《魏书》，中华书局1974年版，第3036页。

伽跋陀罗携带梵本到达广州，与沙门僧猗在竹林寺将之翻译为汉语。①

南朝梁大通元年（572）师子国国王伽叶伽罗诃梨邪（Silakala）派遣使者前往中国，不仅进献表章表明自己归附的诚意，还在诏表中提出共同弘扬佛教的愿景。②

唐贞观十二年（638），中国玄奘法师抵达印度次大陆南端（斯里兰卡对岸的南印度达罗毗荼国），因故未亲自前往僧伽罗国，但在其《大唐西域记》中详细记述了执师子、僧伽罗、俯首佛像等宗教神话传说和僧伽罗国（今斯里兰卡）的现实佛教情况。③

唐麟德年间（664），师子国僧人释迦蜜多罗来到中国。当时他年事已高，为95岁。唐乾符二年（667年6月），他又到达山西五台山清凉寺，用"西方供养之法"礼拜文殊大圣。

唐中宗朝，斯里兰卡僧人目加三藏来中国荆州南泉，拜谒中国僧人兰若。④。

唐开元五年（717），将印度密教传入中国的"开元三大士"之一金刚智由印度前往中国，途经师子国时受到国王室哩室罗（Sila-megha）的礼遇。⑤

唐开元六年（718），金刚智法师带徒弟不空前往中国洛阳，后不空跟随师父金刚智翻译佛经。金刚智弟子不空为师子国人，在中国地位极高。⑥

唐开元二十九年（741），师子国法师不空奉唐朝敕令和弟子含光、慧誓等37人从广州乘船返回师子国，重学密教。狮子国国王以

① （隋）费长房：《历代三宝纪》卷11，《大正藏》第51册，台北：新文丰出版公司1986年版，第153页。

② （唐）姚思廉：《梁书》，中华书局1973年版，第800页。

③ （唐）玄奘、辩机原著，季羡林等校注：《大唐西域记校注》，中华书局1985年版，第866—887页。

④ （清）董诰等编：《全唐文》，中华书局1983年版，第3237页。

⑤ （唐）圆照：《贞元新定释教目录》，《大正藏》第55册，台北：新文丰出版公司1986年版，第876页。

⑥ （宋）赞宁撰，范详雍点校：《宋高僧传》，中华书局1987年版，第7页。

至高无上的礼节对待他们，将他们安置进皇宫，"七日供养"①。

唐天宝元年（742）和唐天宝五载（746），斯里兰卡国王尸逻迷伽（Aggabodhi VI）两度派遣大使来到中国。斯里兰卡僧人使者第二次入唐时，送来方物及佛经等。②

唐天宝五载（746），师子国法师不空返回中国长安，向皇帝进献师子国（今斯里兰卡）国王尸罗迷伽（Aggabodhi VI）的国书和金宝璎珞、《般若》梵夹、杂珠白氎等物。不空法师的弟子含光法师随师游历斯里兰卡返唐后，听从师命在中国五台山金阁寺创建密宗灌顶道场，并翻译毗那夜迦的秘密仪轨两部。③

后唐清泰三年（936），师子国婆罗门摩诃定利米多罗得赐紫衣袈裟。

北宋太平兴国七年（982），宋朝设立译经院，恢复佛典翻译，师子国等国多位僧人前往中国献经、译经。④

辽圣宗统和七年（989），斯里兰卡国王摩晒陀五世（Mahinda V）派大使由海路出访辽国并进贡，斯里兰卡使者在南部中国登岸。⑤

北宋淳化二年（991），师子国僧人佛护和他的徒众五人来宋，献梵经二十夹。⑥

北宋淳化四年（993），师子国僧人觉喜来宋，献梵文经书梵经六十二夹、舍利佛骨、菩提印、白氎画像并白氎书随求真言轮及如意轮。⑦

北宋咸平三年（1000），师子国僧人觅得啰来宋，献梵经十九夹

---

① （宋）赞宁撰，范详雍点校：《宋高僧传》，中华书局 1987 年版，第 8 页。
② （宋）王若钦等编纂，周勋初等校订：《册府元龟》，凤凰出版社 2006 年版，第 11243 页。
③ （宋）赞宁撰，范详雍点校：《宋高僧传》，中华书局 1987 年版，第 8 页。
④ （宋）宋敏求：《春明退朝录》，中华书局 1980 年版，第 10 页。
⑤ （元）脱脱等：《辽史》，中华书局 1974 年版，第 133 页。
⑥ （宋）杨亿：《大中祥符法宝录》，圣代翻宣录中之七，第 8—0780a 页。
⑦ （宋）杨亿：《大中祥符法宝录》，圣代翻宣录中之七，第 8—0780a 页。

并佛骨舍利菩提印等。①

北宋大中祥符九年（1016）二月，"南天竺师子国沙门妙德"②来宋，献舍利、梵文佛经，宋真宗赐予紫衣、金币。

唐宋时期，许多中国僧人西行渡海，前往师子国一带求法访学，如：义净、明远、义朗、窥冲、大乘灯禅师、无行禅师、僧哲、灵运、智行、慧琰、慧日等。③

元至元二十一年（1284），元世祖将亦黑迷失从占城召回，赏赐他玉带、衣服、鞍辔，命令他出使海外僧迦剌国，观佛钵舍利、学习佛法。同年，亦黑迷失自海上返回元朝，再次被提拔并被赐予玉带。④

元朝著名航海家汪大渊曾前往斯里兰卡等地游历，并撰写《岛夷志略》记载斯里兰卡的佛殿、民风民俗等。⑤

明永乐三年（1405），郑和因锡兰山国国王亚烈苦奈尔（Alagakkonara）在其返途设障，意欲打劫郑和使团，将国王羁押并将其及整个王室押解回明朝。⑥

明永乐七年（1409），明朝皇帝所派遣使者郑和在锡兰山（今斯里兰卡）佛寺前献贡品，立石碑，并赏赐国王。⑦

近现代

1893 年，达摩波罗在美国芝加哥举行世界宗教大会（The Parliament of World Religions），会后途经上海，参观佛教寺院、拜访佛教界人士。

---

① （宋）杨亿：《大中祥符法宝录》，圣代翻宣录中之十，第 11—0824a 页。

② （宋）志磐：《佛祖统纪》，《大正新修大藏经》，第 49 册，大正一切经刊行会 1924 年版，第 44 页。

③ 见（宋）赞宁撰，范祥雍点校《宋高僧传》，中华书局 1987 年版，第 722 页。

④ （明）宋濂：《元史》，中华书局 1976 年版，第 3199 页。

⑤ （元）汪大渊著，苏继庼校释：《岛夷志略校释》，中华书局 1981 年版，第 244 页。

⑥ （明）陈建：《皇明通纪》，中华书局 2008 年版，第 456 页。

⑦ （明）费信著，冯承钧校注：《星槎胜览校注》，中华书局 1954 年版，第 29 页。

1895 年，达摩波罗再度来华，并与杨仁山居士在上海会面，之后一直书信往，"约与共同复兴佛教，以弘布于世界"①。

1929 年，太虚大师将漳州南山佛学校改为闽南佛学院分院，与广箴、度寰两位法师商议，新组建"锡兰留学团"，初期拟定团员七名，以度寰法师为留学团团长，"专修佛学英文国文，预备修习两年，留学锡兰，翻译佛经"②。

1929 年，昌悟法师在锡兰得摩诃菩提会款待。

1930 年，漳州锡兰留学团迁至北京，后因 1931 年九·一八事变搁置。

1931 年，黄茂林等居士留学锡兰学习巴利文、梵文，兼研究英文佛学名词等，历时数年，但其非僧伽身份。③

1935 年，锡兰纳罗达法师来沪弘法，认为中国僧伽制度有整理改进的必要，因而再度建议中国派遣优秀的僧才去斯里兰卡留学。

1935 年，锡兰英文佛教刊物《佛教月刊（The Buddhist）》的主笔文深台·雪尔伐氏（Vinoent besilua）陪同跋夷拉拉玛（Vaaji. Ama. Bambalaptiya）佛教图书馆的衲罗达（Narada）长老旅华，纳罗达亦护送斯里兰卡菩提圣树嫡传嫩芽一枝，移植于中国。④

1936 年，在赵朴初居士的安排下，中国佛教会组建了锡兰学法团，初期学僧有五名，分别为慧松、惟植、法周、岫庐、惟幻等。⑤

1936 年，朱子桥、叶恭绰居士出资，于上海影印宋碛砂版大藏经全部，共五百九十三册，赠送锡兰佛教界，后陈列于科伦坡金刚精舍图书馆。⑥

1937 年 1 月，湖南僧众发起第二批锡兰学法团，拟定筏苏法师

① 释印顺：《太虚大师年谱》，中华书局 2011 年版，第 37 页。
② 《佛教要闻：漳州新组锡兰留学团》，《现代僧伽》1930 年第 2 卷第 43—44 期，第 83 页。
③ 卢春芳：《教况：黄茂林锡兰留学记》，《世界佛教居士林林刊》1931 年第 30 期。
④ 《锡兰佛刊主笔拟再度来华》，《海潮音》1936 年第 17 卷第 11 期，第 109 页。
⑤ 《佛教界派僧出国留学》，《新闻报》1935 年 11 月 26 日。
⑥ 《宋版藏经会赠送锡兰碛砂藏经》，《海潮音》1936 年第 17 卷第 4 期，第 173 页。

定期赴长沙指导，中国佛教会理事长圆瑛法师为筹备主任、《佛教日报》编辑范古农居士为指导师。[①]

1940 年，太虚、慈航、苇舫、惟幻、等慈、俨然等中国国际佛教访问僧团成员访问锡兰，受到极高规格的接待；太虚与锡兰著名佛教学者马拉拉塞克拉博士探讨了中国僧团的海外交流、留学事宜，约定定期互相交换留学僧。[②]

1941 年，初期选拔法舫法师作为传法师，白慧与达居两位法师作为留学僧，拟派三人作为第一批交换学者赴锡兰工作、学习。[③]

1945 年，法舫为摩诃菩提会传经师训练班授课，向学僧讲授大乘佛教。

1945 年，法舫法师代表世界佛学苑，与摩诃菩提会的会长金刚智博士商议交换留学僧，双方议定具体条例，言明中国一方由世界佛学苑选派两名僧人赴锡兰学习巴利文及佛教经典，锡兰一方由摩诃菩提会选派一名学僧赴学习中国文化，兼传授巴利文。[④]

1946 年，世界佛学苑推选出了光宗、了参两位法师，派驻锡兰留学，进入摩诃菩提会的传法师训练班系统学习巴利文与佛教圣典。

1946 年 7 月，锡兰的摩诃菩提会所派出三位法师至中国上海，三位法师皆出自科伦坡的金刚寺，为索麻法师、开明德法师，后又要求加派一人即般若西河（师子慧）法师。

当代

1950 年，法舫赴锡兰，协助马拉拉塞克拉筹备世佛联的会议及成立仪式，并参与起草世佛联章程。

---

① 《第二班锡兰学法团筏苏法师函陈办法》，《佛教日报》1937 年 2 月 28 日。
② 太虚：《锡兰佛教与中国佛教的关系——二十九年二月（1940 年）在科仑坡市政厅市长杜拉胜芳欢迎茶会上致词》，《太虚大师全书》（第二十七卷），宗教文化出版社 2004 年版，第 113 页。
③ 《法舫法师赴锡兰讲学》，《狮子吼月刊》1941 年第 1 卷第 2 期，第 28 页。
④ 法舫：《致太虚大师书》，《海潮音》第 26 卷第 11 期，法 6，第 16—17 页。

1950 年 5 月，第一届世界佛教徒联谊会大会在锡兰首都科伦坡正式召开，法舫以上海法明学会代表的身份，代表中国参加世佛联第一届大会。

1952 年 10 月，北京市佛教徒在广济寺举行法会，庆祝亚洲及太平洋区域和平会议胜利闭幕。虚云法师向锡兰佛教代表达马拉塔纳法师赠送供有玄奘法师舍利的银塔一座。①

1955 年，锡兰政府邀请中国佛教协会协助编撰《佛教百科全书》英文版中国佛教的条目。中国佛教界予以协助，成立了《中国佛教百科全书》编纂委员会，参与编撰中国佛教部分；承担英文《佛教百科全书》中国佛教条目的翻译及编写。②

1959 年 5 月，世界佛教徒联谊会会长马拉拉塞克拉携夫人访华，得到周恩来总理的接见。

1960 年，为纪念我国晋代高僧法显赴锡兰求法一千五百五十周年，中国佛学院委托时任锡兰大使张灿明向锡兰 Viddialankara Piriwena 佛学院赠送一批汉语三藏经典。③

1961 年，喜饶嘉措大师与赵朴初居士组成护侍团，亲自护送佛牙到首都科伦坡，开展了为期 100 天的巡礼。

1962 年，陈毅副总理会见锡兰总理班达拉奈夫人时，特别将记录锡兰代表团迎奉法献佛牙的彩色影片赠送给斯里兰卡政府。④

1963 年，锡兰总理班达拉奈克夫人前来广济寺瞻礼佛牙舍利，时任中国佛教协会会长喜饶嘉措特别赠送班达拉奈克夫人一尊观世音菩萨，以示两国佛教因缘。⑤

1980 年 11 月 14 日—12 月 4 日，斯里兰卡毗耶达希法师应邀访问中国，在中国各地参拜佛寺，游览观光，并在中国佛学院和中国

① 《中国佛教协会大事年表》，《法音》1983 年第 6 期。
② 赵朴初：《中国佛教协会四十年——在中国佛教协会第六届全国代表会议上的报告》，《法音》1993 年第 12 期，第 6 页。
③ 净慧：《中国佛教协会大事年表》，《法音》1983 年第 6 期，第 39 页。
④ 《中国佛教协会大事年表》，《法音》1983 年第 6 期。
⑤ 《中国佛教协会大事年表》，《法音》1983 年第 6 期。

佛学院灵岩山分院发表讲演。①

1981 年 3 月 29 日，在北京外国语学院教授巴利文的斯里兰卡教授李拉拉特纳，前来北京法源寺供僧，并与中国佛学院三名优秀学生见面。②

1981 年 4 月 11—18 日，斯里兰卡佛教代表团一行五人对中国友好访问。斯里兰卡文化部部长胡鲁拉为团长。期间会见我国佛教界人士，参拜了著名佛教寺院，为中国佛教澄清了流传的不实谣言。③

1981 年 5 月 11 日，在京工作的斯里兰卡等国的几位专家以及斯里兰卡的留学生等与我国佛教徒一起在广济寺举行浴佛仪式，纪念佛诞节。④

1981 年 7 月 16 日，中国政府正式开始斯里兰卡法显村重建工程。法显村重建工程由斯里兰卡县摩朗西长老和斯里兰卡现任财长罗尼·德迈尔先生共同向中国政府提出，中国政府同意并提供拨款。⑤

1982 年 3 月，中国驻斯使馆经济参赞王琨到法显村访问，瞻仰法显洞并参观法显村修建工程。⑥

1982 年 4 月，斯里兰卡成立国际佛教大学"佛教与巴利语大学"，课程设置了中国历史作为选修课，宣布升学考试可以使用汉语。⑦

1982 年 6 月 1—5 日，斯里兰卡政府文化部在科伦坡主持召开"世界佛教领袖和学者会议"，中国佛教代表团应邀出席会议并对斯

① 郝唯民、经扬：《佛教徒希望人类和睦相处——斯里兰卡毗耶达希法师在中国佛学院的讲演》，《法音》1982 年第 1 期，第 8 页。

② 石权：《斯里兰卡专家李拉拉特纳教授等在法源寺斋僧》，《法音》1981 年第 2 期，第48 页。

③ 方之：《中斯友谊源远流长》，《法音》1981 年第 2 期，第 47 页。

④ 佚名：《北京广济寺隆重举行浴佛法会》，《法音》1981 年第 2 期，第 18 页。

⑤ 慕显：《斯里兰卡的法显洞》，《法音》1983 年第 6 期，第 77—78 页。

⑥ 慕显：《斯里兰卡的法显洞》，《法音》1983 年第 6 期，第 77—78 页。

⑦ ［斯里兰卡］拉乎拉法师著，慕显译：《斯里兰卡国际佛教大学》，《法音》1983 年第2 期，第 44 页。

里兰卡佛学界进行了友好访问。代表团由中国佛教协会李荣熙副会长和郭元兴、郑立新三人组成。期间朝拜了佛教圣地，参加了"颇松节"庆祝活动，还向斯里兰卡总统、总理和文化部分别赠送礼物，斯文化部回赠。①

1982 年 8 月 14 日，应中国司法部邀请，斯里兰卡司法部部长维杰亚拉特纳先生和夫人一行来华访问，并参观了雍和宫和广济寺。②

1982 年 11 月，中佛协又邀请斯里兰卡著名佛教学者毗耶达希法师来华访问，期间毗耶达希法师于中国佛学院北京本部及苏州灵岩山分院发表演讲。

1983 年 6 月 12 日，斯里兰卡在华人士为悼念原北京外国语学院专家李拉拉特纳教授的逝世，在中国广济寺斋僧，中国佛教协会副会长明真老法师率领僧众应供。③

1983 年 7 月 4 日，斯中协会代表团一行八人访问中国佛教协会，斯里兰卡"全民繁荣运动"领导人、斯中协会主席阿里业拉特纳博士为团长。期间，中国佛教协会理事净慧法师陪同代表团参观了广济寺，并介绍了中国当前的佛教状况。④

1984 年 5 月 8 日，斯里兰卡驻华大使萨马拉辛哈先生及使馆官员为庆祝佛诞节在广济寺供佛斋僧并参与浴佛仪式。中国佛教协会副会长、广济寺住持正果法师及两序大众接受了斋供。⑤

1984 年 5 月 22 日，斯里兰卡总统贾亚瓦德纳在钓鱼台国宾馆会见了中国政协全国委员会副主席、中国佛教协会会长赵朴初，两人进行友好交谈。⑥

---

① 佚名：《中国佛教代表团出席世界佛教领袖和学者会议》，《法音》1982 年第 4 期，第 39 页。

② 方之：《佛协宴请斯司法部长维杰亚拉特纳一行》，《法音》1982 年第 6 期，第 46 页。

③ 方之：《斯里兰卡在华人士为悼念李拉拉特纳教授在广济寺斋僧》，《法音》1983 年第 5 期，第 47 页。

④ 章庆：《斯中协会代表团访问中国佛教协会》，《法音》1983 年第 5 期，第 48 页。

⑤ 方之：《斯里兰卡驻华大使在广济寺供佛斋僧》，《法音》1984 年第 4 期，第 46 页。

⑥ 张丰泉：《斯里兰卡总统贾亚瓦德纳会见赵朴初会长》，《法音》1984 年第 4 期，第 2 页。

1984 年 5 月 24 日，斯里兰卡总统贾亚瓦德纳参观上海玉佛寺，上海市佛教协会会长、玉佛寺方丈真禅法师等在山门外迎接。①

1984 年 8 月 2—7 日，斯里兰卡举办世界佛教徒联谊会第十四届大会，应斯里兰卡总统贾亚瓦德纳和"世佛联"斯里兰卡地区中心的邀请，中国佛教代表团一行五人前往斯里兰卡科伦坡出席大会。中国佛教协会会长赵朴初为团长。②

1985 年，斯里兰卡凯拉尼亚大学的海玛·古那提拉卡（H. Gunatillaka）博士访问中国，寄居在尼庵里研究了中国比丘尼僧团的历史和现状，尤其是中国僧尼守持的法藏部律藏。③

1985 年 4 月 2 日，斯里兰卡政府文化代表团访问了设在成都的四川尼众佛学院，受到副院长宽霖法师和贾题韬居士等人的热情接待。胡鲁拉团长应邀向学员讲话。④

1985 年 8 月 13 日，中国佛教协会副会长正果法师通过斯里兰卡驻华大使萨马拉辛哈阁下向斯里兰卡国际佛堂赠送佛像，萨马拉辛哈大使代表斯里兰卡国际佛堂向中国佛教协会表示感谢。⑤

1986 年 4 月 27 日—5 月 8 日，斯里兰卡著名佛教学者罗睺罗法师、世界佛教僧伽大会秘书长、亚洲佛教徒和平大会副主席维普拉沙拉法师及维摩拉斯利居士等对我国进行了友好访问。访华期间，代表团先后访问了各地寺院，在中国各佛学院讲学，并访问了北京外国语学院。⑥

1986 年 11 月 8 日，应斯里兰卡罗睺罗法师和维普拉萨拉法师的邀请，中国佛学院派遣五名学生前往斯里兰卡维普拉萨拉法师所在

---

① 申宝林：《贾亚瓦德纳总统参观上海玉佛寺》，《法音》1984 年第 4 期，第 4 页。
② 佚名：《赵朴初率中国佛教代表团出席世界佛教徒联谊会第十四届大会》，《法音》1984 年第 5 期，第 5 页。
③ 朱映华：《中国与斯里兰卡的比丘尼传承（下）》，《法音》1996 年第 3 期，第 25 页。
④ 郑建邦：《斯里兰卡文化代表团访问四川尼众佛学院》，《法音》1985 年第 5 期，第 44 页。
⑤ 方之：《中国佛协向斯里兰卡国际佛堂赠送佛像》，《法音》1985 年第 6 期，第 43 页。
⑥ 拾文：《斯里兰卡著名佛教学者罗睺罗法师—行应邀来华访问》，《法音》1986 年第 4 期，第 45 页。

寺庙的佛教教育中心学习，他们分别是圆慈、广兴、净因、学愚及建华法师。①

1987 年 4 月 23 日—5 月 5 日，应中国佛教协会邀请，斯里兰卡佛教代表团一行六人访问中国，斯里兰卡暹罗派阿南达，钱达南达两位大长老和佛牙寺总管维杰亚拉特纳先生为首。代表团先后访问了北京、西安、上海的寺庙等，并提出拟在斯里兰卡成立斯中佛教友好协会。两位大长老分别在中国佛学院和上海佛学院讲话。②

1989 年 2 月 5 日，香港佛教显密学会会长郭兆明居士在斯里兰卡科伦坡荣获斯里卡佛教荣誉博士学位，斯里兰卡著名佛教学者罗睺罗长老主持了这一盛典。③

1989 年 4 月 2—8 日，国际文化友好和佛教和平布道团一行四人访问了北京。斯里兰卡阿玛拉普拉派大长老塔拉莱·塔玛难达为团长。在京期间，客人参访了广济寺、法源寺、雍和宫等处，向中国佛学院师生作了讲演，并同北京外国语学院部分师生进行了座谈。④

1990 年 6 月 20 日，斯里兰卡佛教协会向香港郭兆明居士赠送佛陀真身舍利，仪式在斯里兰卡古城康提佛牙寺举行。⑤

1990 年 6 月 29 日，斯里兰卡国立大学巴利文与佛学研究生院正式设立了中文佛学资料研究部，特别吸收了在该研究生院学习的五名中国留学僧为研究部成员。⑥

1992 年 2 月 24 日上午，中国佛教协会会长赵朴初在广济寺会见中国佛学院赴斯里兰卡留学归来的五比丘。⑦

---

① 见心：《中国佛学院五名学生赴斯留学》，《法音》1987 年第 1 期，第 45 页。

② 经扬：《斯里兰卡佛教代表团应邀访华》，《法音》1987 年第 4 期，第 45 页。

③ 佚名：《香港佛教显密学会会长郭兆明居士荣获斯里兰卡佛教荣誉博士学位》，《法音》1989 年第 5 期，第 46 页。

④ 郭继步：《斯里兰卡和平布道团抵京访问》，《法音》1989 年第 6 期，第 47 页。

⑤ 李政、赵国忱：《香港郭兆明居士喜获佛陀舍利》，《法音》1990 年第 9 期，第 43—44 页。

⑥ 圆慈：《斯里兰卡国立大学设立"中文佛学资料研究部"》，《法音》1990 年第 10 期，第 20 页。

⑦ 拾文：《赵会长会见我赴斯留学载誉归来的五比丘》，《法音》1992 年第 4 期，第 5 页。

1992 年 7 月 20 日—8 月 4 日，斯里兰卡佛教会会长、摩诃菩提会秘书长、著名的佛教艺术家维普拉萨拉长老友好访问中国。期间，维普拉萨拉长老访问了中国佛教文化研究所，访问了北京、西藏、四川等地，并在四川省铁像寺给四川尼众佛学院学生讲开示。①

1994 年 11 月，在中佛协与北京市佛协的组织下，五千余名北京市佛教徒及各国驻华大使馆官员前去参加佛牙朝拜活动。斯里兰卡大使馆的官员与家属在参观的同时，希望中国佛协可以继续举行活动，并组织斯里兰卡国内的佛教徒前来瞻礼。②

1998 年 11 月 8—14 日，应斯里兰卡宗教部的邀请，中国佛教协会副会长净慧法师出席了国际佛教大会。净慧法师在会上作了有关中国佛教现状的专题报告，会见了在斯留学的十五位中国青年僧尼，并与各国佛教代表一起前往康提佛牙寺朝拜佛牙舍利。③

1999 年 10 月 24 日—11 月 4 日，应国家宗教事务局邀请，斯里兰卡佛牙寺访华团一行六人对中国进行了友好访问，斯里兰卡佛牙寺总管维杰拉特为团长。期间，访华团拜会了中国佛教协会，参拜了西山八大处灵光寺佛牙舍利塔，还参观访问了西安、成都、拉萨等地。④

2000 年 6 月 16—24 日，应斯里兰卡佛教部和罗曼纳派（下缅甸派）护法委员会的邀请，中国佛教代表团赴斯里兰卡进行了友好访问，中国佛教协会刀述仁副会长为团长。期间，参加了斯里兰卡罗曼纳派 2000 年传戒法会开幕式和"中斯友谊戒坛"洒净仪式，参拜了著名寺庙，拜访了斯里兰卡宗教部、文化部和斯里兰卡著名长老，

---

① 净因：《斯里兰卡维普拉萨拉长老访华》，《法音》1992 年第 10 期，第 40—41 页。

② 张泽西：《首都佛教界组织四众弟子朝拜佛牙舍利》，《法音》1994 年第 12 期，第 53 页。

③ 张开勤：《净慧法师出席斯里兰卡科伦坡国际佛教大会》，《法音》1999 年第 1 期，第 40 页。

④ 罗喻臻：《斯里兰卡佛牙寺访华团拜访中国佛教协会》，《法音》1999 年第 11 期，第 14 页。

会见并宴请了在斯学习的中国青年学僧。①

2001 年 4 月 16—22 日，应斯里兰卡佛教部邀请，中国佛教代表团一行九人对斯里兰卡进行了友好访问，中国佛教协会刀述仁副会长为团长。期间，中国佛教代表团拜访了斯里兰卡佛教三派四方的领导人，还分别参访了著名佛教寺院。②

2001 年 7 月 30 日至 8 月 5 日，应斯里兰卡康提佛牙寺的邀请，中国佛教代表团一行四十五人访问斯里兰卡。广东省佛教协会会长新成法师为团长。期间，代表团参拜了著名佛教圣地，拜访了康提佛牙寺，瞻仰了佛牙舍利并参加了佛牙节活动，还应邀出席了斯中佛教友好交流座谈会。③

2002 年 5 月 11 至 19 日，应中国国家宗教事务局和中国佛教协会的邀请，斯里兰卡佛教代表团访问中国。斯里兰卡花园寺蓝布克韦勒·斯里·韦帕西大长老为团长，佛牙寺那烂杰·唯杰亚拉特纳大总管为副团长。代表团一行访问了中国佛教协会，前往北京八大处灵光寺瞻拜佛牙舍利，拜会国家宗教事务局，访问了广东、云南并参访了当地著名寺庙。④

2002 年 8 月 17 日，经中国国家宗教事务局批准和斯里兰卡佛教部的邀请，中国佛教协会挑选的云南六位南传上座部青年比丘赴斯里兰卡留学，抵达首都科伦坡。8 月 20 日，六位青年比丘分别前往佛学院报到。⑤

2002 年 11 月 23 至 30 日，斯里兰卡统一国民党代表团一行六人应邀访华，达瓦·佩波拉副主席为团长。11 月 24 日，代表团专程拜

---

① 张开勤：《中国佛教代表团访问斯里兰卡》，《法音》2000 年第 8 期，第 44—45 页。
② 张开勤：《中国佛教代表团访问斯里兰卡》，《法音》2001 年第 5 期，第 31 页。
③ 张开勤：《中国佛教代表团访问斯里兰卡》，《法音》2001 年第 9 期，第 48—49 页。
④ 王立：《斯里兰卡佛教代表团访华》，《法音》2002 年第 6 期，第 9 页。
⑤ 张开勤：《云南六位南传上座部青年比丘赴斯里兰卡留学》，《法音》2002 年第 10 期，第 79—80 页。

访中国佛教协会。①

2003 年 7 月 19 至 26 日，应斯里兰卡阿斯羯利国际佛学院邀请，中国佛教代表团一行十一人访问斯里兰卡，中国佛教协会明生副会长为团长。代表团护送厦门闽南佛学院五名学僧到斯里兰卡阿斯羯利国际佛学院参学，看望在斯留学的五名云南上座部学僧，并与斯里兰卡佛学界进行友好交流。②

2003 年 10 月 16 至 26 日，应中国佛教协会邀请，斯里兰卡佛教代表团一行十人来中国进行了友好访问，斯里兰卡暹罗派佛教阿斯羯利寺乌都格玛大长老为团长。期间，代表团拜访了中国佛教协会、国家宗教事务局，访问了中国佛学院并为中国佛学院学僧作了开示，在北京灵光寺参拜了佛牙舍利，还访问了南京、厦门、广州的著名寺院。③

2004 年 1 月 1 至 4 日，应斯里兰卡阿斯羯利佛学院院长曼格拉大长老的邀请，中国佛教代表团一行六人前往斯里兰卡参加阿斯羯利佛学院毕业典礼，并对斯里兰卡进行友好访问。中国佛教协会副会长圣辉法师为团长。期间，圣辉法师和曼达拉长老进行了交谈，代表团前往卡拉尼亚皇家寺院看望了中国云南傣族年轻比丘，朝拜了佛牙寺，参观了名胜古迹。④

2004 年 7 月 24 至 28 日，应斯里兰卡佛教阿斯羯利派钱达南达国际佛教中心主席曼格拉大长老的邀请，中国佛教代表团一行五人访问斯里兰卡。代表团参观了著名佛教寺院与佛教博物馆，朝拜了佛教古迹，参加了我国留学僧的毕业典礼，参拜了佛牙舍利并参加了"佛牙节"活动。⑤

2005 年 10 月 18 日至 24 日，经中国国家宗教事务局批准，云南

---

① 罗喻臻：《斯里兰卡统一国民党代表团拜访中国佛教协会》，《法音》2002 年第 12 期，第 17 页。

② 罗喻臻：《明生副会长率团访问斯里兰卡》，《法音》2003 年第 8 期，第 42—43 页。

③ 张开勤：《斯里兰卡佛教代表团访华》，《法音》2003 年第 11 期，第 49—50 页。

④ 宗能：《中国佛教代表团访问斯里兰卡》，《法音》2004 年第 2 期，第 38—39 页。

⑤ 张开勤：《中国佛教代表团访问斯里兰卡》，《法音》2004 年第 8 期，第 48—49 页。

省佛教协会组织由三大语系佛教的高僧大德、信众组成的百人迎请团，专赴斯里兰卡迎请三棵圣菩提树树苗到中国。①

2005 年 6 月 10 日，应我国政府邀请，斯里兰卡等南亚五国新闻访问团一行 14 人访问中国佛学院，受到中国佛教协会、中国佛学院、法源寺僧众的热烈欢迎。②

2005 年 10 月 15 日，斯里兰卡佛教代表团一行十一人前往中国，向中国西双版纳总佛寺赠送菩提圣树，西双版纳总佛寺举行迎接斯里兰卡圣菩提树安奉法会。代表团以暹罗教派阿斯吉里派大长老为团长。此外，西双版纳南传佛教文化苑举行了奠基仪式。③

2006 年 4 月 13 至 16 日，首届世界佛教论坛在杭州举办，斯里兰卡阿努达大长老等发来贺信，斯里兰卡佛学界派多位长老出席了此次大会。④

2006 年 5 月 6 日，应斯里兰卡纪念佛胜日卫塞节全国委员会的邀请，圣辉法师一行访问斯里兰卡，圣辉法师接受斯里兰卡佛教界授予的"弘法功德奖"，并应邀参加科伦坡大菩提寺佛历 2550 年佛胜日卫塞节庆典活动和斯里兰卡摩诃菩提会《僧伽罗佛教徒报》出版 100 周年庆典。⑤

2006 年，斯里兰卡中国留学僧会成立，9 月通过《斯里兰卡中国留学僧会章程》，设有会长一名、副会长两名、秘书兼会计一名，会员由斯里兰卡中国留学僧（比丘、比丘尼、式叉尼、沙弥、沙弥尼）组成。

---

① 桑吉扎西：《西双版纳勐渤大佛寺举行万佛吉祥塔奠基暨斯里兰卡菩提圣树栽种、佛像安奉庆典法会》，《法音》2008 年第 7 期，第 60 页。

② 桑吉扎西：《南亚五国联合新闻访问团一行拜访中国佛学院》，《法音》2005 年第 6 期，第 8 页。

③ 刀海清：《西双版纳举行迎接斯里兰卡圣菩提树安奉法会》，《法音》2005 年第 11 期，第 46 页。

④ 常正：《和谐世界从心始　佛国论坛法筵开——首届世界佛教论坛纪实》，《法音》2006 年第 5 期，第 74—80 页。

⑤ 常妙：《圣辉法师荣获斯里兰卡佛教界授予的"弘法功德奖"》，《法音》2006 年第 5 期，第 81—82 页。

2007 年 2 月 26 日，应国家主席胡锦涛的邀请，斯里兰卡总统玛辛德·拉贾帕克萨率大型代表团来中国访问。访华期间，于 2 月 27 日访问北京灵光寺，瞻仰了佛牙舍利，并向灵光寺赠送古佛雕像。中国佛教协会隆重举行斯里兰卡总统赠送佛像仪式暨供奉祈福法会，斯里兰卡总统玛辛德·拉贾帕克萨和夫人、斯里兰卡政府 16 位部长和斯里兰卡佛教代表团等贵宾参加了这一仪式。2 月 28 日，全国政协主席贾庆林在人民大会堂举行庆祝中斯建交五十周年国宴，拉贾帕克萨总统一行出席了宴会。拉贾帕克萨总统一行还拜访了中国佛教协会，访问了上海、广东等地。①

2007 年 6 月 27 日至 7 月 4 日，应斯里兰卡科伦坡菩提寺主持库萨拉达玛长老的邀请，中国佛教代表团一行九人，对斯里兰卡进行了为期一周的友好访问。期间，代表团参观了佛教寺庙和斯里兰卡佛教遗址，拜会了各大长老，参拜了康提佛牙寺，并出席了佛教电视频道开播仪式。②

2007 年 8 月 26 至 31 日，应斯里兰卡佛牙寺的邀请，中国佛教代表团一行 9 人前往斯里兰卡参加康提佛牙节。访斯期间，代表团参访了佛教遗迹，瞻礼了圣菩提树，受到了斯里兰卡总统和总理的亲切会见，一诚会长接受了斯里兰卡佛教界为他颁发的"弘法旗帜奖"和"弘法功勋奖"。③

2007 年 9 月 13 日，斯里兰卡佛教代表团一行十二人拜访了国家宗教事务局，9 月 15 日，访问中国佛教协会。代表团以马山寺派大导师乌杜噶玛为团长。此外，斯里兰卡佛教代表团一行还朝拜了北京灵光寺佛牙舍利。并赴西藏自治区进行友好参访。④

---

① 常正：《斯里兰卡总统赠送佛像仪式在北京灵光寺隆重举行》，《法音》2007 年第 3 期，第 69—70 页。

② 王小明：《中国佛教代表团访问斯里兰卡并出席佛教电视频道开播仪式》，《法音》2007 年第 7 期，第 53—54 页。

③ 可潜：《一诚会长出席斯里兰卡康提佛牙节盛典》，《法音》2007 年第 9 期，第 51—54 页。

④ 佚名（桑吉扎西）：《佛教新闻》，《法音》2007 年第 9 期，第 60—66 页。

2007年6月18日，斯里兰卡僧伽佛教会秘书长曼格拉长老一行六人前往中国参加了大佛寺万佛塔奠基、斯里兰卡菩提圣树栽种和佛像安奉仪式，并赠送斯里兰卡佛像。仪式由云南省佛教协会、西双版纳佛教协会、总佛寺在版纳勐渤大佛寺举行。①

2010年9月19日，由中国佛教协会、斯里兰卡驻华使馆联合主办，中国佛教文化研究所、北京灵光寺承办的"法显的足迹——纪念法显西渡斯里兰卡1600周年学术研讨会"在北京灵光寺隆重举行。斯里兰卡驻华大使K.阿穆努伽玛阁下及夫人，斯里兰卡佩拉德尼亚大学教授达玛达萨先生等斯方代表及嘉宾出席。9月20日，斯里兰卡全锡兰佛教徒协会在斯里兰卡阿纳达中学礼堂隆重举办中国东晋高僧法显到斯游学1600周年纪念大会。中国驻斯大使杨秀萍、中国佛教协会圆慈法师等出席了这次会议。②

2010年10月9日上午，斯里兰卡阿斯羯利派大导师乌都伽玛长老来访中国，中国佛教协会传印会长在北京广济寺会见并宴请。斯里兰卡驻华大使阿穆努伽玛先生专程前来出席会见活动。③

2010年11月12至21日，应"世佛联"潘·瓦那密提主席与斯里兰卡全锡兰佛教会贾格特·苏玛提帕主席的联合邀请，中国佛教代表团一行64人访问斯里兰卡，并出席在首都科伦坡举行的第25届世界佛教徒联谊会暨成立60周年庆典、斯里兰卡佛教电视台法显演播厅揭幕仪式等系列活动。④

2011年5月17至22日，中国佛教代表团一行43人赴斯里兰卡进行友好访问，出席纪念佛陀成道2600周年系列庆祝活动，杭州市

---

① 桑吉扎西：《西双版纳勐渤大佛寺举行万佛吉祥塔奠基暨斯里兰卡菩提圣树栽种、佛像安奉庆典法会》，《法音》2008年第7期，第60页。

② 桑吉：《纪念法显西渡斯里兰卡1600周年学术研讨会在京举行》，《法音》2010年第10期，第56—58页。

③ 罗喻臻：《斯里兰卡阿斯羯利派大导师乌都伽玛长老来访》，《法音》2010年第10期，第60页。

④ 桑吉、罗喻臻：《中国佛教代表团赴斯里兰卡出席第25届"世佛联"大会暨成立六十周年庆典等活动》，《法音》2010年第12期，第51—54、81—83页。

佛教协会会长、杭州佛学院院长光泉法师为团长。①

2013年8月16至20日，中国佛教协会代表团一行9人出席斯里兰卡佛牙节以及暹罗派在斯里兰卡开宗立派260周年庆典暨斯里兰卡国际佛学院（SIBA）首届毕业典礼活动，常藏副秘书长为团长。期间，代表团访问了总理私邸并受到热情接待。②

2014年8月3至8日，应斯里兰卡佛教电视台的邀请，中国友好访问团一行十五人，出席在斯里兰卡康提举行的一年一度的佛牙节庆祝活动。中国佛教协会副秘书长、北京灵光寺方丈常藏法师为团长。③

2014年10月16至18日，第27届世界佛教徒联谊会大会在中国陕西省宝鸡法门寺隆重举行，④ 斯里兰卡总统马欣达·拉贾帕克萨⑤、阿斯吉利派僧王和摩尔伐多僧王送来贺信，斯里兰卡等多个国家和地区派出代表参加了此次大会。⑥

2014年9月16日，中国佛教协会副会长印顺法师应邀率众参访斯里兰卡，受到斯里兰卡僧团及教育机构僧众的热情接待。期间，印顺法师率团参访了佛牙寺，拜访了斯里兰卡第一僧王，还参访了佩拉德尼亚大学。⑦

2014年4月，斯里兰卡国际眼库中心与中国西安市眼库确立了

---

① 王立：《中国佛教代表团访问斯里兰卡》，《法音》2011年第6期，第62—63页。

② 王立：《中国佛教协会代表团出席斯里兰卡佛牙节和暹罗派在斯里兰卡开宗立派260周年庆典》，《法音》2013年第9期，第59页。

③ 刘东：《常藏副秘书长率团出席斯里兰卡佛牙节庆祝活动》，《法音》2014年第8期，第71—72页。

④ 佚名：《让世界了解中国佛教让中国佛教走向世界》，《法音》2014年第10期，第1页。

⑤ ［斯里兰卡］马欣达·拉贾帕克萨：《斯里兰卡总统马欣达·拉贾帕克萨的贺信》，《法音》2014年第10期，第5页。

⑥ ［斯里兰卡］阿斯吉利派僧王、摩尔伐多僧王：《斯里兰卡阿斯吉利派僧王和摩尔伐多僧王的贺信》，《法音》2014年第10期，第7页。

⑦ 顿心：《印顺副会长应邀出访斯里兰卡》，《法音》2014年第10期，第16页。

国际合作伙伴关系，并访问了西安大兴善寺。①

2014 年 12 月 7 至 15 日，应斯里兰卡国际眼库主席 G. Ariyapala-
Perer 先生的邀请，大兴善寺佛教参访团一行七人对斯里兰卡进行了
友好访问，陕西省佛教协会常务副会长、大兴善寺方丈宽旭法师为
团长。期间，参访团一行参访了总统府、斯里兰卡国际眼库，参拜
了世界上最古老的菩提树、佛牙舍利和蓝莲花寺，朝拜了无畏山，
并参观了佛教古迹。②

2015 年 3 月 17 日下午，中国佛教协会在广济寺怀远堂会见了斯
里兰卡记者团一行，斯里兰卡国家电视台台长索马拉特纳·迪萨纳
亚克为团长。法师介绍了中国佛教与中国佛教协会概况，回答了斯
里兰卡记者团的问题。记者团参观了广济寺。③

2015 年 5 月 20 至 24 日，中国广东佛教友好交流团一行六十七
人赴斯里兰卡进行友好交流访问，中国佛教协会副会长、广东省佛
教协会会长明生法师为团长。斯里兰卡总统西里塞纳在科伦坡会见
代表团。广东珠海普陀寺与科伦坡赞颂寺举行了缔结友好寺院签订
仪。5 月 25 日，明生法师与斯里兰卡僧王纳帕那·普里玛斯里长老
以及赞颂寺方丈纳格达·阿摩拉万萨长老在珠海普陀寺举行舍利子
迎请供奉仪式。④

2015 年 11 月 4 日，河北省佛教协会副会长明勇法师率团抵达斯
里兰卡凯拉尼亚大学智严佛学院，迎请法舫法师舍利回国安奉，斯
里兰卡举行"法舫大师舍利返乡迎送法会"。⑤

2015 年 12 月 6 至 12 日，广州佛教界第三次"莲开一路——海

① 刘乃毓：《西安大兴善寺参访团出访斯里兰卡》，《法音》2015 年第 1 期，第 63—
64 页。
② 刘乃毓：《西安大兴善寺参访团出访斯里兰卡》，《法音》2015 年第 1 期，第 63—
64 页。
③ 韩立鹤：《副会长学诚法师会见斯里兰卡记者团一行》，《法音》2015 年第 4 期，
第 39 页。
④ 广东佛协：《斯里兰卡总统接见明生副会长一行》，《法音》2015 年第 6 期，第 64 页。
⑤ 梁峰霞：《"法舫大师舍利返乡迎送法会"在斯里兰卡举行》，《法音》2015 年第 12
期，第 65—66 页。

上丝绸之路佛教与文化之行"巡礼团在斯里兰卡圆满完成了殊胜的最后一站。耀智法师为团长。2015 年 12 月 30 日，斯里兰卡时任总统迈特里帕拉·西里塞纳会见了耀智法师。2015 年 12 月 29 日至 31 日，应斯里兰卡阿摩罗普罗教派僧王达吾尔德纳·若尼芭勒的邀请，31 日上午耀智法师参加僧王 101 岁寿庆。①

2016 年 4 月 11 日，斯里兰卡佛教学与巴利语大学副校长苏玛长老拜访中国佛教协会，受到中国佛教协会副会长宗性法师的热情接待。②

2016 年 6 月 21 日，应中国佛教协会邀请，斯里兰卡阿斯羯利派副导师万达路维·乌帕里长老率团抵达中国北京市灵光寺进行友好交流。中斯双方举行"祈祷世界和平法会"，并在法会上诵经祈福。随后又举行"佛牙舍利与中斯佛教文化交流"座谈会和茶道表演等交流活动。访华期间，访问团还前往北京雍和宫、山西五台山、运城大佛寺等地进行参访交流。③

2016 年 6 月 22 日上午，中国佛教协会在北京广济寺会见斯里兰卡佛教代表团。代表团一行十三人，斯里兰卡阿斯羯利派副导师万达路维·乌帕里长老为团长。斯里兰卡佛教电视台主席善法长老，中国佛教协会卢浔、宏度、全柏音副秘书长与山西五台山佛协会长昌善法师等参加会见。④

2016 年 6 月 23 日下午，"法显大师———一带一路先行者"研讨会在山西五台山举行。斯里兰卡阿斯羯利派副导师万达路维·乌帕里长老，斯里兰卡罗曼那派僧伽导师马库拉维·威玛拉长老，斯里

---

① 广州大佛寺：《斯里兰卡总统会见广州佛协会长耀智法师》，《法音》2016 年第 1 期，第 67 页。

② 韩立鹤：《斯里兰卡佛教学与巴利语大学副校长苏玛长老访问我会》，《法音》2016 年第 4 期，第 75 页。

③ 陈长松：《"佛牙舍利与中斯佛教文化交流"座谈会在北京灵光寺举行》，《法音》2016 年第 7 期，第 58—59、83 页。

④ 罗喻臻：《学诚会长会见斯里兰卡阿斯羯利派副导师万达路维·乌帕里长老一行》，《法音》2016 年第 7 期，第 46 页。

兰卡佛教电视台台长善法长老，斯里兰卡科伦坡菩提寺护法委员会秘书长塞纳瑞特尼·苏拉尼玛拉等参加了此次研讨会。①

2016 年 7 月 8 日，中国佛教协会副会长、广东省佛教协会会长明生法师荣获斯里兰卡佛教罗曼那派颁发的弘法杰出贡献奖。斯里兰卡佛教罗曼那派和阿摩罗普罗派僧王、副僧王，暹罗派副僧王，以及斯里兰卡总统、总理、议长、政府相关官员，共同出席了颁奖典礼。②

2016 年 8 月 14 至 18 日，应斯里兰卡佛教界邀请，中国佛教代表团一行赴斯里兰卡进行友好访问，并参加在康提举行的佛牙节庆典活动，中国佛教协会副秘书长、北京灵光寺方丈常藏法师为团长。期间，中国佛教代表团先后拜访了各著名寺院和佛教遗址，还参加了在康提举行的佛牙节瞻礼游行庆典活动。③

2016 年 9 月 2 至 4 日，中国福建省福州市海峡奥体中心举行"21 世纪海丝佛教·福建论坛"，斯里兰卡佛教电视台主席、科伦坡菩提寺住持善法长老等出席了开幕式。④

2016 年 10 月 15 至 17 日，中国佛教代表团一行三人应邀访问日本，专程出席日本佛教友人、阿含宗前管长桐山靖雄葬礼。中国佛教协会副秘书长常藏法师为团长。期间，常藏法师与斯里兰卡代表一起诵经回向。⑤

2017 年 5 月 12 至 14 日，应斯里兰卡政府和"联合国卫塞节"国际执委会的邀请，中国佛教代表团一行 144 人，于斯里兰卡出席第 14 届"联合国卫塞节"庆典活动。期间，代表团参访了赞颂寺并

① 陈长松：《"法显大师——一带一路先行者"研讨会在山西五台山召开》，《法音》2016 年第 7 期，第 60—61、83—84 页。

② 凤凰佛教：《明生副会长荣获斯里兰卡弘法杰出贡献奖》，《法音》2016 年第 7 期，第 59 页。

③ 桑吉扎西：《中国佛教代表团访问斯里兰卡》，《法音》2016 年第 9 期，第 56—57 页。

④ 陈星桥：《"21 世纪海丝佛教·福建论坛"在福州隆重举行》，《法音》2016 年第 9 期，第 51—52 页。

⑤ 李贺敏：《中国佛教代表团出席日本阿含宗桐山靖雄葬礼》，《法音》2016 年第 11 期，第 63—63 页。

赠送礼物，还参与了"2017年乌亚纳河佛诞文化节世界佛教文化灯展"。[①]

2017年6月2日至5日，应斯里兰卡佛教与巴利语大学邀请，中国佛教代表团一行9人对斯里兰卡进行友好交流访问，并出席了斯里兰卡佛教与巴利语大学第20届毕业典礼。中国佛教协会副秘书长、杭州佛学院院长、杭州灵隐寺方丈光泉法师为团长，中国佛教协会藏传南传佛教办公室主任清远法师为秘书长。[②]

2017年5月底至6月初，厦门市佛教协会和闽南佛学院组织138位青年僧众开展了历时15天的"重走海上丝绸之路"交流参访活动，与"一带一路"沿线的斯里兰卡等国寺院、佛教院校进行参访交流，并参访了当地的佛教圣地。[③]

2017年9月20日，斯里兰卡议员、总统顾问拉特纳法师一行3人参访中国佛教协会，受到演觉副会长的热情接待。随后，拉特纳法师还访问了北京龙泉寺。[④]

2017年9月21日，斯里兰卡摩诃菩提会主席乌帕提萨长老一行7人来到北京广济寺访问中国佛教协会，受到热情接待。之后，代表团还参访了北京灵光寺、龙泉寺，并赴南京访问金陵刻经处等地。[⑤]

2018年1月11日下午，中国驻斯里兰卡新任大使程学源一行来访中国佛教协会，受到热情接待。[⑥]

2018年2月7日，中国佛教协会在北京广济寺会见来访的斯里

---

① 韩立鹤：《中国佛教代表团赴斯里兰卡出席第14届"联合国卫塞节"庆典》，《法音》2017年第6期，第66页。

② 郑凌烽：《中国佛教代表团访问斯里兰卡佛教与巴利语大学》，《法音》2017年第6期，第74页。

③ 厦门市佛协：《简讯一束》，《法音》2017年第7期，第77页。

④ 李星海：《演觉副会长会见斯里兰卡议员拉特纳法师一行》，《法音》2017年第10期，第29页。

⑤ 李星海：《学诚会长会见斯里兰卡摩诃菩提会主席乌帕提萨长老一行》，《法音》2017年第10期，第70页。

⑥ 李星海：《我国驻斯里兰卡新任大使程学源一行来访我会》，《法音》2018年第1期，第92页。

兰卡驻华大使卡鲁那塞纳·科迪图瓦库一行，双方进行了友好座谈。①

2018年3月3日，为庆祝斯里兰卡传统节日二月月圆日，斯里兰卡驻华大使卡鲁纳塞纳·科迪图瓦库先生一行33人到中国北京广济寺供斋。②

2018年4月29日，中国佛教协会演觉副会长应邀出席斯里兰卡驻华大使馆2018年度卫塞节庆典仪式，并带领诸位法师在庆典中诵经祈福并致辞。斯里兰卡驻华大使卡鲁纳塞纳·科迪图瓦库热情欢迎演觉副会长及随行的广济寺、龙泉寺法师。③

2018年5月15日，中国佛教协会在京会见斯里兰卡佛教部部长加米尼·贾亚维克拉马·佩雷拉一行。双方进行了友好座谈。④

2018年5月22日，中国佛教协会在北京灵光寺举行佛诞节庆祝活动，并邀请了来自斯里兰卡等国的佛教界友好人士和国家驻华使节。《法音》编辑部专访了斯里兰卡阿斯羯利派副导师、康提佛牙寺住持文达鲁威·乌帕里长老。⑤

2018年8月25至9日，应斯里兰卡佛教暹罗派阿斯羯利部派副导师文达鲁威·乌帕里长老的邀请，中国代表团一行11人前往斯里兰卡出席康提佛牙节暨暹罗派阿斯羯利部派副导师文达鲁威·乌帕里长老出家五十周年纪念庆典活动。中国佛教协会副秘书长常藏法师为团长。⑥

2018年10月28至29日，中国福建莆田召开第五届世界佛教论

① 陈长松：《学诚会长会见斯里兰卡驻华大使》，《法音》2018年第2期，第20页。

② 李星海：《斯里兰卡驻华大使到北京广济寺供斋》，《法音》2018年第3期，第77页。

③ 李星海：《演觉副会长出席斯里兰卡驻华大使馆2018卫塞节庆典仪式》，《法音》2018年第5期，第60页。

④ 陈长松：《学诚会长会见斯里兰卡佛教部部长佩雷拉一行》，《法音》2018年第6期，第74页。

⑤ 北京龙泉寺义工团队：《佛诞专访：外国长老忆佛恩、话友谊》，《法音》2018年第6期，第9—12页。

⑥ 李智睿：《常藏副秘书长率团出席斯里兰卡佛牙节等庆典活动》，《法音》2018年第9期，第57页。

坛，斯里兰卡总统西里塞纳发来贺信，① 中共中央书记处书记、中央统战部部长尤权和中国佛教协会驻会副会长演觉法师分别会见来自斯里兰卡等国的佛教代表团，双方进行了亲切友好的座谈交流。②

2019 年 7 月 28 日，中国佛教协会副会长演觉法师在中国北京广济寺会见来访的斯里兰卡佛教部新任常务秘书基特西里先生一行。③

2019 年 8 月 11 至 17 日，中国佛教代表团一行 37 人赴斯里兰卡参加 2019 年佛牙节庆祝活动。中国佛教协会副会长普法法师为团长，期间，代表团前往斯里兰卡各寺庙交流访问，并接受了斯里兰卡佛教电视台的采访。④

2019 年 12 月 2 日，中国佛教协会举办了第十次全国佛教代表大会，会议选出新的领导班子，斯里兰卡的高僧大德及友好组织得知消息纷纷发来贺信表示祝贺。⑤

2019 年 12 月 14 日，斯里兰卡驻华大使卡鲁纳塞纳·科迪图瓦库一行 4 人访问中国佛教协会，受到演觉副会长的热情接待。⑥

2020 年 12 月 30 日，应斯里兰卡驻华大使馆邀请，中国佛教协会驻会副会长宗性法师及广济寺法师等一行 8 人赴斯里兰卡大使馆出席斯里兰卡新任驻华大使帕利达·科纳博士任职仪式并应邀诵经祝福。⑦

---

① ［斯里兰卡］西里塞纳：《斯里兰卡总统西里塞纳贺信》，《法音》2018 年第 11 期，第 8 页。

② 李百晟：《会见斯里兰卡佛教代表团：佛教应作中斯友好交流的催化剂》，《法音》，2018 年 11 月，第 67—68 页。

③ 李星海：《演觉副会长会见斯里兰卡佛教部基特西里一行》，《法音》2019 年第 8 期，第 22 页。

④ 孔超：《普法副会长率团出席斯里兰卡佛牙节庆祝活动》，《法音》2019 年第 9 期，第 13 页。

⑤ 国际部：《宗性副会长在京出席斯里兰卡新任驻华大使帕利达·科纳博士任职仪式》，《法音》2021 年第 1 期，第 49 页。

⑥ 孔超：《演觉副会长会见斯里兰卡驻华大使卡鲁纳塞纳·科迪图瓦库一行》，《法音》2019 年第 12 期，第 75 页。

⑦ 国际部：《宗性副会长在京出席斯里兰卡新任驻华大使帕利达·科纳博士任职仪式》，《法音》2021 年第 1 期，第 49 页。

2021 年 2 月 4 日，应斯里兰卡驻华大使馆邀请，中国佛教协会驻会副会长常藏法师及北京灵光寺法师等一行 9 人赴斯里兰卡大使馆出席斯里兰卡独立日 73 周年庆祝活动并应邀诵经祝福。①

2021 年 5 月 26 日，应斯里兰卡驻华大使馆邀请，中国佛教协会驻会副会长常藏法师及北京灵光寺法师等一行 8 人赴斯里兰卡大使馆出席卫塞节庆祝活动并应邀诵经祝福。常藏副会长、斯里兰卡驻华大使先后在庆祝活动上致辞。②

---

① 国际部：《常藏副会长赴斯里兰卡驻华大使馆出席独立日庆祝祈福活动》，《法音》2021 年第 2 期，第 76 页。

② 国际部：《常藏副会长赴斯里兰卡驻华大使馆出席卫塞节庆祝祈福活动》，《法音》2021 年第 6 期，第 66 页。

参考文献

一 中文文献

（一）古籍资料

（汉）司马迁撰，（南朝宋）裴骃集解，（唐）司马贞索隐，（唐）张守节正义：《史记》，中华书局 1982 年版。

（汉）班固撰，（唐）颜师古注：《汉书》，中华书局 1962 年版。

（汉）刘珍等撰，吴树平校注：《东观汉记校注》，中华书局 2008 年版。

（东晋）沙门释法显撰、章巽校注：《法显传校注》，中华书局 2008 年版。

（晋）葛洪：《抱朴子外篇校笺》，中华书局 1991 年版。

（晋）陈寿：《三国志》，中华书局 1982 年版。

（晋）张华：《博物志》，上海古籍出版社 2012 年版。

（南朝宋）范晔撰，（唐）李贤等注：《后汉书》，中华书局 1965 年版。

（梁）沈约：《宋书》，中华书局 1974 年版。

（梁）萧子显：《南齐书》，中华书局 2000 年版。

（梁）释僧佑撰，苏晋仁等点校：《出三藏记集》，中华书局 1995 年版。

（梁）慧皎撰，汤用彤校注，汤一玄整理：《高僧传》，中华书局 1992 年版。

（梁）释宝唱著，王孺童校注：《比丘尼传校注》，中华书局 2006 年版。

（梁）宝唱：《经律异相卷》，上海古籍出版社 1998 年版。

（魏）王弼撰，楼宇烈校释：《周易注》，中华书局 2011 年版。

（魏）杨衒之撰，周祖谟校释：《洛阳伽蓝记校释》，中华书局 2010年版。

（北齐）魏收：《魏书》，中华书局 1974 年版。

（唐）房玄龄：《晋书》，中华书局 1974 年版。

（唐）姚思廉：《梁书》，中华书局 1973 年版。

（唐）魏征等：《隋书》，中华书局 1973 年版。

（唐）李延寿：《南史》，中华书局 1975 年版。

（唐）李延寿：《北史》，中华书局 1974 年版。

（唐）李肇：《唐国史补》，古典文学出版社 1979 年版。

（唐）玄奘、辩机原著，季羡林等校注：《大唐西域记校注》，中华书局 1985 年版。

（唐）义净原著，王邦维校注：《大唐西域求法高僧传校注》，中华书局 1988 年版。

（唐）义净原著，王邦维校注：《南海寄归内法传校注》，中华书局1995 年版。

（唐）释道世著，苏晋仁、周叔迦校注：《法苑珠林校注》，中华书局 2003 年版。

（唐）道宣：《续高僧传》，中华书局 2014 年版。

（唐）慧超原著，张毅笺释：《往五天竺国传笺释》，中华书局 2000年版。

（唐）智升撰，富世平点校：《开元释教录》，中华书局 2018 年版。

（唐）徐坚：《初学记》，中华书局 2004 年版。

（唐）杜环原著，张一纯笺注：《经行记笺注》，中华书局 2000 年版。

（宋）赞宁撰，范详雍点校：《宋高僧传》，中华书局 1987 年版。

（宋）李昉等：《太平御览》，中华书局 2011 年版。

（宋）李昉：《太平广记》，中华书局 1961 年版。

（宋）李焘：《续资治通鉴长编》，中华书局 1983 年版。

（宋）吕祖谦著，黄灵庚、吴战垒整理：《左传类编》，浙江古籍出版社 2017 年版。

（宋）欧阳修、宋祁：《新唐书》，中华书局 1957 年版。

（宋）王若钦等编纂，周勋初等校订：《册府元龟》，凤凰出版社 2006 年版。

（宋）赵汝适著，杨博文校释：《诸蕃志校释》，中华书局 2008 年版。

（宋）刘克庄著，辛更儒笺校：《刘克庄集笺校》，中华书局 2011 年版。

（宋）周去非著，杨武泉校注：《岭外代答校注》，中华书局 1999 年版。

（宋）宋敏求：《春明退朝录》，中华书局 1980 年版。

（宋）吕祖谦著，黄灵庚、吴战垒整理：《左传类编》，浙江古籍出版社 2017 年版。

（宋）朱彧：《萍洲可谈》，中华书局 2007 年版。

（宋）洪迈：《夷坚志》，中华书局 2006 年版。

（宋）李品英撰，杨芷华点校：《文溪稿》，暨南大学出版社 1994 年版。

（元）脱脱等：《辽史》，中华书局 1974 年版。

（元）脱脱等：《金史》，中华书局 1975 年版。

（元）脱脱等：《宋史》，中华书局 1985 年版。

（元）汪大渊著，苏继顾校释：《岛夷志略校释》，中华书局 1981 年版。

（明）宋濂等：《元史》，中华书局 1976 年版。

（明）《明实录》，国立北平图书馆红格抄本微卷影印，1962 年版。

（明）陈建：《皇明通纪》，中华书局 2008 年版。

（明）黄省曾：《西洋朝贡点录校注》，中华书局 2000 年版。

（明）郎瑛：《七修类稿》，上海书店出版社 2009 年版。

（明）谈迁著，张宗祥校点：《国榷》，中华书局 1958 年版。

（明）马欢撰，冯承钧校注：《瀛涯胜览校注》，中华书局 1995 年版。

（明）费信著，冯承钧校注：《星槎胜览校注》，中华书局 1954 年版。

（明）巩珍著，向达校注：《西洋番国志》，中华书局 1961 年版。

（明）严从简著，余思黎点校：《殊域周咨录》，中华书局 1993 年版。

（明）俞本撰，李新峰笺证：《纪事录笺证》，中华书局 2015 年版。

（明）宗泐：《全室外集》，台北：明文书局 1981 年版。

（清）董诰等编：《全唐文》，中华书局 1983 年版。

（清）徐松著，刁忠民、刘琳、舒大刚、尹波等校点：《宋会要辑稿》，上海古籍出版社 2014 年版。

（清）张廷玉：《明史》，中华书局 1974 年版。

（清）夏燮：《明通鉴》，中华书局 2009 年版。

（清）谷应泰：《明史纪事本末》，中华书局 2015 年版。

（清）伊桑阿等：《（康熙朝）大清会典》，凤凰出版社 2016 年版。

（清）赵尔巽等：《清史稿》，中华书局 1977 年版。

（清）马骕撰，王利器整理：《绎史》，中华书局 2002 年版。

（清）永瑢等：《四库全书总目》，中华书局 1965 年版。

（清）蒋良骐撰，傅贵九、林树惠校点：《东华录》，中华书局 1980 年版。

（清）严可均：《全上古三代秦汉三国六朝文》，中华书局 1958 年版。

（清）梁廷枏：《粤海关志》，载《续修四库全书》，上海古籍出版社 2002 年版。

（清）钱谦益撰集：《列朝诗集》，中华书局 2007 年版。

（清）王之春：《使俄草》，岳麓书社 2010 年版。

（清）王之春：《国朝柔远记》，岳麓书社 2010 年版。

（清）陆心源撰，郑晓霞辑校：《仪顾堂集辑校》，广陵书社 2015 年版。

（清）缪荃孙编：《续碑传集》，上海人民出版社 2019 年版。

（清）张之洞：《张文襄公全集》，台北：文海出版社 1971 年版。

（清）严修：《严修集》，中华书局 2019 年版。

（清）曾国藩：《曾国藩全集》，岳麓书社 2012 年版。

（清）释敬安：《八指头陀诗文集》，岳麓书社 2007 年版。

（清）魏源：《海国图志》，岳麓书社 2004 年版。

袁珂：《山海经校注》，上海古籍出版社 1980 年版。

大正一切经刊行会：《大正新修大藏经》，新文丰出版有限公司（台北）1983 年版。

南京大学历史系太平天国研究室编：《江浙豫皖太平天国史料选编》，江苏人民出版社 1983 年版。

［斯里兰卡］摩诃那摩：《大史》，韩廷杰译，台北：佛光出版社 1991 年版。

韩廷杰译：《岛史》，台北：慧炬出版社 1996 年版。

郭良鋆、黄宝生翻译：《佛本生故事选》，人民文学出版社 1985 年版。

太平天国历史博物馆编：《太平天国史料汇编》，凤凰出版社 2018 年版。

《太平天国史料专辑》，上海古籍出版社 1979 年版。

"中央研究院"历史语言研究所编：《明清史料》，商务印书馆 1948 年版。

《明太祖实录》，"中央研究院"历史语言研究所《明实录》影印本。

中华书局编辑部、李书源整理：《筹办夷务始末（同治朝）》，中华书局 2008 年版。

［日］圆仁著，白化文、李鼎霞、许德楠校注，周一良审阅：《入唐求法巡礼行记校注》，中华书局 2019 年版。

［意大利］艾儒略原著，谢方校解：《职方外纪校释》，中华书局 1996 年版。

（二）当代论著

1. 著作

白寿彝：《中国文化史丛书——中国交通史》，上海书店 1984 年版。

北京大学南亚研究所：《中国载籍中南亚史料汇编》，上海古籍出版社 1994 年版。

曹金华：《后汉书稽疑》，中华书局 2014 年版。

曹婉如等：《中国古代地图集》（明代），文物出版社 1995 年版。

陈尚胜：《五千年中外文化交流史》，世界知识出版社 2002 年版。

陈炎：《海上丝绸之路与中外文化交流》，北京大学出版社 1996 年版。

邓殿臣：《南传佛教史简编》，中国佛教协会 1991 年版。

段玉明：《中国寺庙文化》，上海人民出版社 1994 年版。

法舫：《法舫文集》，金城出版社 2011 年版。

方豪：《中西交通史》，岳麓书社 1987 年版。

冯承钧：《西域地名》，中华书局 1982 年版。

冯承钧：《西域南海史地考证译丛九编》，中华书局 1958 年版。

冯承钧：《中国南洋交通史》，商务印书馆 1998 年版。

高盛荣：《元代海外贸易研究》，四川人民出版社 1998 年版。

高小康：《中国古代叙事观念与意识形态》，北京大学出版社 2005
年版。

耿引曾：《中外文化交流史》，河南人民出版社 1987 年版。

耿引曾：《汉文南亚史料学》，北京大学出版社 1990 年版。

何芳川：《中外文化交流史》下卷，国际文化出版公司 2008 年版。

何方耀：《晋唐时期南海求法高僧群体研究》，羊城晚报出版社 2015
年版。

何耀华：《武定凤氏本末笺证》，云南民族出版社 1986 年版。

胡丹：《明代宦官史料长编》，凤凰出版社 2014 年版。

季羡林：《中印文化关系史论丛》，生活·读书·新知三联书店 1983
年版。

季羡林：《佛教与中印文化交流》，江西人民出版社 1990 年版。

季羡林：《季羡林论中印文化交流》，新世界出版社 2006 年版。

季羡林：《中印文化交流史》，中国社会科学出版社 2008 年版。

翦伯赞：《中国史纲》，大孚出版公司 1947 年版。

蒋维乔：《中国佛教史》，商务印书馆 2015 年版。

蒋世弟、吴振棣编：《中国近代史参考资料》，高等教育出版社 1988
年版。

净海：《南传佛教史》，宗教文化出版社 2002 年版。

李金明：《明代海外贸易史》，中国社会科学出版社 1990 年版。

李庆新：《海上丝绸之路》，五洲传播出版社 2006 年版。

李永采：《海洋开拓争霸简史》，海洋出版社 1990 年版。

梁启超：《中国佛教研究史》，生活·读书·新知三联书店 1988 年版。

梁启超：《梁启超佛学研究十八篇》，上海古籍出版社 2001 年版。

凌纯声：《中国远古与太平印度两洋的帆筏戈船方舟和楼船的研究》，
　　"中央研究院"民族学研究所 1959 年版。

刘迎胜：《海路与陆路：中古时代东西交流研究》，北京大学出版社
　　2011 年版。

楼宇烈：《东方文化大观》，安徽人民出版社 1996 年版。

吕建福：《中国密教史》，中国社会科学出版社 1995 年版。

［法］费琅编，耿昇、穆根来译《阿拉伯波斯突厥人东方文献辑注》
　　（中译本），中华书局 1989 年版。

牟钟鉴、张践：《中国宗教通史》，中国社会科学出版社 2000 年版。

黄倬汉、穆根来、汶江译：《中国印度见闻录》，中华书局 1983 年版。

曲金良：《中国海洋文化观的重建》，中国社会科学出版社 2009
　　年版。

任继愈主编：《中国佛教史》，中国社会科学出版社 1985 年版。

任继愈、杜继文：《佛教史》，江苏人民出版社 2007 年版。

释东初：《中印佛教交通史》，中华佛教文化馆、中华大典偏印会 1970
　　年版。

释印顺：《太虚大师年谱》，中华书局 2011 年版。

石峻等编：《中国佛教思想资料选编》，中华书局 2014 年版。

沈福伟：《中西文化交流史》，上海人民出版社 1985 年版。

宋立道：《神圣与世俗——南传国家的宗教与政治》，宗教文化出版
　　社 2000 年版。

太虚：《太虚大师全书》，宗教文化出版社 2004 年版。

汤用彤：《隋唐佛教史稿》，武汉大学出版社 2008 年版。

汤用彤：《汉魏两晋南北朝佛教史》，北京大学出版社 1997 年版。

谭世宝：《汉唐佛史探真》，中山大学出版社 1991 年版。

佟加蒙：《殖民统治时期的斯里兰卡》，社会科学文献出版社 2015 年版。

黎春林、王红梅、杨富学：《元代畏兀儿宗教文化研究》，科学出版社 2017 年版。

王兰：《斯里兰卡的民族宗教与文化》，昆仑出版社 2005 年版。

王孝廉：《中国神话世界》，台北：洪叶文化出版社 2005 年版。

王子今：《秦汉交通史稿》，中国人民大学出版社 2013 年版。

王子今：《秦汉海洋文化史》，北京师范大学出版社 2021 年版。

吴焯：《佛教东传与中国佛教艺术》，浙江人民出版社 1991 年版。

吴文良：《泉州宗教石刻》，科学出版社 1957 年版。

向达：《中西交通史》，中华书局 1934 年版。

岑汪昌：《虚云老和尚年谱、法汇》，鸡足山虚云寺 2009 年刊印。

徐以骅、邹磊：《宗教与中国对外战略》，上海人民出版社 2014 年版。

薛克翘：《中国与南亚文化交流志》，上海人民出版社 1998 年版。

薛克翘：《中印文化交流史话》，商务印书馆 1998 年版。

薛克翘：《中国印度文化交流史》，昆仑出版社 2008 年版。

严耕望：《唐代交通图考》，上海古籍出版社 2007 年版。

杨会文：《等不等观杂录》，商务印书馆 2017 年版。

杨仁山：《杨仁山全集》，黄山书社 2000 年版。

印顺主编：《世界宗教领袖对话：博鳌亚洲论坛宗教分论坛（2015—2019）》，宗教文化出版社 2020 年版。

于本原：《清王朝的宗教政策》，中国社会科学出版社 1999 年版。

张国刚、吴莉苇：《中西文化关系史》，高等教育出版社 2006 年版。

张木文：《论中国海权》，海洋出版社 2014 年版。

张岂之主编：《中国传统文化》，高等教育出版社 1994 年版。

张星烺编注：《中西交通史料汇编》，中华书局 2003 年版。

章远：《宗教功能单位与地区暴力冲突》，上海人民出版社 2014 年版。

文史知识编辑部编:《佛教与中国文化》,中华书局 1988 年版。

郑筱筠:《中国南传佛教史》,中国社会科学出版社 2015 年版。

郑筱筠:《世界佛教通史:斯里兰卡和东南亚佛教》,中国社会科学出版社 2015 年版。

郑筱筠主编:《东南亚宗教与社会发展研究》,中国社会科学出版社 2013 年版。

郑筱筠主编:《东南亚宗教研究报告:东南亚宗教的复兴与变革》,中国社会科学出版社 2014 年版。

郑筱筠主编:《东南亚宗教研究报告:全球化时代的东南亚宗教》,中国社会科学出版社 2015 年版。

郑筱筠主编:《东南亚宗教研究报告:东南亚宗教的转型与创新》,中国社会科学出版社 2016 年版。

郑鹤声、郑一钧编:《郑和下西洋资料汇编》,海洋出版社 2005 年版。

郑一钧:《论郑和下西洋》,海洋出版社 1985 年版。

纪念伟大航海家郑和下西洋的周年筹备委员会:《郑和下西洋论文集(第二集)》,南京大学出版社 1985 年版。

中共中央文献研究室编:《建国以来重要文献选编》,中央文献出版社 1992 年版。

中国佛教协会编:《中国佛教》,东方出版中心 1982 年版。

中共中央统一战线工作部、中共中央文献研究院:《周恩来统一战线文选》,人民出版社 1984 年版。

周一良主编:《中外文化交流史》,河南人民出版社 1978 年版。

朱杰勤:《中外关系史论文集》,河南人民出版社 1984 年版。

朱偰:《郑和》,生活·读书·新知三联书店 1956 年版。

[日]桑原骘藏:《蒲寿庚考》,陈裕菁译订,中华书局 1929 年版。

[日]藤田丰八:《东西交涉史之研究》,星文馆 1932 年版。

[日]藤田丰八:《中国南海古代交通丛考》,山西人民出版社 2015 年版。

[日]三杉隆敏:《探寻海上丝绸之路———东西陶瓷交流史》,大

版创元社 1968 年版。

［日］三上次男：《陶瓷之路》，李锡经、高善美译，文物出版社 1984 年版。

［日］真人元开著，汪向荣校注：《唐大和上东征传》，中华书局 1979 年版。

［锡兰］H. A. J. Hulugalle：《锡兰》，周尚译，商务印书馆 1944 年版。

［锡兰］尼古拉斯·帕拉纳维达纳：《锡兰简明史》，李荣熙译，商务印书馆 1964 年版。

［锡兰］E. F. C. 卢克维多：《锡兰现代史》，四川大学外语学翻译组译，四川人民出版社 1980 年版。

［斯里兰卡］贾兴和：《斯里兰卡与古代中国的文化交流——以出土中国陶瓷器为中心的研究》，中山大学出版社 2016 年版。

［俄罗斯］瓦·伊·科奇涅夫：《斯里兰卡的民族历史文化》，王兰译，中国社会科学出版社 1990 年版。

［俄罗斯］弗拉基米尔·普罗普：《故事形态学》，贾放译，中华书局 2006 年版。

［美］斯蒂·汤普森：《世界民间故事分类学》，郑海等译，郑凡译校，上海文艺出版社 1991 年版。

［美］谢弗：《唐代的外来文明》，吴玉贵译，中国社会科学出版社 1995 年版。

［美］霍姆斯·维慈：《中国佛教的复兴》，包胜勇、林倩、王雷泉译，上海古籍出版社 2006 年版。

［美］柯嘉豪：《佛教对中国物质文化的影响》，赵慈等译，中西书局 2015 年版。

［美］塞缪尔·亨廷顿：《文明的冲突》，周琪译，新华出版社 2017 年版。

［法］保尔·拉法格：《宗教和资本》，王子野译，生活·读书·新知三联书店 1963 年版。

［法］爱弥尔·涂尔干：《宗教生活的基本形式》，渠东、汲喆译，

上海人民出版社 1999 年版。

［法］布尔努瓦：《丝绸之路》，耿昇译，山东画报出版社 2001 年版。

［法］Edouard Chavannes：《西突厥史料》，冯承钧译，中华书局 2004
年版。

［英］Clark：《锡兰一瞥》，王雨生译，商务印书馆 1930 年版。

［英］加文·孟席斯：《1421 中国发现世界》，师研群译，京华出版
社 2005 年版。

［英］菲利普·费尔南多—阿梅斯托：《1492：世界的开端》，赵俊、
李明英译，东方出版中心 2013 年版。

［德］贝克尔：《世界古代神话和传说》，张友华等译，中国青年出
版社 2002 年版。

［意大利］ F. 佩蒂多、［英］P. 哈兹波罗：《国际关系中的宗教》，
张新樟、奚颖瑞、吴斌译，浙江大学出版社 2009 年版。

［瑞典］斯文·赫定：《丝绸之路》，江红、李佩娟译，新疆人民出
版社 1996 年版。

［摩洛哥］伊本·白图泰：《伊本·白图泰游记》，马金鹏译，华文
出版社 2015 年版。

2. 主要报纸、期刊论文

阿林：《中国人在锡兰》，《新闻天地》1945 年第 1 期。

昌悟：《锡兰尼波罗漫游录》，《海潮音》1929 年第 10 卷第 3 期。

陈高华：《元代来华印度僧人指空事辑》，《南亚研究》1979 年第
1 期。

陈高华：《印度马八儿王子孛哈里来华新考》，《南开学报》1980 年第
4 期。

陈高华：《元代的航海世家澉浦杨氏——兼说元代其他航海家族》，
《海交史研究》1995 年第 1 期。

陈尚胜：《中国传统文化与郑和下西洋》，《文史哲》2005 年第 3 期。

陈尚胜：《郑和下西洋与东南亚华夷秩序的构建——兼论明朝是否向
东南亚扩张问题》，《山东大学学报》2005 年第 4 期。

陈炎：《中国和锡兰的传统友谊》，《人民日报》1956 年 9 月 14 日。

陈永华：《两宋时期中国与东南亚关系考略》，《求索》2005 年第
　8 期。

程爱勤：《"叶调"名源考》，《河南师范大学》1993 年第 5 期。

灯霞：《送锡兰学法团（续）》，《佛教日报》1936 年 7 月 19 日。

杜尚泽：《一带一路，千年的时空穿越——记习近平主席访问塔吉克
　斯坦、马尔代夫、斯里兰卡、印度》，《人民日报》2014 年 9 月
　24 日。

池齐：《汪大渊的南亚旅行及其记载的价值》，《铁道师院学报》
　1986 年第 1 期。

邓殿臣：《斯里兰卡文学介绍》，《国外文学》1985 年第 1 期。

邓殿臣、赵桐：《法显与中斯佛教文化交流》，《南亚研究》1994 年
　第 4 期。

邓殿臣：《佛教与僧伽罗民族文化》，《佛学研究》1996 年第 4 期。

丁邦友：《论六朝时期岭南的佛教及其与官僚士商的关系》，《广州
　大学学报》2002 年第 1 期。

段玉明：《指空行实发微》，《云南社会科学》1999 年第 3 期。

段玉明：《〈指空和尚禅要录〉研究》，《宗教学研究》2007 年第
　2 期。

法舫：《送锡兰上座部传教团赴中国：特介绍索麻法师》，《海潮音》
　1946 年第 27 卷第 8 期。

法舫：《今日之锡兰佛教运动》，《觉群周报》1946 年第 2 期。

法舫、常进：《锡兰的佛教》，《学僧天地》1948 年第 1 卷第 6 期。

法舫、石香：《锡兰佛教僧众的生活》，《海潮音》1948 年第 28 卷第
　8 期。

法周：《锡兰民族与佛教及其他宗教》，《海潮音》1936 年第 17 卷第
　8 期。

法周：《锡兰水上受戒记》，《海潮音》1936 年第 17 卷第 12 期。

方立天：《佛教和中国传统文化的冲突与融合》，《哲学研究》1987

年第 7 期。

冯定雄：《新世纪以来我国海上丝绸之路研究的热点问题述略》，
　　《中国史研究动态》2014 年第 4 期。

冯铁健：《五台山与斯里兰卡佛教》，《五台山研究》1990 年第 4 期。

福善：《上海佛教界欢迎锡兰比丘演讲》，《觉群周报》1946 年第
　　4 期。

傅莹：《南海局势历史演进与现实思考》，《中国新闻周刊》第 755
　　期，2016 年 5 月。

葛金芳：《两宋东南沿海地区海洋发展路向论略》，《湖北大学学报》
　　2003 年第 3 期。

耿引曾：《〈二十四史〉中的南亚史料简介》，《南亚研究》1981 年
　　第 1 期。

耿引曾：《中国与南亚的友好关系源远流长》，《南亚研究》1982 年
　　第 2 期。

桂栖鹏：《关于僧人指空行迹的若干问题——与贺圣达先生商榷》，
　　《世界历史》2001 年第 2 期。

郝唯民：《近代佛教复兴时期的中斯佛教文化交流——纪念法舫法师
　　诞辰 110 周年》，《法音》2014 年第 9 期。

韩振华：《公元前二世纪至公元一世纪间中国与印度东南亚的海上交
　　通——汉书地理志粤地条末段考释》，《厦门大学学报》1957 年第
　　2 期。

何芳川：《古代来华使节考论》，《北京大学学报》2005 年第 3 期。

何亚非：《宗教是中国公共外交的重要资源》，《公共外交季刊》2015
　　年春季号第 8 期。

贺圣达：《印度高僧指空在中国：行迹、思想和影响》，《世界历史》
　　1998 年第 2 期。

胡厚甫：《一千四百年后之第二次锡兰比丘历史性中国游记》，《觉
　　群周报》1946 年第 7 期。

黄国安：《郑和下西洋与中国占城经济文化交流》，《印度支那》1985

年第 2 期。

黄茂林：《锡兰留学管见》，《世界佛教居士林林刊》1932 年第 33 期。

黄启臣：《广东开放海外贸易两千年——以广州为中心》，《深圳大学学报》2007 年第 2 期。

黄夏年：《现代斯里兰卡佛教（上）》，《南亚研究》1991 年第 4 期。

黄夏年：《近代斯里兰卡佛教复兴的背景》，《南亚研究季刊》1996 年第 2 期。

霍世休：《唐代传奇文与印度故事》，《文学》1934 年第 2 期。

见心：《中国佛学院五名学生赴斯留学》，《法音》1987 年第 1 期。

江潇潇：《语言三大元功能与国家形象构建——以斯里兰卡总统第 70 届联大演讲为例》，《外语研究》2017 年第 1 期。

金刚觉：《锡兰的佛教》，《中流（镇江）》1948 年第 6 卷第 4/5 期。

净慧：《中国佛教协会大事年表》，《法音》1983 年第 6 期。

净因：《朴老和我的求学生涯》，《法音》2000 年第 7 期

巨赞：《一年来工作的自白》，《现代佛学》1950 年 9 月。

黎小明：《广州与古代僧人的海外往来》，《法音》1988 年第 8 期。

李安：《对金陵刻经处的回顾与前瞻》，《金陵刻经处创办 130 周年学术会议论文》。

李柏槐：《古代印度洋的交通与贸易》，《南亚研究季刊》1998 年第 2 期。

李传军：《从比丘尼律看两晋南北朝时期比丘尼的信仰与生活——以梁释宝唱撰〈比丘尼传〉为中心》，《徐州师范大学学报》2006 年第 1 期。

李捷、王露：《联盟或平衡：斯里兰卡对大国外交政策评析》，《南亚研究》2016 年第 3 期。

李静杰：《佛足迹图像的传播与信仰——以印度与中国为中心》，《故宫博物院院刊》2011 年第 4 期。

李希沁：《郑和印施〈大藏经〉题记——郑和皈依佛门的佐证》，《文献》1985 年第 3 期。

李永辉：《中国国际战略中的"关键性小国"：以斯里兰卡为例》，
　　《现代国际关系》2015 年第 2 期。

李秀梅、李玉昆：《中斯友好与泉州的锡兰王裔》，《海交史研究》
　　1999 年第 2 期。

了参、光宗：《上太虚大师书》，《海潮音》1946 年第 27 卷第 11 期。

梁建楼：《世界佛教徒联谊会的建立——太虚与法舫对世佛联的贡
　　献》，《世界宗教研究》2014 年第 4 期。

林海萍：《元代畏兀儿航海家亦黑迷失二三事》，《喀什师范学院学
　　报》2003 年第 5 期。

刘林魁：《魏晋南北朝时期的海路佛教传播》，《宝鸡文理学院学报》
　　2020 年第 4 期。

刘如仲：《郑和与南亚》，《南亚研究》1981 年第 3 期。

冯小琴、刘小平：《比丘尼：另类世界中的女性群体——魏晋南北朝
　　时期的比丘尼生活》，《甘肃高师学报》2008 年第 6 期。

刘欣尚：《中国古代同南亚各国的经济交往》，《国际经济合作》1986
　　年第 5 期。

刘兴武：《中国与斯里兰卡的传统友谊》，《南亚研究》1983 年第
　　4 期。

刘迎胜：《"锡兰山碑"的史源研究》，《郑和研究》2008 年第 4 期。

刘咏秋等：《解开郑和在斯里兰卡的历史谜团》，《参考消息特刊》
　　2005 年 7 月 7 日。

刘宗意：《南朝京师佛牙之谜》，《江苏地方志》2003 年第 1 期。

龙村倪：《郑和布施锡兰山佛寺碑汉文通解》，《中华科技史学会会
　　刊》2006 年第 10 期。

卢春芳：《教况：黄茂林锡兰留学记》，《世界佛教居士林林刊》1931
　　年第 30 期。

陆芸：《海上丝绸之路在宗教文化传播中的作用和影响》，《西北民
　　族大学学报（哲学社会科学版）》2006 年第 5 期。

罗廷光：《从锡兰到马赛》，《新中华》1935 年第 3 卷第 10 期。

满智:《考察锡兰西藏及印度佛教旨趣书》,《海潮音》1932 年第 13
　　卷第 12 期。

蒙荡认、尧范邦:《汉唐时期中国与师子国的关系》,《复旦学报》
　　1980 年第 6 期。

孟雪梅:《佛经文献与古代中外文化交流》,《古籍整理研究学刊》
　　2006 年第 1 期。

聂德宁:《隋唐时期中国与东南亚的佛教文化交流》,《南洋问题研
　　究》2002 年第 3 期。

彭金章:《敦煌石窟不空肇索观音经变研究——敦煌密教经变研究之
　　五》,《敦煌研究》1999 年第 1 期。

单侠:《试论民国时期佛教的困境——以 20 世纪二三十年代佛教界
　　对自身积弊的反思为中心的考察》,《贵州文史丛刊》2013 年第
　　1 期。

沈福伟:《两汉三国时期的印度洋航业》,《文史》第 26 辑,中华书
　　局 1986 年版。

石坚平:《义净时期中国同南海的海上交通》,《江西社会科学》
　　2001 年第 2 期。

石云涛:《六朝时经海路往来的僧人及其佛经译介》,《许昌学院学
　　报》2012 年第 6 期。

释满耕:《〈楞伽经〉要义及其历史地位》,《宗教学研究》2004 年
　　第 2 期。

司聘:《佛教外交对重建海上丝绸之路政策的影响——以中国与斯里
　　兰卡关系为中心》,《丝绸之路》2015 年第 16 期。

司聘:《中斯佛教交流研究评析》,《世界宗教研究》2017 年第 2 期。

宋肃浪:《魏晋时期西域高僧对汉译佛典的贡献》,《西域研究》1994
　　年第 4 期。

苏继顷:《汉书地理志已程不国即锡兰说》,《南洋学报(新加坡)》
　　1948 年第 2 期。

孙机:《关于中国早期高层佛塔造型的渊源问题》,《中国历史文物》

1984 年第 1 期。

孙修身：《莫高窟佛教史迹故事画介绍（二）》，《敦煌研究》1982 年
第 1 期。

佟加蒙：《海上丝绸之路视域下中国与斯里兰卡的文化交流》，《中
国高校社会科学》2015 年第 4 期。

汪海波：《法献佛牙的来龙去脉》，《五台山研究》2018 年第 1 期。

王惠民：《敦煌壁画（十六罗汉图）榜题研究》，《敦煌研究》1993
年第 1 期。

王胜：《海南加强与泛南海地区国家经济合作探析》，《南海学刊》
2018 年第 4 期。

王四达：《泉州锡兰王子世家问题献疑》，《华侨大学学报》1999 年
第 2 期。

王校阆：《〈元史·亦黑迷失传〉三国笺证》，《学术论坛》1986 年
第 3 期。

苇舫：《佛教访问团缅甸访问记》，《侨民教育》1941 年第 1 卷第
2 期。

苇舫：《应速组织佛教访问团》，《海潮音》1939 年第 20 卷第 2 期。

汶江：《元代的开放政策与我国海外交通的发展》，《海交史研究》
1987 年第 2 期。

吴木生：《拿破仑时期的反法同盟》，《历史学习》2010 年第 20 期。

吴之洪：《郑和〈布施锡兰山佛寺碑〉碑文考》，《黑龙江杂志》2009
年第 20 期。

习近平：《做同舟共济的逐梦伙伴》，［斯里兰卡］《每日新闻》2014
年 9 月 16 日。

夏春涛：《太平天国毁灭偶像政策的由来及其影响》，《广西师范大
学学报》2002 年第 2 期。

显慈：《斯缅泰三国的佛教关系》，《法音》1984 年第 1 期。

谢慈悲：《佛牙何所指佛指何所言——试论佛教在当代"文明冲突"
中的特殊价值》，《佛教文化》1995 年第 2 期。

谢向伟：《内战结束后斯里兰卡利用外资评析》，《东南亚南亚研究》
　2015 年第 1 期。

岫庐等：《锡兰留学团报告书》，《海潮音》1936 年第 17 卷第 12 期。

许鸿棣：《论古代印度商人的起源及其与佛教的关系》，《辽宁大学
　学报》1994 年第 5 期。

许永璋：《汪大渊生平考辨三题》，《海交史研究》1997 年第 2 期。

许永璋：《古代洛阳与南海丝绸之路》，《史学月刊》2000 年第 1 期。

杨熔：《中国古代的船舶》，《大连海运学院学报》1957 年第 2 期。

易永谊：《唐诗中的天竺僧形象》，《四川理工学院学报》2008 年第
　4 期。

郁龙余：《印度文学在中国的流传与影响》，《深圳大学学报》1985
　年第 1 期。

圆慈：《斯里兰卡国立大学设立"中文佛学资料研究部"》，《法音》
　1990 年第 10 期。

圆慈：《锡兰的寺庙》，《法音》1992 年第 12 期。

圆光：《方兴未艾之北平佛教》，《海潮音》1931 年第 12 卷第 2 期。

袁坚：《斯里兰卡的郑和布施碑》，《南亚研究》1981 年第 1 期。

张等：《论唐代中外僧侣的海岛求法热潮》，《江苏社会科学》1999
　年第 4 期。

张庆彬：《华侨在锡兰》，《西风（上海）》1945 年第 75 期。

郑太朴：《记事：赴德留学经过锡兰之通讯》，《海潮音》1922 年第
　3 卷第 9 期。

周桓：《义净前往南海诸国和印度的事迹及其贡献》，《河北大学学
　报》1982 年第 3 期。

周绍泉、文实：《郑和与锡兰》，《南亚研究》1986 年第 2 期。

周玉茹：《印度佛教最早的比丘尼》，《世界宗教文化》2004 年第
　1 期。

朱杰勤：《汉代中国与东南亚和南亚海上交通线初探》，《海交史研
　究》1983 年第 3 期。

朱延洋:《古狮子国释名》,《史学年报》1934年第2期。

朱育友:《郑和是修持"菩萨戒"的佛门弟子》,《东南亚研究》1990
年第4期。

申美兰、朱蕴秋:《〈往五天竺国传〉中的印度人形象》,《沈阳大学
学报》2005年第3期。

庄译宣:《锡兰与印度》,《生活(上海1925A)》1932年第7卷第
32期。

子恺:《锡兰》,《觉群周报》1946年第20期。

邹明华:《古史传说与华夏共同体的文化建构》,《中国人民大学学
报》2010年第3期。

《最新各国教育统计:第一编:亚细亚洲:(六)英领锡兰》,《教育
世界》1907年第152期。

[锡兰]达尔密索作,白慧译:《献给中国访缅团》,《耕荒:佛学月
刊》1941年第8期。

[锡兰]S. Raja Ratnan 著,阎人俊译:《黎明前夕的亚洲》,《文汇周
报》1945年第5卷第20期。

[锡兰]G. P. Malalasekera 著,男青译:《一个佛教徒的世界同盟》,
《觉有情》1946年第173—174期。

[锡兰]S. Durai Raja Singam 著,刘强译:《中国锡兰交通史》,《南
洋杂志(新加坡)》1947年第1卷第10期。

[斯里兰卡]马拉啦色格罗:《世界佛教徒联盟》,《海潮音》1936
年第27卷第9期。

[斯里兰卡]纳罗达比丘著,蓬心译:《中国今日需要前进的佛教》,
《觉有情》1948年第210期。

[斯里兰卡]D. W. S. Kelambi 著,法称、金刚觉译:《中国佛教的危
机》,《觉询》1949年第3卷第5期。

[斯里兰卡]毗耶达希法师著,郝唯民、经扬译:《佛教徒希望人类
和睦相处》,《法音》1982年第1期。

[斯里兰卡]维班底特法师:《今日中国的比丘尼》,[斯里兰卡]

《星期日观察家报》1981 年 2 月 15 日。

［斯里兰卡］拉乎拉法师著，慕显译：《斯里兰卡国际佛教大学》，
　　《法音》1983 年第 2 期。

［斯里兰卡］卡鲁纳达萨：《僧侣在佛教教育和佛学研究中所扮演的
　　角色——着重对斯里兰卡佛教的一些问题进行探讨》，《法音》
　　1990 年第 6 期。

［斯里兰卡］D. 阿摩那斯里·威尔那特拉作，王晓东译：《式叉摩
　　那、中国比丘尼和戒律》，《佛教专刊》1992 年第 1 期。

［斯里兰卡］阿摩罗西里·维拉拉特尼著，朱映华译：《中国与斯里
　　兰卡的比丘尼传承》，《法音》1996 年第 2 期。

［斯里兰卡］查迪玛、武元磊：《郑和锡兰碑新考》，《东南文化》
　　2011 年第 1 期。

［日］山本达郎：《郑和西征考》，《文哲季刊》1935 年第 4 卷第 2 期。

［法］蒂埃里著，郁军译：《斯里兰卡亚菲瓦出土的中国钱币》，《中
　　国钱币》2000 年第 2 期。

［意大利］J. A. Will Perera：《锡兰佛舍利塔开幕佛光显现目击记》，
　　《觉有情》1945 年第 129—130 期。

　　3. 学位论文

［斯里兰卡］索毕德：《中国古代与斯里兰卡的关系》，硕士学位论
　　文，安徽大学，2004 年。

［斯里兰卡］索毕德：《古代中国与斯里兰卡的文化交流研究》，博
　　士学位论文，山东大学，2010 年。

［斯里兰卡］D. Sarananda：《中国与斯里兰卡佛教文化比较研究》，
　　博士学位论文，华中师范大学，2014 年。

浦昕怡：《斯里兰卡阿鲁拉德普拉的佛教艺术研究》，硕士学位论文，
　　华东师范大学，2019 年。

侯道琪：《"21 世纪海上丝绸之路"视角下的中国斯里兰卡关系研
　　究》，博士学位论文，国防科技大学，2019 年。

二 外文文献

Anti-Moslem Riots By Ceylon Buddhists, The China Press, 1915. 06. 23.

A. S. Hornby, *Oxford Advanced Learner's Dictionary of Current English*, London, 1974.

Balangoda Ananda Maitreya Maha Thero, *Fa-Hsien*, Maharagama: Saman Press, 1958.

Bandaranayake S. , *Introductory Note*: Sri Lanka and the Silk Road of the Sea, Colombo: UNESCO, 1990.

C. Raja Mohan, "Chinese Takeaway: Regime Change", *The India Express*, January 16, 2015.

Charles K. Moser, "Ceylon, the crown jewel of the British Empire", *Foreign Commerce Weekly*, July 1942, No. 2.

Crindle M. C. , *Ancient India as Descried in Classical Literature*, 1901.

Ferdinand von Richthofen, *China, Ergebnisse eigener Reisen und darauf gegründeter Studien*, Berlin, 1877.

George Babcock Cressey, "Land of the 500 Million: A Geography of China", *Far Eastern Survey*, 1955 (12) .

Hans Dieter Evers, "Buddhism and British Colonial Policy in Ceylon 1815 – 1875", *Journal of Asian Studies*, Vol. 2, No. 3 (1964) .

Holmes Welch, *Buddhism under Mao*, Harvard University Press, 1972.

Laurence Cox and Mihirini Sirisena, "Early western lay Buddhists in colonial Asia: John Bowles Daly and the Buddhist Theosophical Society of Ceylon", *Journal of the Irish Society for the Academic Study of Religions*, Vol. 3, 2016.

Liu Xinru, *Ancient India and Ancient China: Trade and Religious Exchange AD 1—600*, Delhi: Oxford University Press, 1988.

Maria Abi Habib, "How China Got Sri Lanka to Cough Up a Port", *The New York Times*, June 25, 2018.

McPherson Kenneth, *Traditional Indian Ocean Shipping Techology*, 1990.

Otto Franke, *Eine neue Buddhistische Propaganda*, Buddhistische Propaganda, 1894（5）.

Palliyaguru, Chandrasiri, *Sinhala Budusamayehi natya Laksana*, Guru Nivasa: Author Publication, 1996.

Paranavithana S. , *Inscription of Ceylon*, Colombo: 1970, p. 270.

Paulus E. , "*Pieris, Sinhale and the Patriots: 1815 – 1818*", Colombo: Colombo Apothecaries, 1950.

Prasad P. C. , *Foreign Trade and Commerce in Ancient India*, 1977.

Richard Gombrich and Gananath Obeyesekere, *Buddhism transformed: religious change in Sri Lanka*, Princeton University Press, 1990.

Robert D. Kaplan, *Monsoon, The Indian Ocean and the Future of American Power*, New York: Random House Inc. , 2011.

S. Paranavitana, "The Tamil Inscription on the Galle Trilingual Slab", Epigraphia Zeylanica: London, 1928 – 1933.

S. G. M. Weerasinghe, *A History of the Cultural Relations Between Sri Lanka and China*, Colombo: CCF, 1995.

S. G. M. Weerasinghe, *A History of the Cultural Relations between Sri Lanka and China, An Aspect of the Silk Route*, Colombo: Ministry of Cutural Affairs, 1995.

John M. Senavirathna, M. Sylvain Lévi, "Chino-Sinhalese Relations in the Early and Middle Ages", *Journal of the Ceylon Branch of the Royal Asiatic Society of Great Britain & Ireland*, Vol. 24, No. 68, Part Ⅰ. （1915 – 16）.

Singhal. D. P. , *India and World Civilization*, Michigan State University Press, 1969.

Spence Hardy, *A Manual of Buddhism in its Modern Development*, London: Partridge and Oakley, 1853.

V. L. B. Mendis, *The Advent of the British to Ceylon*, *1762 – 1803*, Colombo: Tisara Prakasakayo, 1971.

W. Pachow, "Ancient Cultural Relations between Ceylon and China", *University of Ceylon Review*, 1954.

Wimal G. Balagalle, *Fahienge Deshatana Vartava*, Boralesgamuva: Visidunu, 1999.

The History of Ceylon, by University of Ceylon. 1964.

［斯里兰卡］门季斯：《锡兰古代史》，加尔各答出版社 1947 年版。

［斯里兰卡］J. B. 迪萨纳雅卡：《达摩波罗与僧伽罗佛教民族主义》，［日］《思想》1993 年第 1 期。

［俄罗斯］B. 瓦西里耶夫：《佛教及其教义、学说与典籍》，圣彼得堡，1857 年版。

［俄罗斯］塔尔木德：《近代斯里兰卡的社会政治思想》，科学出版社 1982 年版。

［俄罗斯］B. N. 科奇涅夫：《斯里兰卡：二十世纪前的民族历史和社会经济关系》，科学出版社 1976 年版。

［日］前田专学：《现代斯里兰卡的上座部佛教》，山喜房佛书社 1986 年版。

［英］帕克：《古代锡兰：关于土著居民和早期文明部分的报告》，伦敦，1909 年版。